信息技术基础教程（上）

主　编　陈　磊　刘　丽
副主编　邢　容　任　圆
主　审　陶晓环

北京理工大学出版社
BEIJING INSTITUTE OF TECHNOLOGY PRESS

内容简介

本书契合新时代大学计算机教学改革发展方向，着重培养学生的信息意识、计算思维、数字化创新与发展能力，按照教育部信息技术课程标准 2021 版进行构建，结合全球计算机综合能力认证课程标准 ICT 进行编写，与“计算机综合应用能力国际认证”接轨。

本书包含探秘信息世界、使用互联网、计算机基础、操作系统、程序设计基础、数字媒体、新一代信息技术概述、信息素养与社会责任 8 个模块，涵盖了信息和通信技术能力的各个方面，帮助读者有效提升数字化素养及核心的计算机应用能力。

本书可用作高等院校的计算机公共课程教材，也可作为对计算机感兴趣的读者的参考用书。

图书在版编目（CIP）数据

信息技术基础教程. 上 / 陈磊，刘丽主编. -- 北京 ：北京理工大学出版社，2025. 7.

ISBN 978-7-5763-5061-6

Ⅰ. TP3

中国国家版本馆 CIP 数据核字第 202522YD27 号

责任编辑：王培凝　　**文案编辑**：李海燕
责任校对：周瑞红　　**责任印制**：施胜娟

出版发行 / 北京理工大学出版社有限责任公司
社　　址 / 北京市丰台区四合庄路 6 号
邮　　编 / 100070
电　　话 / （010）68914026（教材售后服务热线）
（010）63726648（课件资源服务热线）
网　　址 / http://www.bitpress.com.cn

版 印 次 / 2025 年 7 月第 1 版第 1 次印刷
印　　刷 / 涿州市京南印刷厂
开　　本 / 787 mm×1092 mm　1/16
印　　张 / 15. 5
字　　数 / 343 千字
定　　价 / 52. 00 元

前言

欢迎您阅读《信息技术基础教程（上）》，本书以教育部《高等职业教育专科信息技术课程标准（2021版）》为基础，参考全球学习与测评发展中心（GLAD）的ICT（Information and Communication Technology）国际认证标准，按照应用技能体系进行编写。

本书适应社会信息技术发展，将信息意识、计算思维、数字化创新与发展能力相关内容要求有机融入教材，内容按照知识逻辑有机融合不同学业水平的学习内容、兼顾面向全体读者的信息素养培养和读者个性化学习的需要，强化基础实践技能的训练，培养读者运用信息技术解决问题的基本能力。

本书组织方式

本书包含探秘信息世界、使用互联网、计算机基础、操作系统、程序设计基础、数字媒体、新一代信息技术概述、信息素养与社会责任8个模块，涵盖了信息和通信技术能力的各个方面，帮助读者有效提升数字化素养及核心的计算机应用能力，确保读者拥有最关键的计算机和互联网技能，提升个人升学、就业和职场竞争力。

模块1：本模块主要介绍了信息与信息技术的基本概念；Internet的定义、基本术语和运行模式、网页的基本术语；Web浏览器常用的设置和常见的使用方法；如何选择合适的搜索引擎，如何使用精确的关键词，如何使用逻辑运算符；信息安全概述，常见的信息安全威胁，信息安全的防护技术等内容。

模块2：本模块主要介绍了计算机网络的概念，网络协议，网络模型的OSI模型和TCP/IP模型；网络按照工作模式划分、按照规模划分、按照拓扑结构划分等多种分类方式；同轴电缆、光纤、双绞线等多种网络传输介质的作用；网络接口卡、集线器、路由器等多种网络连接设备的作用；电子邮件的使用方法，Outlook的使用方法；即时通信软件的功能，微信的安装和使用；网上资源下载的方法。

模块3：本模块主要介绍了计算机的发展史和计算机按照运算速度划分的类别；数字化信息编码与数据表示，数字化信息编码的概念，进位计数制，r进制与十进制，十进制与r进制，非十进制数间的转换，计算机的数据单位，计算机的信息编码，包括数值数据的编码和非数值数据的编码；计算机硬件的组成，包括计算机的主机设备和计算机的外部设备；计算机软件的组成，包括系统软件和应用软件。

模块4：本模块主要介绍了Windows 10的核心操作，包括桌面管理、窗口菜单操作、文件、文件夹管理以及系统设置。通过任务实践，我们掌握了如何高效利用Windows 10界面，优化工作环境，提升文件处理效率，并学会根据个人需求调整系统设置。这些技能为日常使用Windows 10提供了便捷，也为后续深入学习操作系统打下了坚实基础。

模块5：本模块主要介绍了程序设计基础，涵盖程序与程序设计语言的概念，算法设计的逻辑思维，以及C语言的基础知识。我们认识到程序是解决问题的工具，而程序设计语言是实现这一工具的手段。算法作为程序设计的核心，其优化直接影响程序效率。C语言的学习则为我们提供了实践基础，从语法到控制结构，逐步构建编程思维。

模块6：本模块主要介绍了图片的基础处理，包括图片的格式和图片的搜索；Photoshop基本操作，包括Photoshop的工作环境，一寸照片换底操作和一寸照片的排版；视频剪辑，包括短视频剪辑基础，短视频制作流程，如何选择短视频封面，如何编写标题，拍摄工具的选择；短视频中常用的拍摄技巧，包括运镜、景别、视角、构图等方法；剪映软件的使用，包括认识主界面，素材的选取及导入，认识剪辑界面，剪映滤镜界面及操作，为短视频添加音乐关键帧等用法；虚拟现实和自制全息投影。

模块7：本模块主要介绍了云计算基本概念、服务模型、部署方式、关键技术以及未来展望；大数据技术概述、大数据技术的重要性、大数据技术的发展历程、大数据技术在不同行业的应用及其未来展望；物联网概述、物联网的发展历程、物联网的关键技术以及物联网的应用领域；人工智能概述、人工智能的发展历程以及人工智能的应用实例；区块链技术概述、区块链技术的发展历程、应用领域及其未来发展与挑战。

模块8：本模块主要介绍了什么是电子邮件礼仪、电子邮件内容的拼写规范以及互联网礼节；了解了什么是在线互动中的适当行为、网络论战以及网络诽谤与中伤；了解如何合规合法使用计算机，了解知识产权以及侵权方式，学会知识共享、合理使用；了解数字生活以及常见的沟通、学习软件。

本书特色

书中运用二维码呈现微课视频，扫码即可查看与图书内容深度融合的精彩纷呈的微课视频。

在阅读本书的过程中，会看到每个模块包含多个任务：

【任务描述】：需要完成的具体任务或项目，帮助读者明确学习的方向和目标，理解任务的重要性和实际应用场景。

【学习目标】：明确列出在学习完任务内容后应达到的知识和技能水平。

【知识准备】：介绍了完成任务所需的基础知识、概念、理论和技能，确保在开始任务之前具备必要的知识和技能储备。

【任务实现】：详细指导读者如何逐步完成任务。这包括具体的操作步骤、方法、技巧和注意事项。通过实践操作，帮助读者将理论知识转化为实际应用能力，培养动手能力和解决问题的能力。

【知识拓展】：根据当前所学知识点，结合社会实际案例和我国相关方面的科技前沿发展，在知识点关联的广度和深度上进行拓展。

本书适合作为高等职业院校信息技术基础课程的教材，也可作为信息社会人们学习和提高计算机技能的培训教材。

本书由渤海船舶职业学院组织编写，陈磊、刘丽担任主编，邢容、任圆担任副主编，陶晓环担任主审。其中陈磊编写模块 1、模块 2 和模块 3，刘丽编写模块 4 和模块 5，邢容编写模块 6 和各模块习题及答案，任圆编写模块 7 和模块 8。由于时间仓促及编者水平有限，书中难免有疏漏与不妥之处，敬请广大读者提出宝贵意见和建议。

欢迎专家和读者提出意见和建议，我们的反馈邮箱是 chenlei2616@ sina. com。

编　者

目录

模块1

探秘信息世界

【主要内容】

1. 信息与信息技术的含义
2. 利用网络进行信息搜索
3. 保障信息安全的方法

任务1.1 信息与信息技术的运用

【任务描述】

今天是一个信息爆炸的时代，人们每天都在接收和处理大量的信息。随着科学的进步，人们处理信息的技术也发生了翻天覆地的变化，从原始的击鼓鸣金、烽火狼烟到现在的手机微信、电邮视讯，信息技术的迅猛发展使人们的生活更加便捷，工作更加高效，请同学们运用现代信息技术组建一个5人学习团队，并召开一次团队的视频会议，交流关于信息与信息技术的学习心得。

【学习目标】

1. 掌握信息与信息技术的基本概念。
2. 归纳总结目前最新的信息技术手段。
3. 能灵活运用信息技术解决实际问题。

【知识准备】

1.1.1 什么是信息

信息是一种有意义的数据，是通过对数据进行加工和解释得到的。用语言、文字、声音、图像、数字、符号等方式表达的各种数据，统称为信息。它可以是事实、观点、观察结果或者指令。信息是有价值的，它可以帮助人们作出决策、解决问题或者传达观点。同时，信息要通过载体来传输与表示，如人们每天都通过报纸、手机、广播电视等各种媒体看到或听到国内外新闻、消息邮件、天气预报等。信息简单来说就是指对人们有用的消息。信息资源的特点：依附于媒体；具有传递性、储存性、共享性；具有可处理性、时效性。

在人们的生活和生产活动中，信息交流发挥了重要的作用。信息交流的方式伴随着人类社会的发展而发展。今天人们生活在信息的汪洋大海之中，我们每时每刻都不能离开信息，都在自觉或不自觉地获取信息、处理信息和利用信息。

1.1.2 什么是信息技术

信息技术（Information Technology，IT）是人们对信息进行采集、存储、传递、加工、处理和应用的各种技术。它主要是应用计算机科学和通信技术来设计、开发、安装和实施信息系统及应用软件，也常被称为信息和通信技术。

信息技术的发展大大扩展和延伸了人的感知器官及大脑的信息功能。信息技术的发展非常迅速，其中最具代表性的是传感技术、通信技术和计算机及网络技术。

目前我国正在大力发展5G网络技术，5G网络（5G Network）是第五代移动通信网络，其峰值理论传输速度可达20Gbit/s，合2.5GB每秒，比4G网络的传输速度快10倍以上，如图1-1所示。举例来说，一部1G的电影可在1秒下载完成。随着5G技术的诞生，用智能终端分享3D电影、游戏以及超高画质（UHD）节目的时代正向我们走来。截至2023年10月末，中国5G基站总数达321.5万个，占移动基站总数的28.1%，5G移动电话用户达7.54亿户。截至2024年4月末，5G移动电话用户占比已超五成，5G基站总数达374.8万个，占移动基站总数的31.7%，位居世界第一。

图1-1　5G网络技术

【任务实现】

上网搜索或查询资料，总结和归纳本任务的知识和技能要点，利用微信、钉钉、腾讯会议等信息技术手段，通过建群，视频会议可完成本任务。

【知识拓展】

（1）集成化技术创新：随着全球虚拟现实、超高清视频、AI、区块链等数字技术的发展成熟，多学科交叉融合成为创新发展的源头。新经济形态如自动驾驶和“远程+”将不断涌现，推动多种新兴技术交叉集成，释放更大的社会经济价值，是推动数字经济增长的关键。

(2) 新兴技术治理：面对新技术发展浪潮，数字技术和数字生态的安全问题或隐患经常难以被事前发现，尤其是在新产业、新业态中集成了多种数字技术的情况下，数据安全、隐私泄露等隐患可能更加突出。筑牢安全堤是保障数字技术创新发展的关键。

(3) 场景驱动型创新：数字技术的发展不仅限于技术创新本身，还强调了场景驱动型创新的重要性，即技术创新需要紧密结合实际应用场景，以满足特定需求和解决问题。

(4) 新一代信息技术：作为国务院确定的七个战略性新兴产业之一，新一代信息技术包括下一代通信网络、物联网、三网融合、新型平板显示、高性能集成电路和以云计算为代表的高端软件。这些领域的发展将推动信息技术的进步和应用。

(5) 人工智能的未来趋势：人工智能技术与应用的发展趋势包括从 AI 大模型迈向通用人工智能，以及合成数据和量子计算机在人工智能领域的应用成为颇具潜力的未来解决方案。这些趋势展示了人工智能在提高智能水平、解决复杂问题和超越人类能力方面的潜力。

任务 1.2　利用网络进行信息搜索

【任务描述】

随着 Internet 网络的发展，“地球村”已不再是一个遥不可及的梦想。可以通过 Internet 获取到各种需要的信息，如文献期刊、教育科研、产业信息、留学计划、求职招聘、气象信息、旅游出行等。学校近期想要组织一次井冈山红色旅游，请你上网搜集关于井冈山红色旅游的相关信息，然后和同学制订一个旅游出行计划。

【学习目标】

1. Internet 的定义和运行模式。
2. Web 浏览器常见的使用方法。
3. 合理使用搜索引擎。

【知识准备】

1.2.1　Internet 基础

目前，有数以亿计的计算机通过 Internet 相连。网络中的计算机分为两大类：用于提供服务的服务器和用户使用的客户机，如图 1-2 所示，图中说明了服务器和客户机是如何在 Internet 上互相作用或者通信的。

1. 基本术语

Web 服务器用于连接或存储公司或个人的网站。网站是由包含有关公司、个人或者产品/服务信息的网页组成的。要使 Web 服务器与其他计算机进行通信，需使用超文本传输协议（Hypertext Transfer Protocol，HTTP）。

超文本是指使用超链接访问网页，即链接到其他网页或者在其他网站上寻找文本、图片、多媒体等信息的技术。

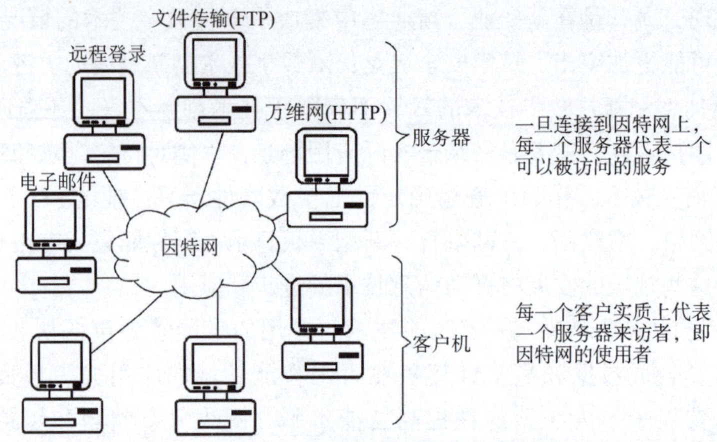

图 1-2　Internet 的工作模式

受欢迎的网站吸引人的元素主要是其协调的配色、合理的布局和精美的图片。存储在 Web 服务器上的网页没有格式，而是在显示到屏幕上之前被 Web 浏览器化。格式化说明被包含在网页文本中，由超文本标记语言（HTML）书写，典型网页如图 1-3 所示。

图片

图 1-3　典型网页

网页相关术语如表 1-1 所示。

表 1-1　网页相关术语

名称	含义
URL	统一资源定位器；是因特网的万维网服务程序上用于指定信息位置的表示方法
文本框	许多网页都包含可以有在其中输入信息的文本框。输入的信息被发送到 Web 服务器中进行处理
状态栏	是包含文本输出窗格或指示器的控制条，比如用户单击一个超链接，打开相应的网页或网站，以此为视觉引导，判断 Web 浏览器是否已完成网页显示，或者用户是否不再连接 Internet
首页	访问一个网站时，看到的第一页就是顶级页，它被称为首页或索引页。它也可以是启动 Web 浏览器时打开的第一个网页

虽然网页上有一个或多个图片，但是这些图片并不是网页的一部分，而是单独存储在 Web 服务器上的，该网页只包含标识图片放在网页上的占位符。当浏览器收到一个来自 Web 服务器的网页时，它首先将网页的文本部分根据 HTML 的说明进行格式化并显示在网页上，图片从服务器到浏览器上需要更长的时间，这是因为图片在被网页格式化后才被放置在网页上。

2. 统一资源定位器（URL）与域名

(1) 统一资源定位器（URL）

Internet 上连接的计算机，相互之间想要通信，需要知道对方计算机的地址，并且这两台计算机要使用同样的协议（包括语言）。

大多数情况下，当在浏览器的地址栏中输入 www 的统一资源定位器时（例如，www. baidu. com），就不需要输入服务器协议来连接至 Web 服务器了。如果没有输入 www，统一资源定位器会自动尝试找到 Web 服务器的网站地址。然而，对于特别类型的服务器，输入服务器协议是至关重要的。

(2) 域名

因特网最初在美国成立，用于促进研究和发展军事项目，其拥有一套域名类别的定义，以区分参与这些项目的不同群体。这些领域通常被称为原始顶级域名，常见顶级域名如表 1-2 所示。

表 1-2　常见顶级域名

域名	含义	域名	含义
. mil	美国军事	. edu	高等院校
. gov	政府部门	. org	组织机构
. com	商业公司	. net	网络管理机构

最初原始顶级域名类别是够用的，但是随着因特网的规模越来越大，顶级域名又扩展出包括两个字母的国家或地区代码，如 . au 表示澳大利亚、. cn 表示中国、. ca 表示加拿大等。

一些新的顶级域名已经提出，如表 1–3 所示。

表 1–3　新的顶级域名

域名	含义	域名	含义
. aero	航空运输行业	. museum	博物馆
. biz	商业、企业	. name	个人注册
. coop	组织类、商业合作社	. new	新闻相关网站
. ecom	电子商务	. pro	会计师、律师和医生
. info	无限制使用		

3. Cookie

类型为“小型文本文件”，是某些网站为了辨别用户身份，进行 Session 跟踪而存储在用户本地终端上的数据（通常经过加密），由用户客户端计算机暂时或永久保存的信息。Cookie 由两部分组成：

1）一个标识符。可以是用户为了从这个网站得到信息而设立的一个名称，也可以是一个由网站分配的普通 ID 值。

2）网站地址。如果一个网站要求用户注册后才可以查找信息，该网站也会要求用户输入密码。这个密码会被加密，从而避免其他的公司或个人以用户的身份登录该网站。

公司一般都会设立 Cookie 去收集统计信息，这个统计信息包括谁是首先访问该网站的人，谁是多次访问该网站的人，或者谁是偶然访问该网站的人等。网站分配给用户的 ID 被用在他们的数据库中去记录网站的点击量和浏览该网站的用户信息。

Cookie 的另一个用途是用于电子商务和在线购物。网站分配的 ID 和密码用于识别谁是有效的购物者。针对用户的喜好，网站也可用 Cookie 来帮助用户定制网站，用下载的网页代替它的主页。

注意，除了 Cookie 文件夹中包含的信息，Cookie 并没有给出其他有关系统的信息。Cookie 所面临的最大问题是垃圾邮件制造者和利用程序收集市场信息的公司可以获得数据库信息列表。

4. 插件

插件是一个可以下载并安装到用户系统中的程序。只有通过该插件，用户才可以查看网站上的项目。例如，许多网站要求用户下载 Adobe Acrobat Reader 插件，然后才可以查看其网站上的所有 PDF 文件。Flash 插件允许用户从网站上查看动画或视频。

5. 网页快照

网页快照是搜索引擎在收录网页时，对网页进行的备份。网页快照存在搜索引擎的服务器缓存里，当用户在搜索引擎中单击“网页快照”链接时，搜索引擎将 Spider 系统当时所抓取并保存的网页内容展现出来。

6. 弹出式窗口

弹出式窗口可以在 Web 浏览器中以一个单独的窗口显示，或者在实际的网页中被设计成类似于窗口的形式显示。这些是基本的广告，公司已经支付费用，不论何时有人访问网站，广告都会显示。目前，有些程序可以帮助用户消除或阻止这些弹出式窗口。

1.2.2 Web 浏览器

1. Web 浏览器的定义

Web 浏览器是用来检索、展示以及传递 Web 信息资源的应用程序。Web 信息资源由统一资源标识符标记，它可以显示图片、文本、动画及任何能在 Web 上呈现的内容。使用者可以借助超链接（Hyperlinks），通过浏览器浏览互相关联的信息。目前常见的 Web 浏览器如表 1-4 所示。

表 1-4 目前常见的 Web 浏览器

浏览器名称	公司网址
Microsoft Edge	https://www.microsoft.com/zh-cn/edge
FireFox	http://www.firefox.com.cn/
Google Chrome	https://www.google.cn/intl/zh-CN/chrome/

这些常见的浏览器及其任何更新的版本都可以从网上下载。

2. Web 浏览器的设置

Web 浏览器的很多设置都是相通的，不同的浏览器主要是风格样式不同，功能上略有差异，Microsoft Edge 是 2015 年微软公司推出的新一代网页浏览器，并内置于最新的操作系统 Windows 10 版本中。下面以 Microsoft Edge 浏览器为例讲解 Web 浏览器的设置。

（1）设置主页

主页是指浏览器打开时首先连接的站点。在默认的情况下，主页是微软的网页。我们可以把喜欢的网页或者经常访问的网页设为主页。请将主页设为“渤海船舶职业学院”的首页 http://www.bhcy.cn，其操作步骤如下：

①打开 Edge 浏览器，单击工具栏右侧的“设置及其他”图标 ⋯ ，在弹出的下拉菜单中单击“设置”命令，如图 1-4 所示，弹出“设置”对话框，如图 1-5 所示。

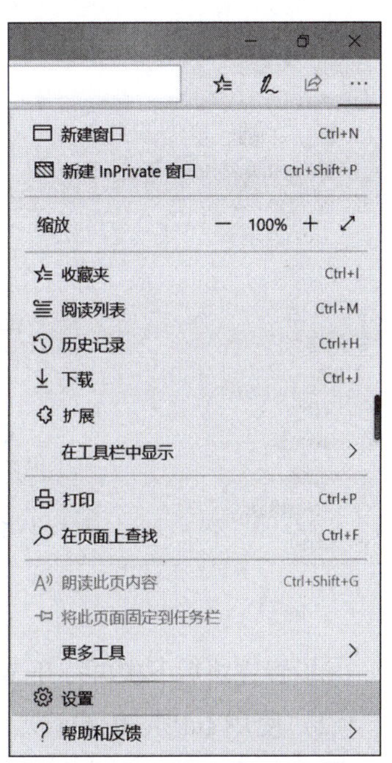

图 1-4 “设置及其他”菜单

②在“开始”按钮下面的文本框中直接输入 URL 网址“http://www.bhcy.cn”，单击右侧的“保存”按钮，如图 1-6 所示。

图 1-5 “设置”对话框

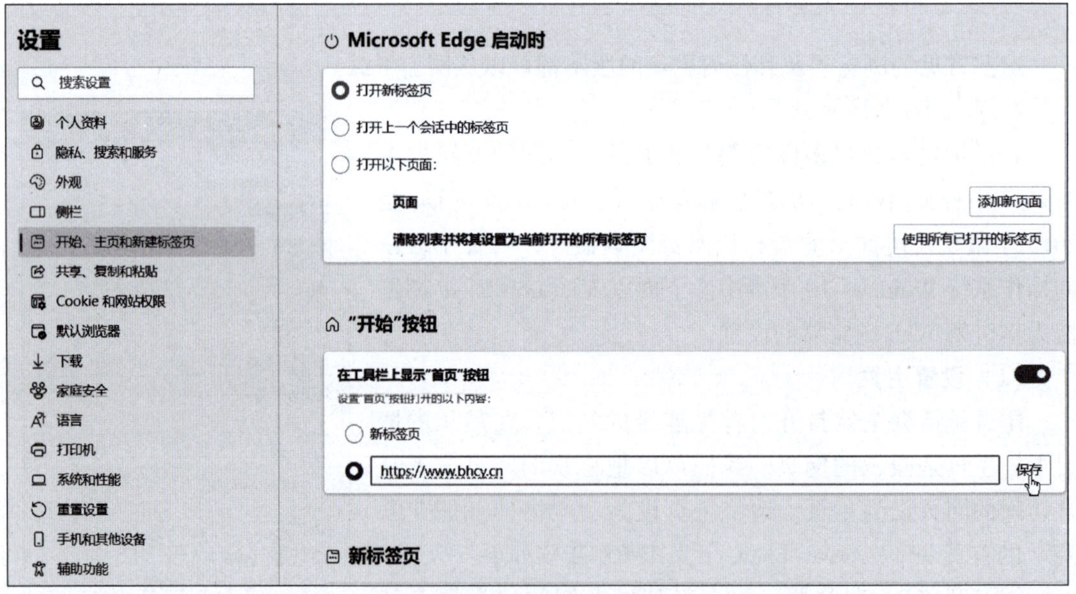

图 1-6 设置主页

③设置完成后下次再打开 Microsoft Edge 浏览器，显示的主页为“渤海船舶职业学院”网页。

(2) 使用 InPrivate 窗口

用户在网上冲浪时会留下浏览历史记录，这是浏览器存储在电脑上的信息。为了帮助用户提升体验，这里包括输入到表单中的信息、密码和访问过的站点。但是，如果你使用的是共享或公共电脑，为防止泄露隐私，可以使用 InPrivate 窗口，则浏览完网页后浏览数据不会保存在设备上。

①打开 Edge 浏览器，单击工具栏右侧的“设置及其他”图标…，在弹出的下拉菜单中单击“新建 InPrivate 窗口”命令，如图 1-7 所示。

②打开 InPrivate 窗口，如图 1-8 所示。如果使用 InPrivate 标签页，则关闭所有 InPrivate 标签页后，Microsoft Edge 将从设备上删除临时数据，在搜索栏中输入搜索关键字或输入网址即可。

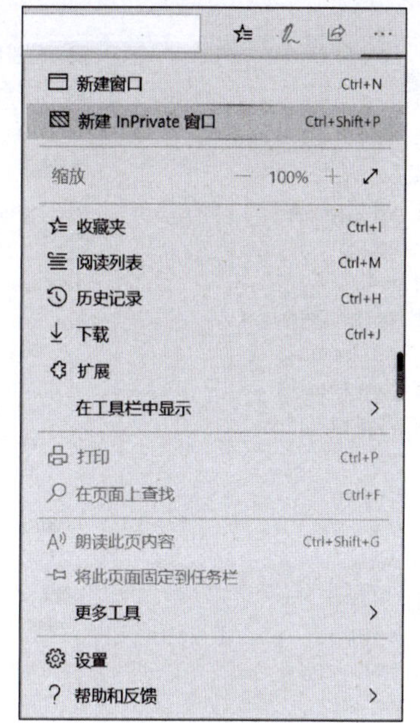

图 1-7　“新建 InPrivate 窗口”命令

(3) 隐私、搜索和服务

想在上网时保护自己的隐私并使自己的电脑免受恶意网站的危害可设置“隐私、搜索和服务”，其操作步骤如下：

①打开 Edge 浏览器，单击工具栏右侧的“设置及其他”图标…，在弹出的下拉菜单中单击“设置”命令，在弹出的界面左侧单击“隐私、搜索和服务”选项，界面右侧显示“隐私、搜索和服务”对话框，如图 1-9 所示。

②在“删除浏览数据”下方，单击“选择要清除的内容”按钮，弹出“删除浏览数据”对话框，勾选要清除的复选框内容，单击下面的“立即清除”按钮，如图 1-10 所示。

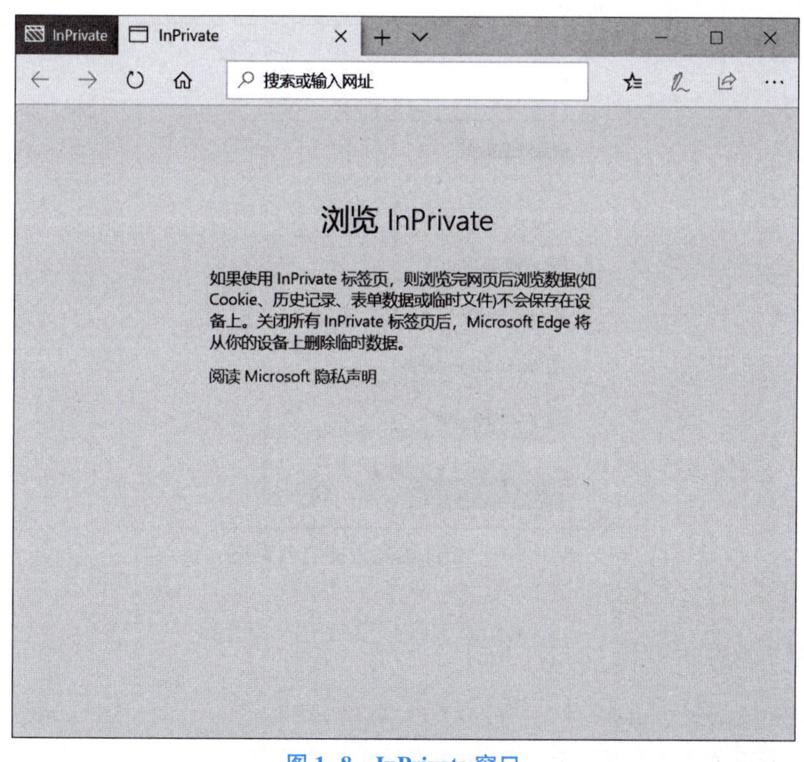

图 1-8　InPrivate 窗口

③在“隐私、搜索和服务”对话框中向下移动滚动条，找到“安全性”选项组，将“Microsoft Defender Smartscreen”选项设置为“开”状态，可让电脑免受恶意网站和下载内容的危害，如图1-11所示。

图1-9 “隐私、搜索和服务”对话框

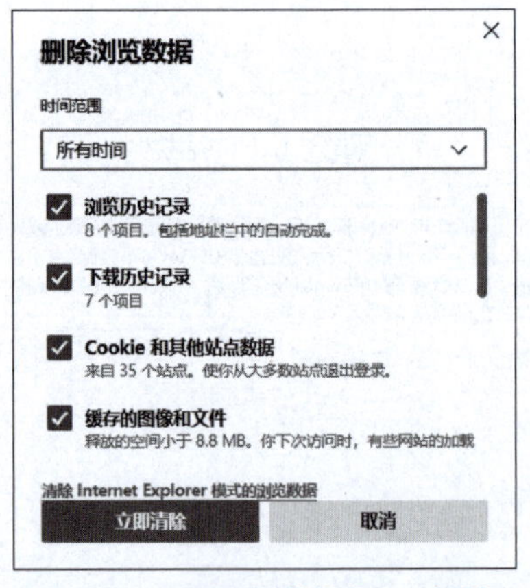

图1-10 “删除浏览数据”对话框

1.2.3 搜索引擎使用方法

1. 选择合适的搜索引擎

不同的搜索引擎有不同的算法，因此搜索结果也会有所不同。例如，有的搜索引擎注重

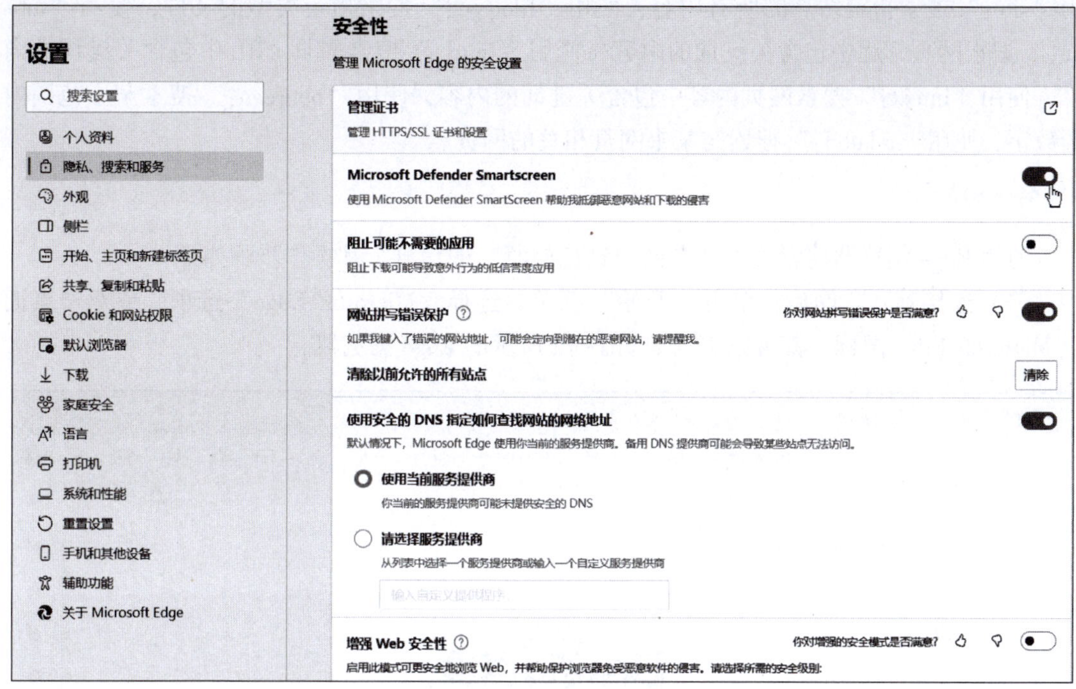

图 1-11　设置“安全性”

文字描述，有的搜索引擎注重链接的网站质量。因此，在进行搜索之前，最好先选择合适的搜索引擎。

2. 使用精确的关键词

关键词是搜索引擎的基础，使用精确的关键词可以获得更准确的搜索结果。例如，想搜索“北京天气”，那么只输入“北京”是不精确的，因为搜索结果中可能会包含大量关于北京的其他信息。因此，应该输入“北京天气”或“北京今天天气”等更精确的关键词。

3. 使用逻辑运算符

搜索引擎还支持逻辑运算符，可以更灵活地进行搜索。

1）逻辑与：运算符为“AND”或“*”，用于交叉概念或限定关系的组配，实现检索词概念范围的交集，可以缩小检索范围。例如，搜索“北京天气”和“上海天气”，就可以输入“北京天气 AND 上海天气”。

2）逻辑或：运算符为“OR”或“+”，用于检索词并列关系（同义词、近义词）的组配，实现检索词概念范围的并集，它可以扩大检索范围，防止漏检。例如，搜索“北京天气”或“上海天气”，可以输入“北京天气 OR 上海天气”。

3）逻辑非：运算符为“NOT”或“-”，它是一种排斥关系的组配，用来从原来的检索范围中排除不需要的概念。例如，想排除“北京天气”，可以输入“NOT 北京天气 上海天气”。在搜索流浪地球时不想看到上海堡垒，可以输入“流浪地球 -上海堡垒”注意流浪地球后面一定要加个空格，然后再输入减号加想排除的内容。

4. 使用高级搜索功能

大多数搜索引擎都提供高级搜索功能，可以帮助你进行更复杂的搜索。例如，你可以使用“site:”搜索指定站点的所有内容，使用“filetype:”搜索指定类型的文件，使用“intitle:”搜索网页标题中包含关键词的内容，使用“inurl:”搜索网页 URL 中包含关键词的内容，使用“intext:”搜索网页内容中包含关键词的内容，使用“between:”搜索某个范围内的数字，使用“related:”搜索与某个网页相关的网页。

【任务实现】

使用 Edge 浏览器搜索关于“井冈山红色旅游”的信息，其操作步骤如下：

（1）连接到互联网后，单击“开始”菜单，选择“Microsoft Edge”选项，或双击桌面上 Microsoft Edge 图标，都可以启动如图 1-12 所示的 Edge 浏览器。

图 1-12　Edge 浏览器窗口

（2）在百度网站的搜索栏中输入关键字“井冈山红色旅游”，搜索引擎自动检索出相关条目信息，如图 1-13 所示。

（3）在图 1-13 中，单击条目信息“井冈山红色旅游攻略一日游”，链接到新页面，该页面集合了关于“井冈山红色旅游”的相关网页链接，还列举了多项与“井冈山”有关的拓展信息条目。比如，单击页面的第一个链接“井冈山旅游攻略”，又链接到新页面，如图 1-14 所示，用户以此来获取所需信息，以此类推单击网页上的超链接就可打开其相关的页面。

图 1-13　中国教育和科研计算机网主页

图 1-14　“井冈山旅游攻略”网页

（4）单击工具栏右侧的“大声朗读此页面”按钮，浏览器可对页面文本信息进行有声阅读，以辅助视力不佳的用户，如图 1-15 所示。

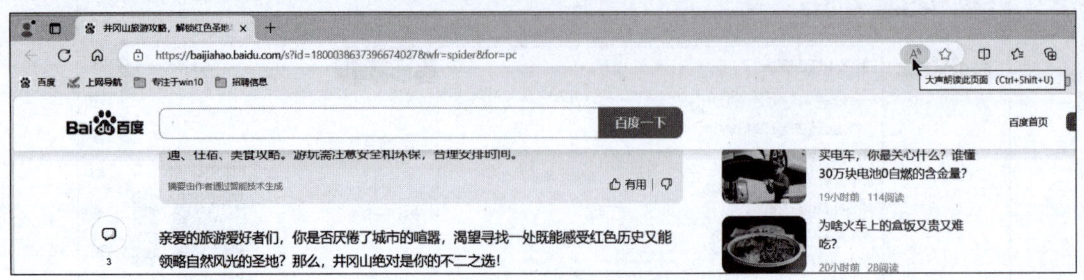

图 1-15 “大声朗读此页面”按钮

（5）单击工具栏右侧的“设置及其他”图标 ···，在弹出的下拉菜单中通过“缩放”命令，可以缩小、放大或全屏显示页面，如图 1-16 所示。

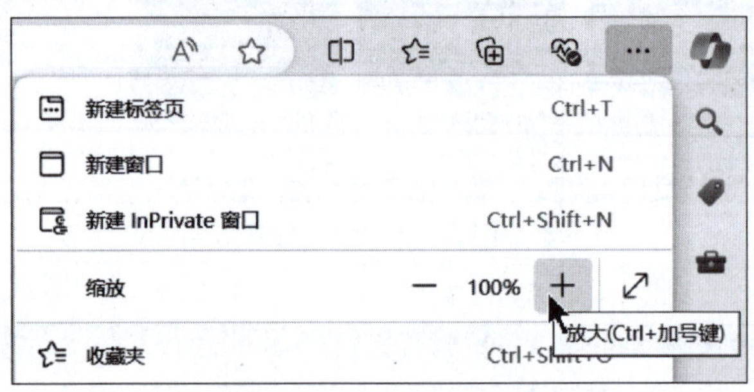

图 1-16 页面缩放

【知识拓展】

除了搜索引擎本身提供的功能之外，还有很多第三方工具可以帮助用户提高搜索效率。例如，可以使用关键词提取工具来帮助用户找到合适的关键词，使用搜索结果管理工具来管理搜索结果，使用搜索引擎优化工具来帮助用户提高搜索结果的排名。以下是一些具体的搜索技巧：

（1）如果想搜索某个主题的最新信息，可以使用“site:”搜索指定站点的所有内容，例如“site:cnsa. gov. cn 嫦娥”可以搜索中国国家航天局网站上关于探月工程的最新信息。

（2）如果想搜索某个主题的专业信息，可以使用“filetype:”搜索指定类型的文件，例如“filetype:pdf 人工智能”可以搜索关于人工智能的 PDF 文件。

（3）如果想搜索某个网页中包含的信息，可以使用“intext:”搜索网页内容中包含关键词的内容，例如“intext:北京天气”可以搜索包含“北京天气”字样的网页。

（4）如果想搜索某个范围内的数字，可以使用“between:”搜索某个范围内的数字，例如“between:1000 2000”可以搜索 1 000~2 000 的数字。

（5）如果想搜索与某个网页相关的网页，可以使用“related:”搜索与某个网页相关的网页，例如“related:www. baidu. com”可以搜索与百度网站相关的网页。

任务 1.3　保障信息安全的方法

【任务描述】

小李同学在取回的快递包裹内发现一张电商平台购物节宣传单，宣传平台正在做活动抽奖。当他刮开抽奖区后发现中奖，遂按宣传单上提示扫码添加企业微信，根据对方指引加入到微信群内领取奖品。在微信群内，小李看到有网友发布兼职信息，称可以刷单返利。小李遂按对方要求在电脑上下载、安装某客户端应用程序，先后转账 7 笔共计 1215 元。直至钱款全部损失，小李才发现被骗。请帮助小李同学解决这个问题，并学习有关信息安全的知识。

【学习目标】

1. 了解信息安全的含义，建立对信息安全的正确认识。
2. 理解信息安全的威胁种类，识别可能面临的威胁和风险。
3. 了解信息安全技术，能够针对不同的安全威胁采用相应的保护方法。
4. 培养对信息安全的敏感意识，养成良好的安全习惯。

【知识准备】

1.3.1　信息安全概述

信息安全，国际标准化组织（ISO）的定义为：为数据处理系统建立和采用的技术、管理上的安全保护，为的是保护计算机硬件、软件、数据不因偶然和恶意的原因而遭到破坏、更改和泄露。衡量信息安全的指标包含以下几点：

（1）保密性

在加密技术的应用下，网络信息系统能够对申请访问的用户进行筛选，允许有权限的用户访问网络信息，而拒绝无权限用户的访问申请。

（2）完整性

保证信息在存储、传输以及使用过程中，不被未授权的实体更改或损坏，不被合法实体进行不适当的更改，从而使信息保持内部、外部的一致性。

（3）可用性

网络信息资源的可用性不仅是向终端用户提供有价值的信息资源，还能够在系统遭受破坏时快速恢复信息资源，满足用户的使用需求。

（4）授权性

在对网络信息资源进行访问之前，终端用户需要先获取系统的授权。授权能够明确用户的权限，这决定了用户能否对网络信息系统进行访问，是用户进一步操作各项信息数据的前提。

（5）抗抵赖性

网络信息系统领域的抗抵赖性，即任何用户在使用网络信息资源的时候都会在系统中留下一定痕迹，操作用户无法否认自身在网络上的各项操作，整个操作过程均能够被有效记录。这样做能够应对不法分子否认自身违法行为的情况，提升整个网络信息系统的安全性，创造更好的网络环境。

1.3.2 常见的信息安全威胁

今天，互联网已经深深地融入了我们的生活，它给我们带来巨大便利的同时，也给信息安全带来了很多威胁。主要有以下几种情况：

1）信息泄露：包括数据被泄露或透露给非授权的实体，可能是通过非法访问、网络攻击或内部泄露等方式发生。

2）破坏信息的完整性：数据在非授权情况下进行增删、修改或破坏，导致数据失去真实性或完整性。

3）拒绝服务：对信息或其他资源的合法访问被无条件地阻止，这可能通过拒绝服务攻击（DoS）或分布式拒绝服务攻击（DDoS）实现。

4）非授权访问：某一资源被非授权的人或以非授权的方式使用。

5）窃听：通过各种手段窃取系统中的信息资源和敏感信息，如通信线路中的信号监听或利用电磁泄漏截取信息。

6）假冒：通过欺骗通信系统或用户，非法用户冒充成合法用户或特权小的用户冒充成特权大的用户。

7）授权侵犯：被授权使用某一系统或资源的人将权限用于其他非授权的目的。

8）特洛伊木马和计算机病毒：特洛伊木马程序能够在计算机管理员未发觉的情况下开放系统权限、泄露用户信息，甚至窃取整个计算机管理使用权限；计算机病毒可以破坏计算机的软、硬件功能或者数据信息。

9）人员不慎：授权的人由于粗心或为了某种利益将信息泄露给非授权的人。

1.3.3 信息安全的防护技术

针对以上各种信息安全的威胁，人们开发了相应的信息安全防护技术，主要有以下几种。

1. 入侵检测技术

入侵检测技术是对计算机和网络资源的恶意使用行为进行识别和相应处理的技术。它包括系统外部的入侵和内部用户的非授权行为，是为保证计算机系统的安全而设计与配置的一种能够及时发现并报告系统中未授权或异常现象的技术，是一种用于检测计算机网络中违反安全策略行为的技术。用户合理利用入侵检测技术能够及时了解计算机中存在的各种安全威胁，并采取一定的措施进行处理。

2. 防火墙以及病毒防护技术

防火墙是一种能够有效保护计算机安全的重要技术，由软、硬件设备组合而成，通过建立检测和监控系统来阻挡外部网络的入侵。用户可以使用防火墙有效控制外界因素对计算机系统的访问，确保计算机的保密性、稳定性以及安全性。病毒防护技术是指通过安装杀毒软

件进行安全防御，并且及时更新软件，如金山毒霸、360 安全防护中心、电脑安全管家等。病毒防护技术的主要作用是对计算机系统进行实时监控，同时防止病毒入侵计算机系统对其造成危害，将病毒进行查杀，实现对系统的安全防护。在网上下载资源时尽量不要选择陌生的网站，若必须下载则应对下载的资源进行病毒查杀。

3. 数字签名以及生物识别技术

数字签名技术主要针对电子商务，该技术有效地保证了信息传播过程中的保密性以及安全性，同时也能够避免计算机受到恶意攻击或侵袭等问题发生。生物识别技术是指通过对人体的特征识别来决定是否给予授权，主要包括了指纹、视网膜、声音等方面。如今应用最为广泛的就是指纹识别技术，该技术在安全保密的基础上有着稳定简便的特点，为人们带来了极大的便利。

4. 信息加密处理与访问控制技术

信息加密技术是利用数学或物理手段，对电子信息在传输过程中和存储体内进行保护，以防止泄露的技术。保密通信、计算机密钥、防复制磁盘等都属于信息加密技术。访问控制技术指防止对任何资源进行未授权的访问，从而使计算机系统在合法的范围内使用，通过用户身份及其所归属的某项定义组来限制用户对某些信息项的访问，或限制对某些控制功能的使用的一种技术。访问控制通常用于系统管理员控制用户对服务器、目录、文件等网络资源的访问。

5. 安全审计技术

包含日志审计和行为审计，通过日志审计协助管理员在受到攻击后查看网络日志，从而评估网络配置的合理性、安全策略的有效性，追溯分析安全攻击轨迹，并能为实时防御提供手段。通过对员工或用户的网络行为审计，确认行为的合规性，确保信息及网络使用的合规性。

6. 安全检测与身份认证技术

对信息系统中的流量以及应用内容进行二至七层的检测并适度监管和控制，避免网络流量的滥用、垃圾信息和有害信息的传播。身份认证技术用来确定访问或介入信息系统用户或者设备身份的合法性的技术，典型的手段有用户名口令、身份识别、公钥基础设施（PKI）证书和生物认证等。

【任务实现】

安全防护与杀毒软件的使用

通过分析小李同学的计算机使用习惯，发现小李不但经常上网，而且喜欢从网上下载各种新出的应用软件进行尝试，但是他的信息安全意识非常淡薄，连杀毒软件都没安装，所以提醒他要加强信息安全意识，同时建议他及时安装杀毒软件。

以 360 杀毒为例，它是 360 安全中心出品的一款免费的云安全杀毒软件。其安装与操作步骤如下：

（1）进入 360 杀毒官方网站“https://sd.360.cn/”，单击“正式版”按钮，在页面底部弹出的对话框中，可单击“运行”按钮直接运行安装程序，也可单击“保存”按钮将文件保存到指定位置再安装，如图 1-17 所示。

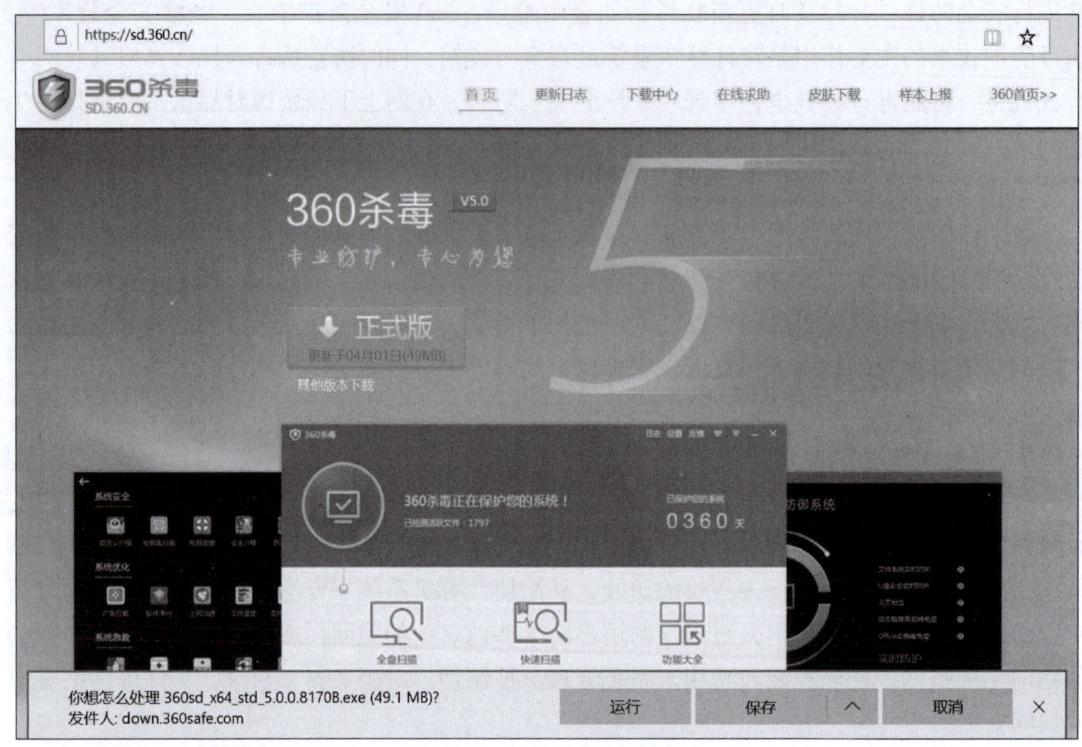

图 1-17　360 杀毒官方网站

（2）单击“运行”按钮直接运行安装程序，弹出安装页面，如果对默认的安装路径不满意，可单击“更改目录”按钮修改安装路径，本例采用默认的安装路径，勾选“阅读并同意”复选框，单击“立即安装”按钮，如图 1-18 所示。

图 1-18　360 杀毒的安装

（3）360 杀毒安装完成，如图 1-19 所示。如果要对全盘空间进行扫描，单击“全盘扫描”按钮，进入全盘扫描状态，如图 1-20 所示。

图 1-19　360 杀毒安装完成

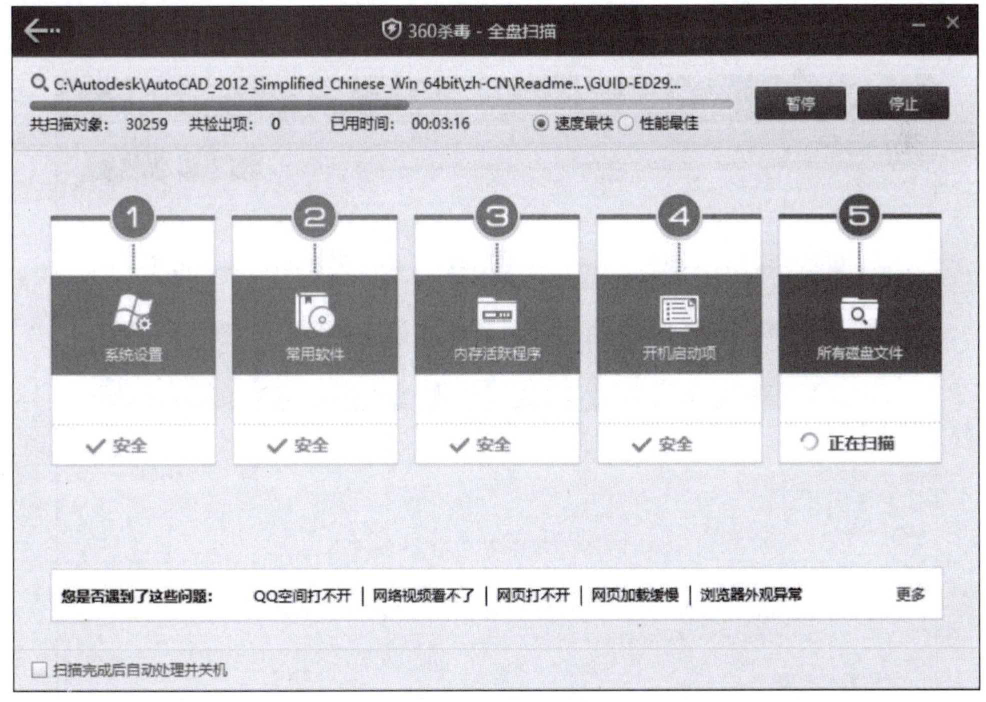

图 1-20　全盘扫描

（4）扫描完成后，显示扫描发现的待处理项，根据自己的情况可选择“暂不处理”或“立即处理”，本例单击“立即处理”按钮，如图 1-21 所示。

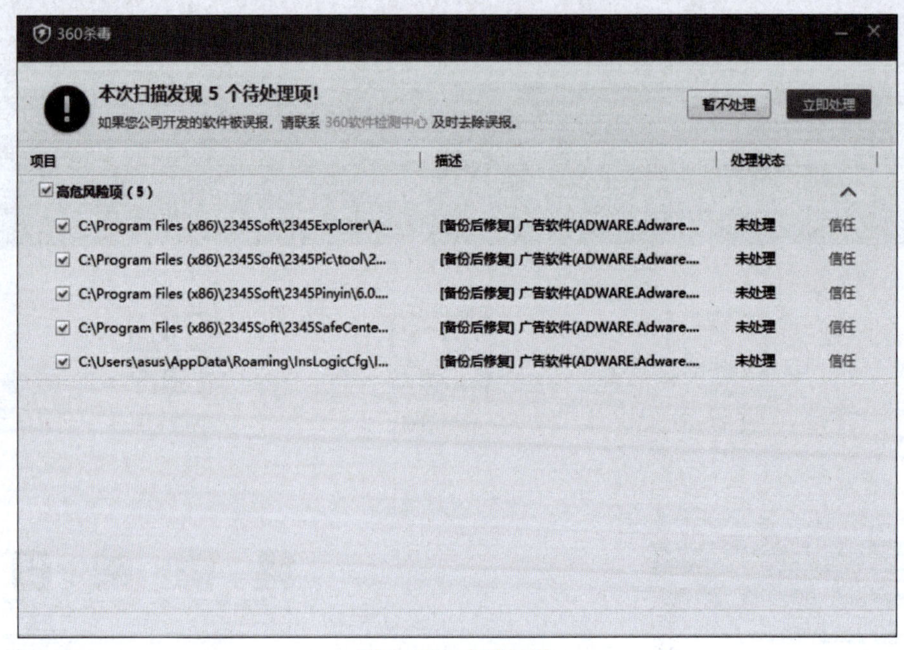

图 1-21　立即处理

（5）“快速扫描”可以对系统设置、常用软件、内存活跃程序、开机启动项和系统关键位置进行专项扫描，单击“快速扫描”按钮，进入快速扫描模式，如图 1-22 所示。

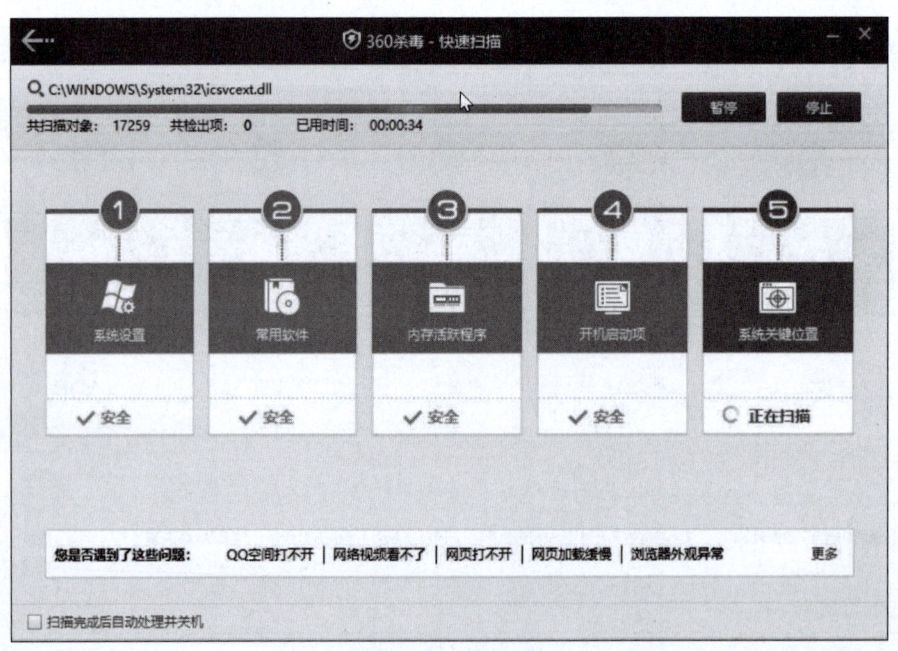

图 1-22　快速扫描

(6)“自定义扫描”可以扫描指定的目录和文件，单击“自定义扫描”按钮，弹出“选择扫描目录”对话框，勾选“软件(E:)”复选框，单击“扫描”按钮，如图 1-23 所示。

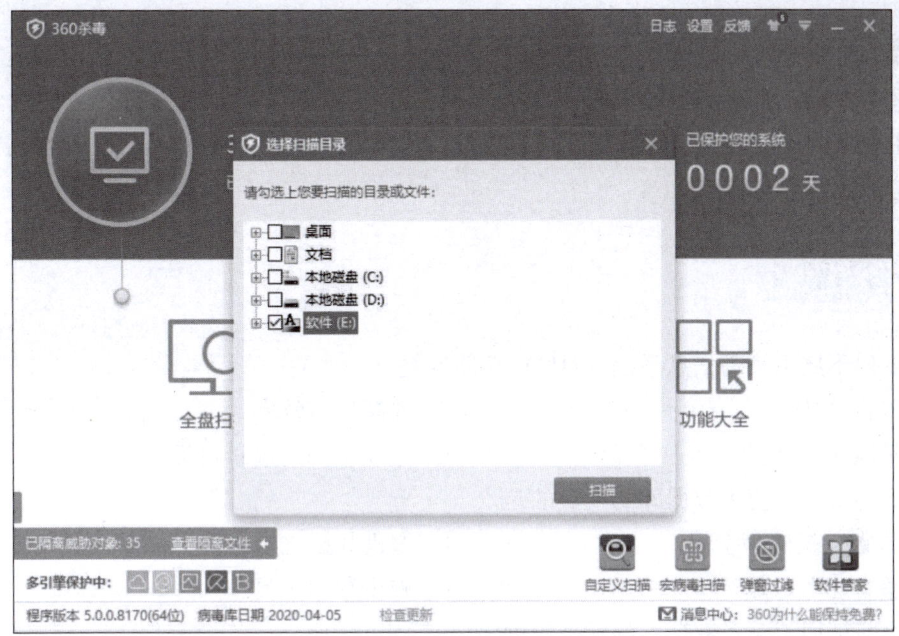

图 1-23 自定义扫描

(7) 单击“功能大全”按钮，进入其页面，主要包括系统安全、系统优化、系统急救三方面功能汇集，使用者可根据自己的需要选取相应的功能。

【知识拓展】

关于信息安全还存在以下问题值得大家注意。

(1) 个人信息没有得到规范采集。

互联网虽然给我们的生活带来了便捷，但也存在诸多信息安全隐患。例如，诈骗电话、大学生“网贷”问题、推销信息以及人肉搜索信息等均对个人信息安全造成影响。不法分子通过各类软件或者程序来盗取个人信息，并利用信息来获利，严重影响了公民生命、财产安全。此类问题多是集中于日常生活，比如无权、过度或者是非法收集等情况。除了政府和得到批准的企业外，还有部分未经批准的商家或者个人对个人信息实施非法采集，甚至部分调查机构建立调查公司，并肆意兜售个人信息。上述问题使个人信息安全遭到极大影响，严重侵犯公民的隐私权。

(2) 公民欠缺足够的信息保护意识。

网络上个人信息的泄露，很大程度上是公民在个人信息层面的保护意识相对薄弱，给信息被盗取创造了条件。比如，很多网站要求填写个人资料，有的非公信网站甚至要求提供身份证号等信息。很多公民并未意识到上述行为是对信息安全的侵犯。此外，部分网站基于公民意识薄弱的特点公然泄露或者是出售相关信息。此外，日常生活中随便给商家填写个人资料也存在信息被违规使用的风险。

小结

本模块主要介绍了信息与信息技术的基本概念；Internet 的定义、基本术语和运行模式、网页的基本术语；Web 浏览器常用的设置和常见的使用方法；如何选择合适的搜索引擎，如何使用精确的关键词，如何使用逻辑运算符；信息安全概述，常见的信息安全威胁，信息安全的防护技术等内容。

练习与思考

1. 下列不属于管理信息系统（MIS）功能的是（　　）。

A. 降低成本　　B. 提高生产效率

C. 精减工作人员　　D. 建立正确的远景目标

2. 下列不属于使用数据库的优点的是（　　）。

A. 节省数据储存空间　　B. 增进数据之整体性

C. 整合相关数据　　D. 减少数据重复

3. 目前被用于关系数据库的标准查询语言是（　　）。

A. VB. Net　　B. C#　　C. Java　　D. SQL

模块 2
使用互联网

【主要内容】
1. 网络基础知识
2. 电子邮箱的申请与使用
3. 即时通信软件的使用方法
4. 网络资源下载的方法

任务 2.1 网络寻踪

【任务描述】

互联网是如何覆盖全球的？我们是如何通过网络看到和听到千里之外的图像和声音成为“千里眼”“顺风耳”的？网络是如何帮助我们刹那间“千里传信”的？欢迎来到网络的世界寻踪探秘，当你通过网络发展的踪迹，最终找到了网络的“后花园”，请你分析不同的网络模型，并给大家总结一下它们的异同点。

【学习目标】

1. 理解计算机网络的概念。
2. 掌握电子邮箱的申请与使用方法。
3. 掌握 Microsoft Outlook 收发邮件的方法。

【知识准备】

2.1.1 计算机网络的概念

计算机网络是指将地理位置不同的具有独立功能的多台计算机及其外部设备，通过通信线路和通信设备连接起来，在网络操作系统、网络管理软件及网络通信协议的管理和协调下，实现资源共享和信息传递的计算机系统。

20 世纪 50 年代末，正处于冷战时期。当时美国军方为了自己的计算机网络在受到袭击时，即使部分网络被摧毁，其余部分仍能保持通信联系，便由美国国防部的高级研究计划局（ARPA）建设了一个军用网，称为“阿帕网”（ARPAnet）。阿帕网于 1969 年正式启用，当时仅连接了4台计算机，供科学家们进行计算机联网实验用，这就是 Internet 即因特网的前身。

到20世纪70年代，ARPAnet 已经有了数十个计算机网络，每个网络内部的计算机之间可以通信，但是不同计算机网络之间不能互联。为此，ARPA 设立了新的研究项目，支持学术界和工业界进行研究，主要就是想研究一种新的协议将不同的计算机局域网互联，由此开发了 TCP/IP 协议，最终形成 Internet 即因特网也叫“互联网”。常见的 Internet 网络结构如图 2-1 所示。

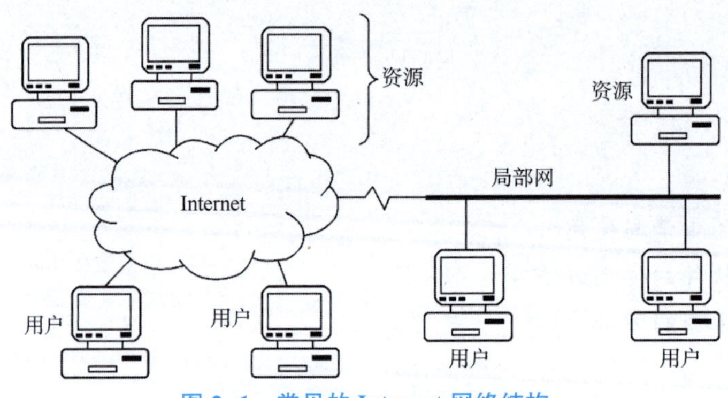

图 2-1　常见的 Internet 网络结构

2.1.2　网络协议

网络协议指的是计算机网络中互相通信的对等实体之间交换信息时所必须遵守的规则的集合。它规定了通信时信息必须采用的格式和这些格式的意义。网络协议由三个要素组成：语义，表示要做什么；语法，表示要怎么做；时序，表示做的顺序。

TCP/IP 是 Internet 最基本的协议，由传输层的 TCP 即传输控制协议和网络层的 IP 即网际协议组成。TCP/IP 定义了电子设备如何连入因特网，以及数据如何在不同网络之间传输的标准。

为了用户在上网时，从浩如烟海的计算机中高效便捷地找到自己所需的目标，IP 协议为每台计算机和其他设备都规定了一个唯一的地址，叫作 IP 地址。IP 地址是一个 32 位的二进制数，通常被分割为4组“8位二进制数”（即4个字节）。IP 地址通常用“点分十进制”表示成（a. b. c. d）的形式，其中，a、b、c、d 都是 0~255 的十进制整数。例如：点分十进制 IP 地址（100. 4. 5. 6），实际上是 32 位二进制数（01100100. 00000100. 00000101. 00000110）。

2.1.3　网络模型

1. OSI 模型

为了使不同计算机厂家生产的计算机能够相互通信，以便在更大的范围内建立计算机网络，国际标准化组织（ISO）在1978年提出了“开放系统互联模型”，即 OSI 模型（Open System Interconnection Model）。它将计算机网络体系结构的通信划分为七层，每个层次都执行特定的功能，且依赖于其下一层的服务，自下而上依次为：

（1）物理层（Physical Layer）

物理层主要关注物理媒介和传输数据的硬件特性。它定义了数据传输的物理介质，如电缆、光纤、无线电波等。其任务包括数据的编码、传输速率、电压水平等。

（2）数据链路层（Data Link Layer）

数据链路层负责将原始比特流组织成数据帧，并在物理介质上进行可靠的传输；识别物理地址（MAC 地址）；检测与校正帧的错误。

（3）网络层（Network Layer）

网络层主要任务是路由数据包，决定数据包的最佳路径从源到目的地。该层主要协议包括 IP、ICMP 等协议。

（4）传输层（Transport Layer）

传输层提供端到端的数据传输服务，确保数据的可靠性和完整性。该层主要协议包括 TCP、UDP 等协议。

（5）会话层（Session Layer）

会话层负责建立、管理和终止会话（会话是指两个设备之间的通信会话），处理会话中的同步和恢复问题。

（6）表示层（Presentation Layer）

表示层主要关注数据的格式化和编解码，以确保不同系统间的数据交换，还可以处理数据的加密、压缩和数据格式转换。

（7）应用层（Application Layer）

应用层为最终用户提供应用程序和网络服务，包括诸如 Web 浏览器、电子邮件客户端、文件传输协议（FTP）等应用。与用户界面和应用程序通信的所有应用层协议都属于此层。该层主要协议包括 HTTP、FTP、SMTP、Telnet 等协议。

2. TCP/IP 模型

TCP/IP 模型将网络协议分为四个主要层次，是实际互联网通信所采用的标准模型。自下而上依次为：

（1）网络接口层（Network Interface Layer）

这一层相当于 OSI 模型的数据链路层和物理层合并在一起，负责管理物理硬件和数据链路协议，将数据在设备之间进行传输。

（2）网络层（Internet Layer）

这一层与 OSI 模型的网络层相对应，负责路由数据包，确保它们能够从源主机传输到目的主机。

（3）传输层（Transport Layer）

传输层与 OSI 模型的传输层相对应，它负责端到端的数据传输，确保数据的可靠性和完整性。

（4）应用层（Application Layer）

应用层与 OSI 模型的应用层相对应，它包括了应用程序和用户接口。

OSI 参考模型为网络互联提供了一个全面的框架，有助于促进互联网络的研究和发展，

TCP/IP 参考模型是在 OSI 参考模型的基础上发展而来的，借鉴了 OSI 模型的思想，并对其进行了简化和改进，两者结构对比如图 2-2 所示。

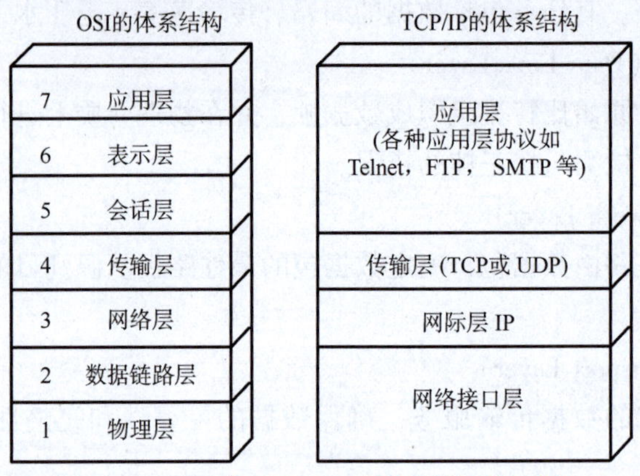

图 2-2　OSI 与 TCP/IP 网络模型结构对比

2.1.4　网络分类

1. 按照工作模式划分

1）点对点网络：点对点网络构建成本较低，而且易于互联，适应于家庭或小型办公室网络。该网络被称为“点对点”是因为网络中所有的计算机都享有平等的权利，没有控制网络的独立计算机。

这种网络中的任何一台计算机都可以与其他计算机共享其资源。例如，某计算机用户将激光打印机设为网络共享资源，则该网络中其他计算机用户就可以共享这台打印机。

2）客户机-服务器网络：客户机-服务器网络是将网络中的一台计算机指定为网络服务器的大型网络，该网络服务器负责控制网络流量和管理资源。该网络类型提供了更好的性能和安全性，因为是由服务器决定哪台计算机可以访问什么资源，以及何时访问。

服务器可以是大型机、小型机、UNIX 工作站或者个人计算机。服务器要安装服务器软件，并且设置访问权限。目前流行的服务器操作系统有 UNIX、Windows Server、Linux。

客户端是运行在用户的电脑上的程序。其主要功能是连接服务器，与服务器进行数据交互，获取服务器上的资源和服务。用户通过客户端向服务器发出请求，服务器则对请求进行处理并返回结果。其应用包括文件传输、在线聊天、网络会议等。

2. 按照规模划分

1）局域网（LAN）：一般限定在较小的区域内，小于 10 km 的范围，通常采用有线的方式连接起来。

2）城域网（MAN）：规模局限在一座城市的范围内，10~100 km 的区域。

3）广域网（WAN）：网络跨越国界、洲界，甚至全球范围。

3. 按照拓扑结构划分

1）星型网络：各站点通过点到点的链路与中心站相连，如图 2-3 所示，特点是容易在网络中增加新的站点，数据的安全性和优先级容易控制，易实现网络监控，但中心节点的故

障会引起整个网络瘫痪。

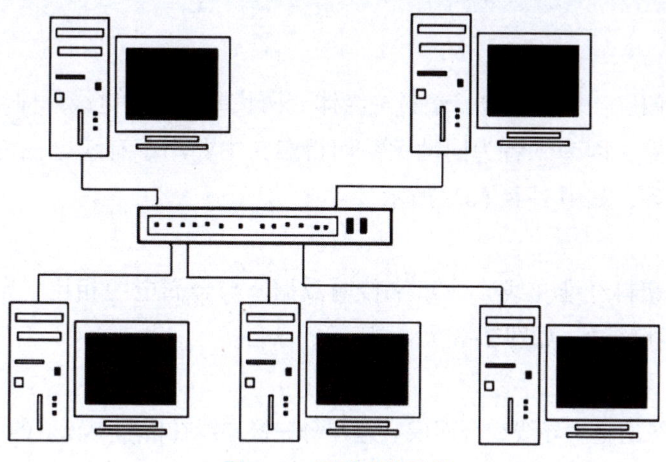

图 2-3　星型网络结构

2）环型网络：各站点通过通信介质连成一个封闭的环型，如图 2-4 所示，环型网络容易安装和监控，但容量有限，网络建成后，难以增加新的站点。

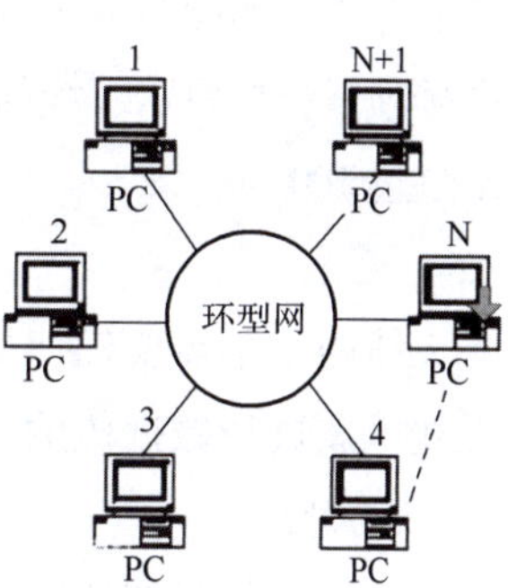

图 2-4　环型网络结构

3）总线型网络：网络中所有的站点共享一条数据通道，如图 2-5 所示，总线型网络安装简便，需要铺设的电缆最短，成本低，某个站点的故障一般不会影响整个网络。但介质的故障会导致网络瘫痪，总线型网络安全性低，监控比较困难，增加新站点也不如星型网容易。

树型网、网状网等其他类型拓扑结构的网络都是以上述三种拓扑结构为基础的。

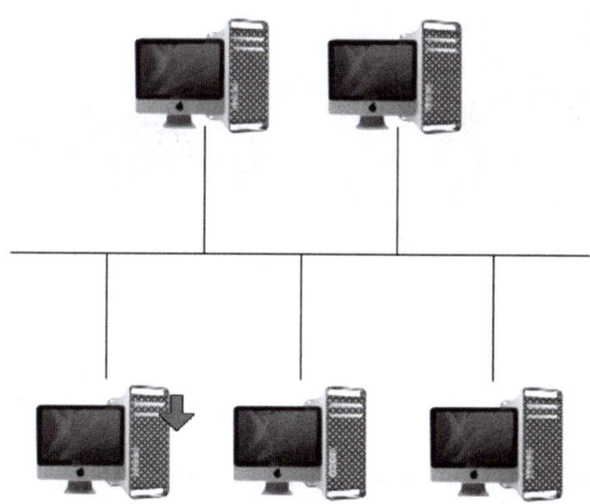

图 2-5　总线型网络结构

2.1.5 网络传输介质

1. 同轴电缆

由里到外分为四层：中心铜线、塑料绝缘体、网状导电层和电线外皮。中心铜线和网状导电层形成电流回路，因为二者为同轴关系而得名，主要用于有线电视传播、长途电话传输、局域网等连接等，如图 2-6（a）所示。

2. 光纤

由一束玻璃或塑料纤维（线）成组来传输数据。与金属电缆相比，光纤拥有更大的数据传输带宽和抗干扰特性，如图 2-6（b）所示。

3. 双绞线

由一对相互绝缘的金属导线绞合而成。这样每一根导线在传输中辐射的电波会被另一根线上发出的电波抵消。双绞线是当前综合布线工程中最常用的一种传输介质，如图 2-6（c）所示。制作双绞线网线就是将双绞线按指定颜色顺序排列好，再将双绞线的两端压接上 RJ-45 连接头。通常，每条双绞线的长度不超过 100 m。

制作双绞线

4. 无线

无线网络不需要任何电缆，但每台计算机都必须有一个无线网卡和一个接入点，可以利用无线电波进行数据传输，如图 2-6（d）所示。

5. 红外线

是利用红外光波传输数据的无线方式。红外线传输的缺陷是红外线传输设备之间的有效距离小于无线电波传输设备，而且速度比较慢，现在一般采用蓝牙连接，如图 2-6（e）所示。

(a)

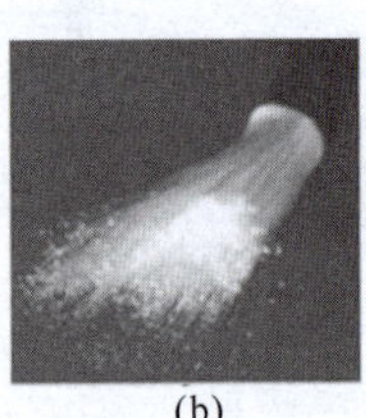
(b)

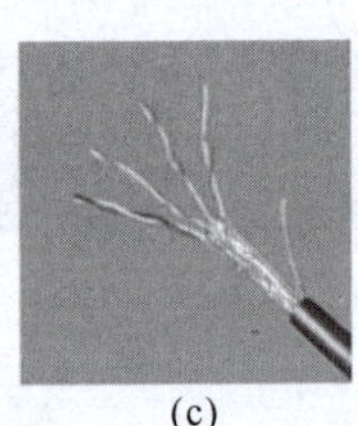
(c)

(d)

(e)

图 2-6　网络传输介质

2.1.6 网络连接设备

1. 网络接口卡

要连接到网络，计算机就必须拥有一个带有唯一 MAC 地址的网络接口卡（NIC），以及适合线缆的接口。

由于计算机有不同的种类，因此网络接口卡也有多种款式和型号。常见的网络接口卡如图 2-7 所示。

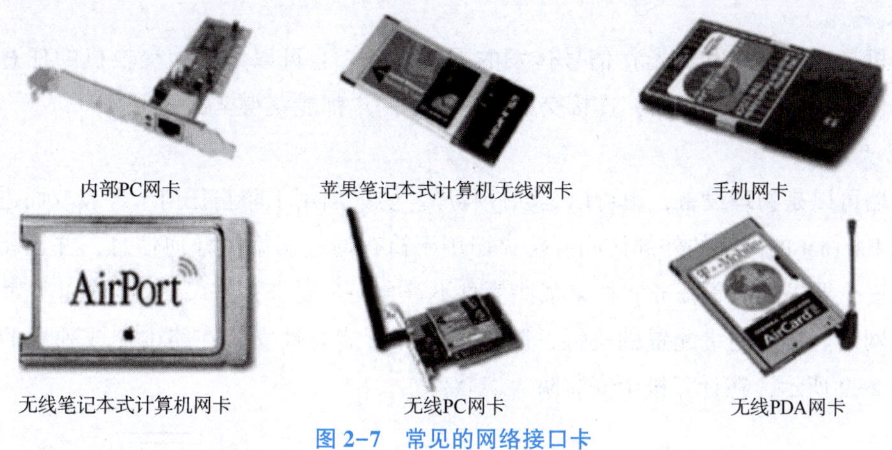

图 2-7　常见的网络接口卡

2. 集线器

集线器的主要功能是对接收到的信号进行再生整形放大，以扩大网络的传输距离，同时以它为中心节点把所有节点集中在一起，如图 2-8 所示。

集线器的主要缺点是：所有连接到集线器的用户等额分享最高的传输速度。例如，网络连接的带宽速度是 100 兆位每秒（Mbit/s），集线器连接 4 个用户，则每个用户将分享这个带宽速度，其最大也只能为 25 Mbit/s。

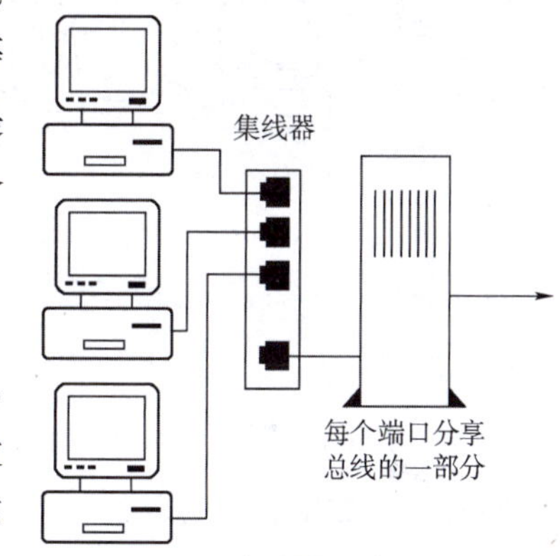

图 2-8　集线器组成的网络

3. 网关

网关（Gateway），又称网间连接器、协议转换器。网关在网络层以上实现网络互联，是复杂的网络互联设备，仅用于两个高层协议不同的网络互联，可将两类不同的网络连接起来。

4. 网桥

网桥是连接两个局域网的一种存储/转发设备，它能将一个大的局域网分割为多个网段，或将两个以上的局域网互联为一个逻辑局域网，使局域网上的所有用户都可访问服务器。网桥将两个相似的网络连接起来，只能连接同构网络（同一网段），不能连接异构网络（不同网段）。

5. 路由器

路由器是连接两个或多个网络的硬件设备，在网络间起网关的作用，是读取每一个数据包中的地址然后决定如何传送的网络设备。

它能够理解不同的协议，例如某个局域网使用的以太网协议，因特网使用的 TCP/IP 协议。路由器可以分析各种不同类型网络传来的数据包的目的地址，把非 TCP/IP 网络的地址转换成 TCP/IP 地址，反之亦然。再根据选定的路由算法把各数据包按最佳路线传送到指定位置。

6. 交换机

交换机是一种用于电（光）信号转发的网络设备。它可以为接入交换机的任意两个网络节点提供独享的电信号通路，连接交换机的每个用户都能获得全部的带宽。

7. 防火墙

防火墙可以是物理设备，也可以是软件程序。防火墙用于防止任何未经授权而进入某个已连接到 Internet 的网络的外部访问。防火墙用于检查通过网络的任何信息，并且能够完成具有特殊安全要求的设置任务。如果某些信息不符合安全要求，防火墙就会阻止这些信息进入或退出网络。根据网络配置的不同，防火墙软件可能会被安装在路由器或独立的计算机上。如图 2-9 所示，在计算机中安装防火墙软件。

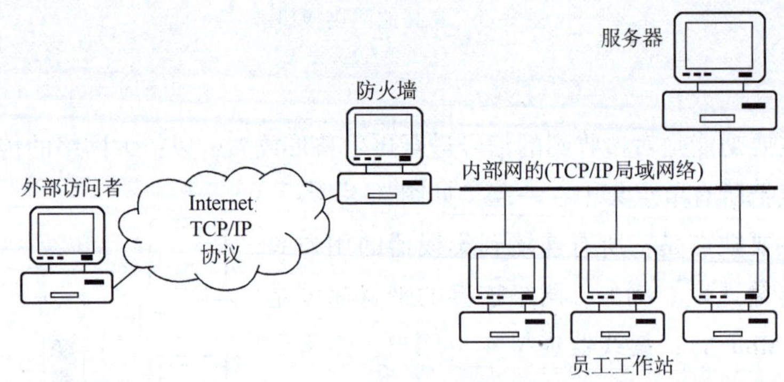

图 2-9　带有防火墙的网络

8. 蓝牙设备

蓝牙（Bluetooth）：是一种无线技术标准，可实现固定设备、移动设备和楼宇个人域网之间的短距离数据交换（使用 2. 4~2. 485 GHz 的 ISM 波段的 UHF 无线电波）。

蓝牙存在于很多产品中，如手机、笔记本电脑、音箱、耳机、手持设备、手表等。蓝牙技术在低带宽条件下邻近的两个或多个设备间的信息传输十分有用。蓝牙常用于电话语音传输（如蓝牙耳机）或手持计算机设备的字节数据传输（文件传输）。

【任务实现】

上网搜索或查询资料，总结和归纳 OSI 网络模型与 TCP/IP 网络模型的异同点，可以从它们的层次结构、协议规范、通信方式等方面进行阐述。

【知识拓展】

6G 网络将是一个地面无线与卫星通信集成的全连接世界。通过将卫星通信整合到 6G 移动通信，实现全球无缝覆盖，网络信号能够抵达任何一个偏远的乡村，让深处山区的病人能接受远程医疗，让孩子们能接受远程教育。此外，在全球卫星定位系统、电信卫星系统、地球图像卫星系统和 6G 地面网络的联动支持下，地空全覆盖网络还能帮助人类预测天气、快速应对自然灾害等，这就是 6G 未来。6G 通信技术不再是简单的网络容量和传输速率的突

破，它更是为了缩小数字鸿沟，实现万物互联这个“终极目标”，这便是6G的意义。

任务2.2 使用电子邮件

【任务描述】

小李同学的哥哥去美国留学了，哥哥在临走前建议小李可以申请一个电子邮箱，这样他去美国以后，两人可以通过发送电子邮件经常联系，请你帮小李申请一个电子邮箱，并教他如何使用Microsoft Outlook收发邮件。

【学习目标】

1. 掌握网络基础知识。
2. 掌握电子邮箱的申请与使用方法。
3. 掌握Microsoft Outlook收发邮件的方法。

【知识准备】

2.2.1 电子邮件简介

电子邮件是一种用电子手段提供信息交换的通信方式，邮件内容可以是文字、图像、声音等多种形式，是互联网应用最广的服务。通过网络的电子邮件系统，用户可以用非常低廉的价格（不管发送到哪里，都只需负担网费）、非常快速的方式（几秒钟之内可以发送到世界上任何指定的目的地），与世界上任何一个角落的网络用户联系。电子邮件的收发主要使用SMTP和POP3协议。

2.2.2 Outlook简介

Microsoft Outlook是Office套装软件的组件之一，它对Windows自带的Outlook Express的功能进行了扩充。Outlook的功能很多，可以用它来收发电子邮件、管理联系人信息、记日记、安排日程、分配项目。使用Outlook可以提高工作效率，并保持与个人网络和企业网络之间的连接。

【任务实现】

1. 申请一个新浪免费电子邮箱

（1）启动IE浏览器，在地址栏中输入“http://www.sina.com.cn/”，进入新浪主页，如图2-10所示。

（2）单击网页右上方的“邮箱”按钮，打开如图2-11所示的新浪邮箱网页，单击“注册”按钮。

图 2-10　新浪主页

图 2-11　新浪邮箱登录/注册网页

（3）在打开的“欢迎注册新浪邮箱”网页中，输入注册信息，单击“立即注册”按钮，如图 2-12 所示，即可成功申请邮箱。

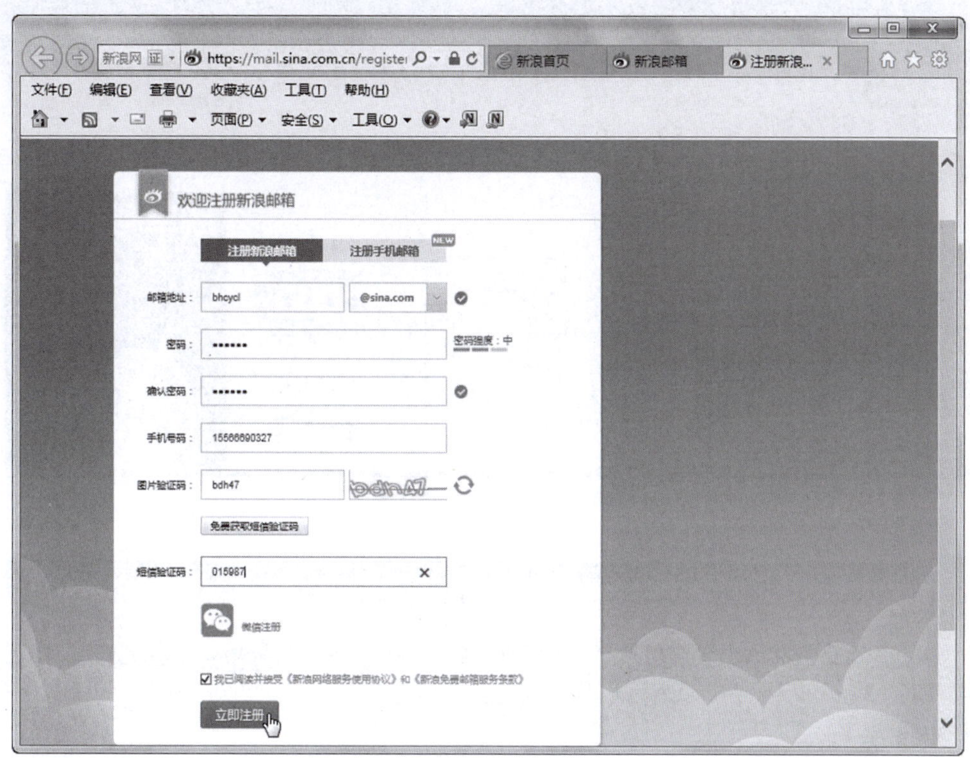

图 2-12　新浪免费电子邮箱注册页面

说明：

一个完整的 Internet 邮件地址格式如下：

用户标识符@ 域名，中间用符号“@”分开，符号的左边是注册时使用的用户标识符，右边是完整的域名，代表用户信箱的邮件接收服务器。

2. 登录并使用邮箱发送信件

（1）登录邮箱。

①启动 Edge 浏览器，在地址栏中输入“http://mail. sina. com. cn/”，进入新浪主页，如图 2-10 所示。

电子邮箱的使用

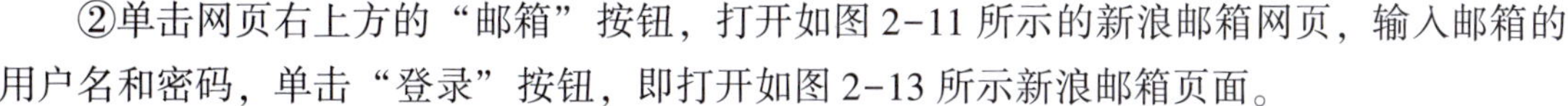

②单击网页右上方的“邮箱”按钮，打开如图 2-11 所示的新浪邮箱网页，输入邮箱的用户名和密码，单击“登录”按钮，即打开如图 2-13 所示新浪邮箱页面。

（2）发送普通电子邮件。

①在新浪邮箱页面中，单击“写信”按钮，进入写信界面，如图 2-14 所示，发件人的邮箱地址是系统自动添加的。

②输入收件人的邮箱地址、邮件主题和正文内容，如图 2-15 所示，收件人的邮箱地址可以手动输入，也可以在联系人列表中查询后选取；邮件主题是用最简单的话概括一下邮件的内容，如果不写，邮件主题为“无”；正文内容与信件格式基本相同，尽量简洁明了。

图 2-13　新浪邮箱页面

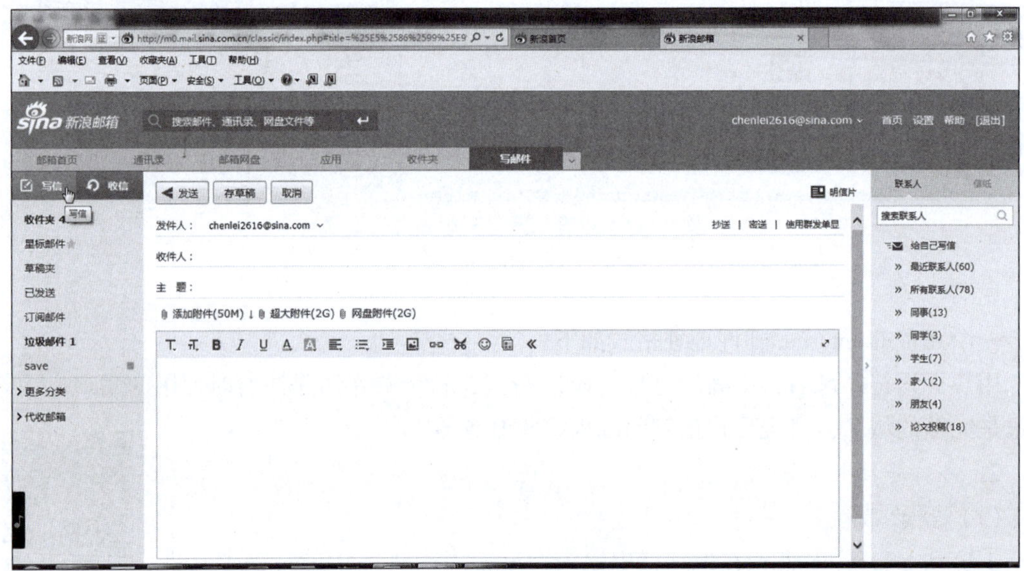

图 2-14　写信界面

③单击“发送”按钮，系统会提示邮件是否发送成功，如需继续写信，可单击“再写一封”按钮，如图 2-16 所示。

（3）发送带有附件的电子邮件。

①再次进入写信界面，填写收件人的邮箱地址和主题，撰写信件内容，单击信件编辑框上方的“添加附件”按钮。

②弹出“选择要加载的文件”对话框，选择要添加的文件，单击“打开”按钮，附件上传至邮箱，如图 2-17 所示，之后单击“发送”按钮，将带附件的邮件发送出去，系统会提示是否发送成功。

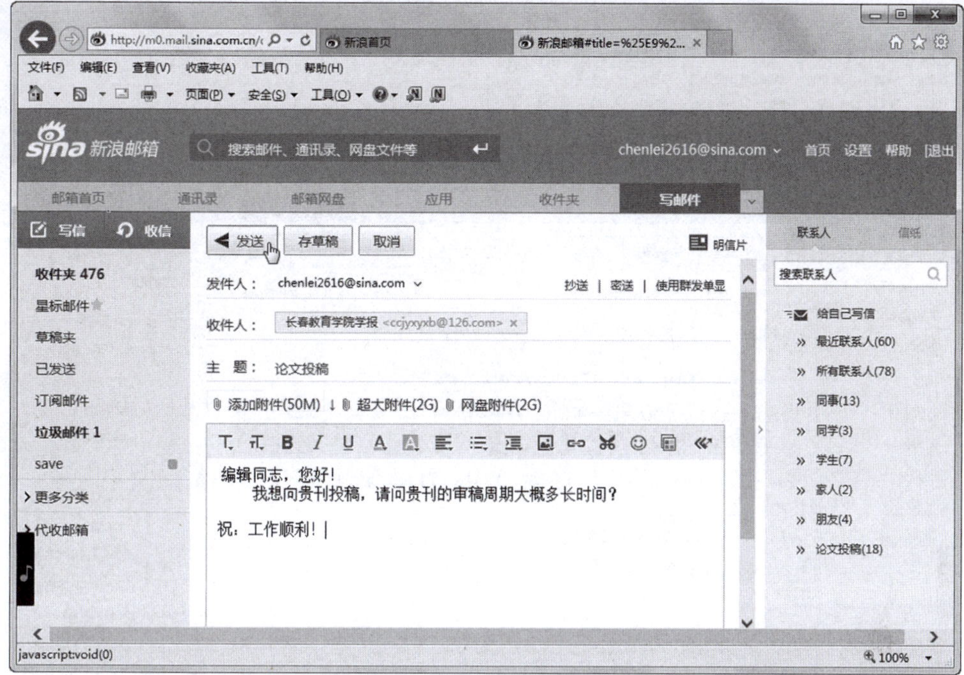

图 2–15　撰写电子邮件

图 2–16　撰写电子邮件

3. 接收邮件

（1）登录电子邮箱后，单击“收件夹”选项，显示已收到的邮件的相关信息，如图 2–18 所示，单击邮件主题，查看邮件内容。

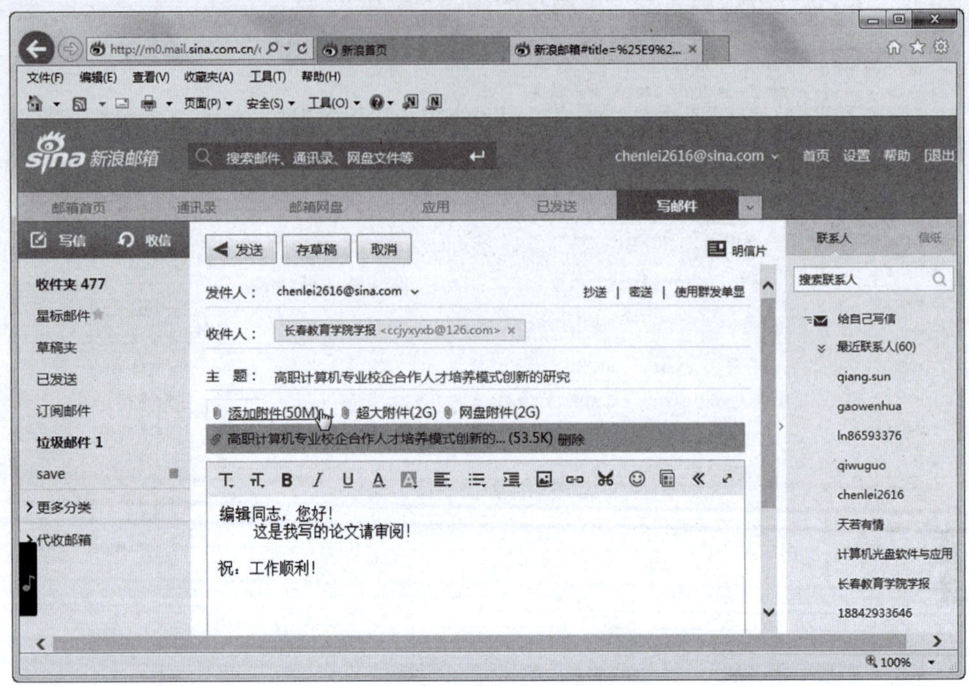

图 2-17　附件上传至邮箱

图 2-18　查看接收邮件

（2）如果是带有附件的邮件，用户需要将附件下载到个人计算机，例如当前邮件中有一个名为“合作指南 . docx”的 Word 文档附件，单击该附件文件，弹出询问要打开或保存附件的对话框，如图 2-19 所示。

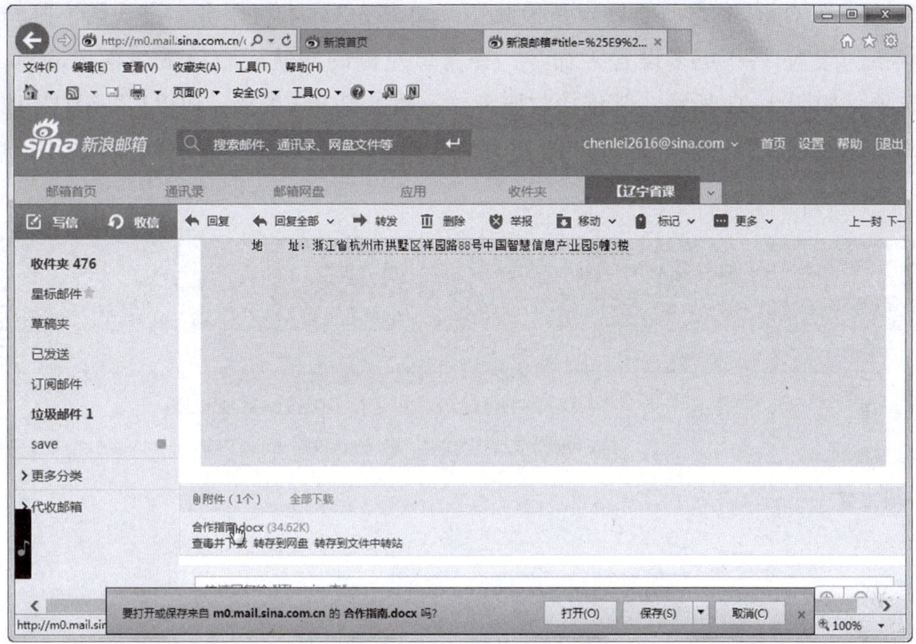

图 2-19　邮件附件下载对话框

（3）单击“保存”按钮，系统自动将文件保存到默认位置，单击“打开”按钮，即可打开文件，如图 2-20 所示。

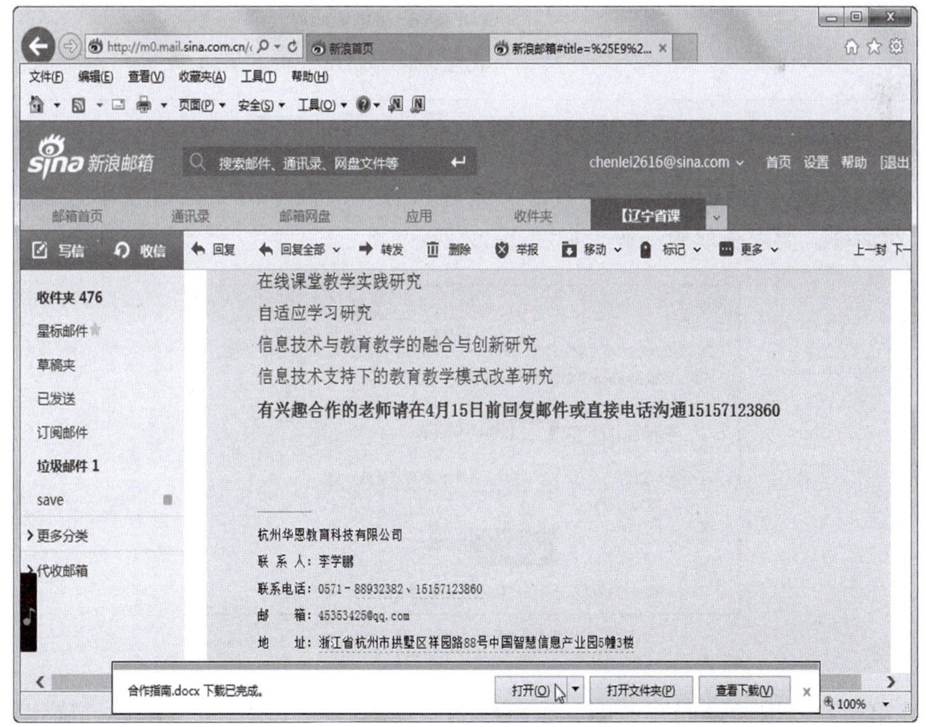

图 2-20　打开下载的附件

4. Outlook 的设置和使用

（1）在设置 Outlook 之前要登录新浪邮箱开启 POP3/SMTP 服务，进入新浪邮箱，单击右侧的菜单“设置”→“更多设置”命令，在窗口左侧的导航栏中单击“客户端 pop/imap/smtp”选项，如图 2-21 所示。邮件接收服务器一般是 POP3 类型，POP3 和 SMTP 地址可以到申请邮箱的网站查看，该地址可以是 IP 地址，也可以是域名。每个邮件账号用户可以设置一个密码。

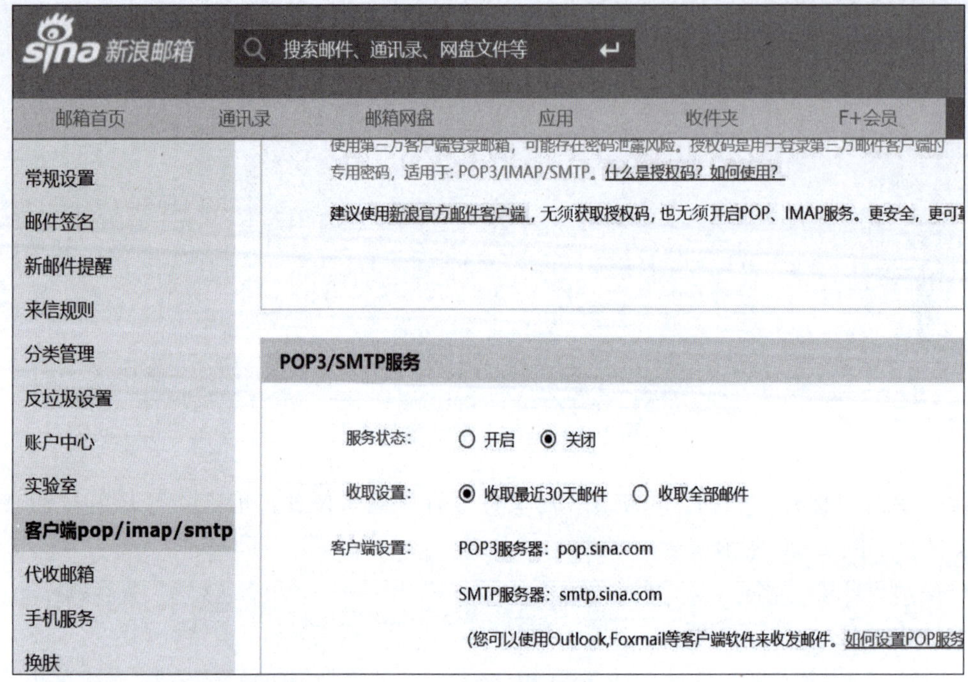

图 2-21 “客户端 pop/imap/smtp”选项

（2）在“POP3/SMTP 服务”下方的“服务状态”后面单击“开启”单选按钮，弹出“提示”对话框，要求获取验证码，如图 2-22 所示。

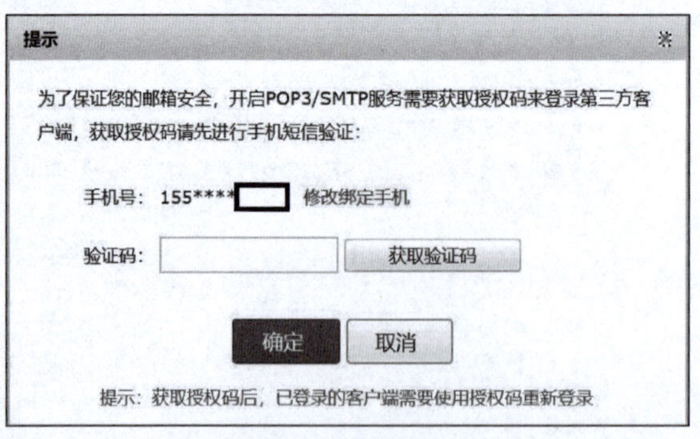

图 2-22 获取验证码

（3）单击“获取验证码”按钮，手机收到验证码后输入验证码，单击“确定”按钮，“提示”对话框生成并显示授权码，如图 2-23 所示。保存好授权码以便后续操作使用。

（4）单击“开始”菜单，找到并单击“Outlook”选项，如图 2-24 所示。弹出“Outlook”对话框，如图 2-25 所示。

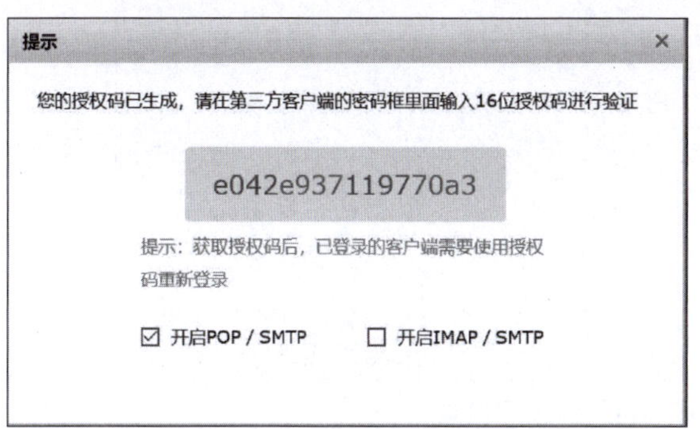

图 2-23　生成并显示授权码

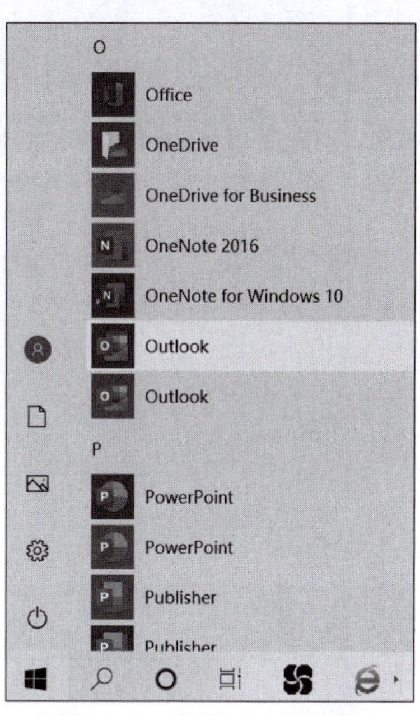

图 2-24　打开“Outlook”

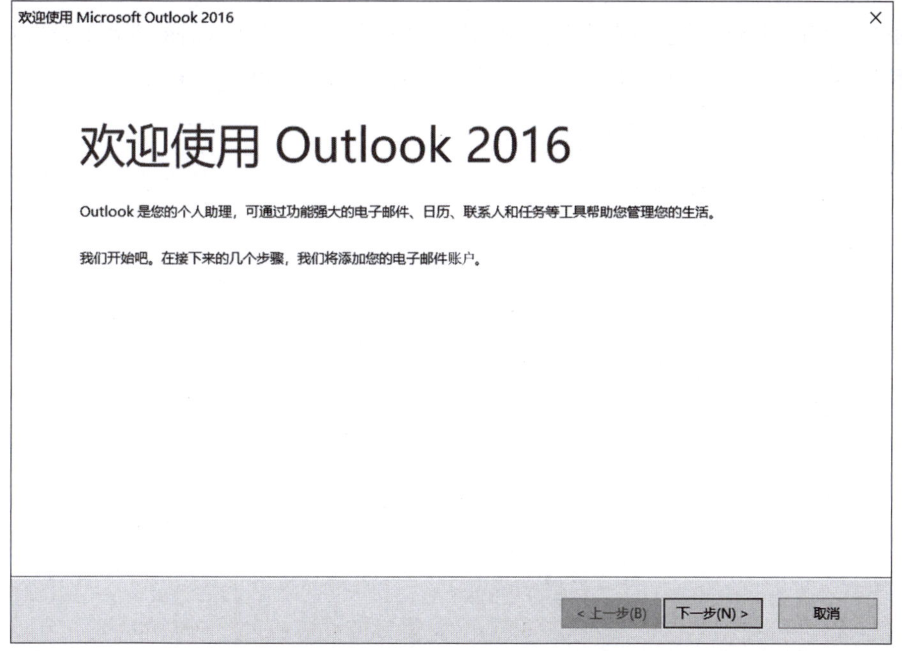

图 2-25　“Outlook”对话框

（5）单击“下一步”按钮，弹出“Microsoft Outlook 账户设置”对话框，询问“是否将 Outlook 设置为连接到某个电子邮件账户？”，默认为“是”，如图 2-26 所示。

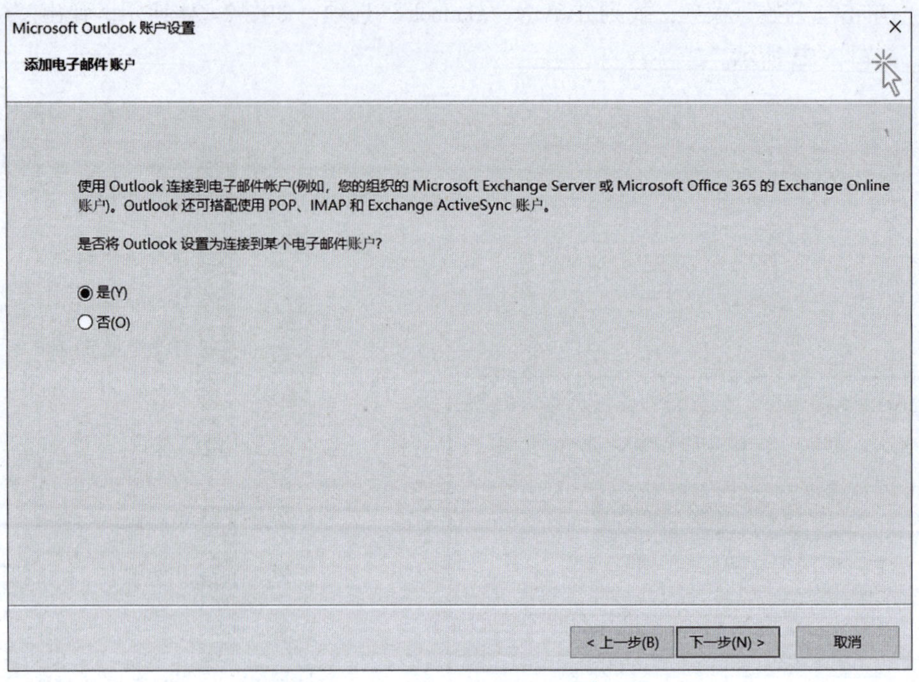

图 2-26　Microsoft Outlook 账户设置

（6）单击“下一步”按钮，弹出“添加账户”对话框，输入“您的姓名”“电子邮件地址”。注意，接下来输入的“密码”不是电子邮件的登录密码，而是在前面电子邮箱中，开启 POP3/SMTP 服务时获取的授权码，如图 2-27 所示。也可以选择“手动设置或其他服务器类型”，在弹出的对话框中填写相关信息进行设置，读者可自行验证。

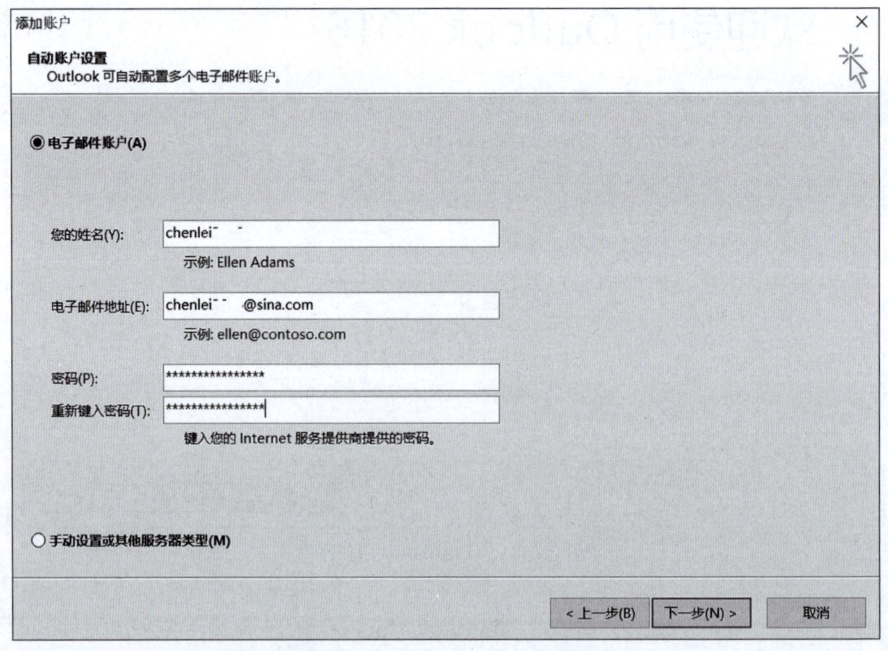

图 2-27　“添加账户”对话框

（7）单击“下一步”按钮，对话框显示“Outlook 正在完成您账户的设置。这可能需要几分钟。”，最后 POP3 电子邮件账户已配置成功，如图 2-28 所示。

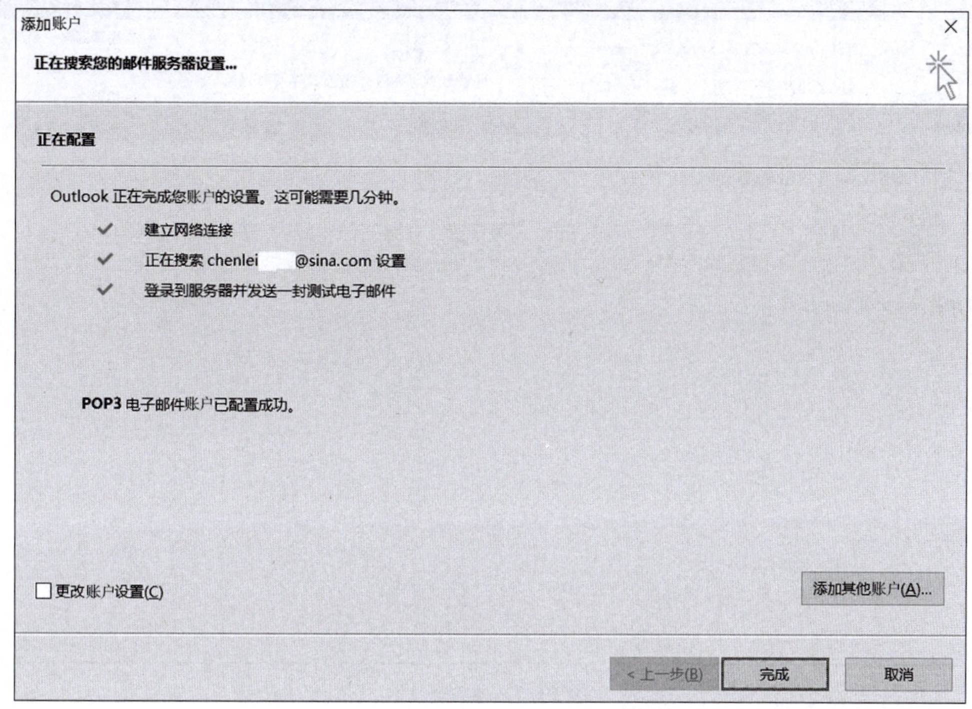

图 2-28　Outlook 完成账户的设置

（8）单击“完成”按钮结束设置，弹出如图 2-29 所示的 Microsoft Outlook 窗口。

图 2-29　收件箱 Outlook 窗口

（9）在打开的 Microsoft Outlook 窗口中，单击“开始”选项卡→“新建”功能组→“新建电子邮件”按钮，如图 2-30 所示。

（10）弹出“邮件”窗口，在“收件人”文本框中输入收件人的邮件地址，在“主题”文本框中输入邮件的主题“test”，在正文编辑框中输入邮件的内容“现在测试 Microsoft Outlook！”，单击“发送”按钮，如图 2-31 所示。

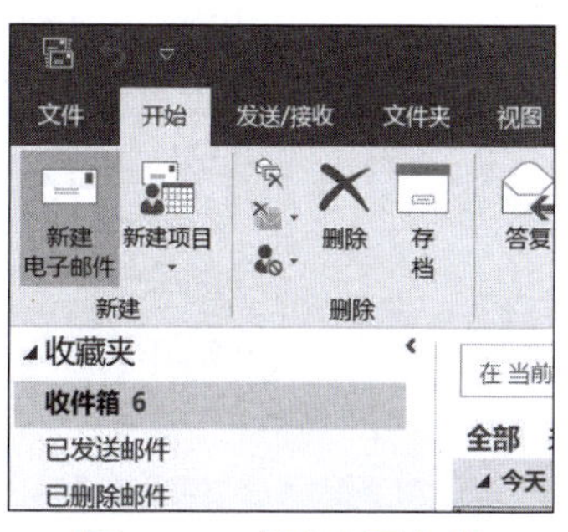

图 2-30　新建电子邮件

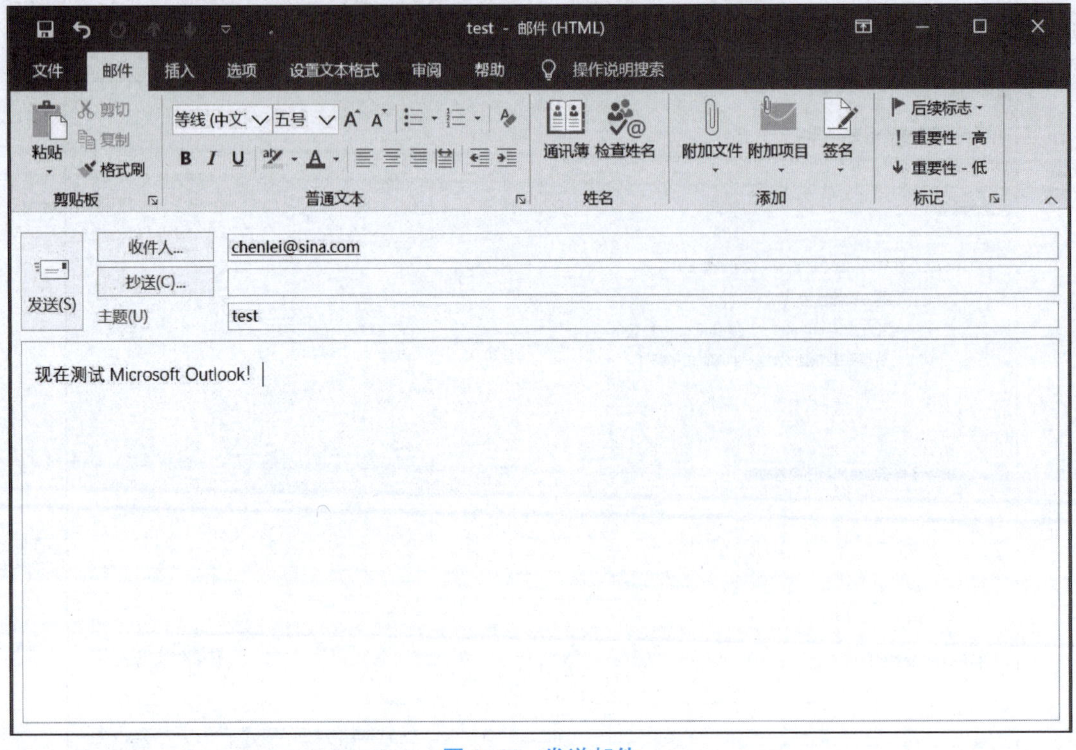

图 2-31　发送邮件

（11）在打开的新浪邮箱中，可以看到通过 Outlook 发送过来的测试邮件，如图 2-32 所示。

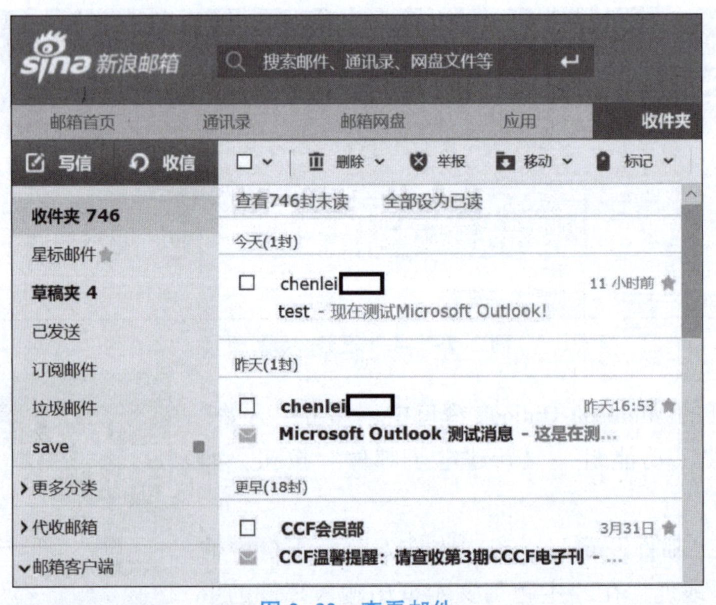

图 2-32　查看邮件

【知识拓展】

电子邮件的安全问题包含两个方面，一个是邮件可能给系统带来的不安全因素，二是邮件内容本身的隐私性。对此，给大家分享一些电子邮件安全方面的小窍门。

1. 关闭电子邮件地址自动处理功能

由于软件中自动处理功能的日益增加，我们会越来越多地看到由于意外地选择了错误收件人而造成的安全事件了。微软 Outlook 中的“可怕的自动填写功能”就是一个很明显的例子，在使用下拉式清单的时候很容易误选收件人。在讨论类似商业机密之类敏感信息的时候，这样的操作很容易导致各种安全事件的出现。

2. 群发邮件的时候采用密送（BCC）的设置

从安全角度来说，将电子邮件地址与没有必要知道的人分享很不明智。在未经允许的情况下，将电子邮件地址与陌生人分享也是不礼貌的。在发送电子邮件给多个人的时候，可以选择收件人（TO）或者抄送（CC）的方式，这样的情况下，所有收件人可以分享所有的电子邮件地址。如果没有明确确认电子邮件地址应该被所有收件人分享的时候，应该使用密送（BCC）的设置。这样收件人就不知道还有其他接收者的存在。

3. 做好阅后的工作

如果在公共场所收发信件，信件内容的隐私性就变得至关重要。可以通过“Internet 选项”的“常规”选项卡删除文件（包括所有脱机内容）、清除历史记录以及删除 Cookie。另外，还可以到“内容”选项卡的“个人信息”栏进行自动完成设置，清除表单以及密码等。

任务 2.3　使用即时通讯软件

【任务描述】

小李同学所在班级即将进入实习期，实习指导老师和同学们将有很多事情要进行沟通，为方便大家相互联系。小李同学准备建一个班级的实习微信群，请完成建立实习微信群的任务，并演示微信群一些常规的操作方法。

【学习目标】

1. 了解即时通信软件。
2. 掌握时通信软件的安装和使用方法。

【知识准备】

2.3.1　即时通讯软件简介

即时通信软件是通过即时通信技术实现在线聊天、交流的软件。有两种架构形式，一种是 C/S 架构，采用客户端/服务器形式，用户使用过程中需要下载安装客户端软件，典型的代表有微信、QQ、如流（原百度 HI）、Skype 、MSN、钉钉、企业微信、飞书等。

另一种是采用 B/S 架构，即浏览器/服务端形式，这种形式的即时通信软件，直接借助互联网为媒介、客户端无须安装任何软件，既可以体验服务器端进行沟通对话，一般运用在电子商务网站的服务商，典型的代表有 Websitelive 、53KF、live800 等。

即时通信（Instant Messaging，简称 IM）是一个终端服务，允许两人或多人使用网络即时地传递文字讯息、文件、语音与视频交流。通过即时通信功能，用户可以知道亲友是否正在线上，可与他们即时通信。即时通信比传送电子邮件所需反馈时间更短，比打电话传递的信息更丰富，是网络时代最具代表性的通信方式。即时通信具有多任务作业、异步性、媒介转换迅速、交互性、不受时空限制等特点。

2.3.2 微信的安装和使用

1. 安装微信

1）打开下载微信的网页，单击窗口底部的“Windows”图标，如图 2-33 所示。

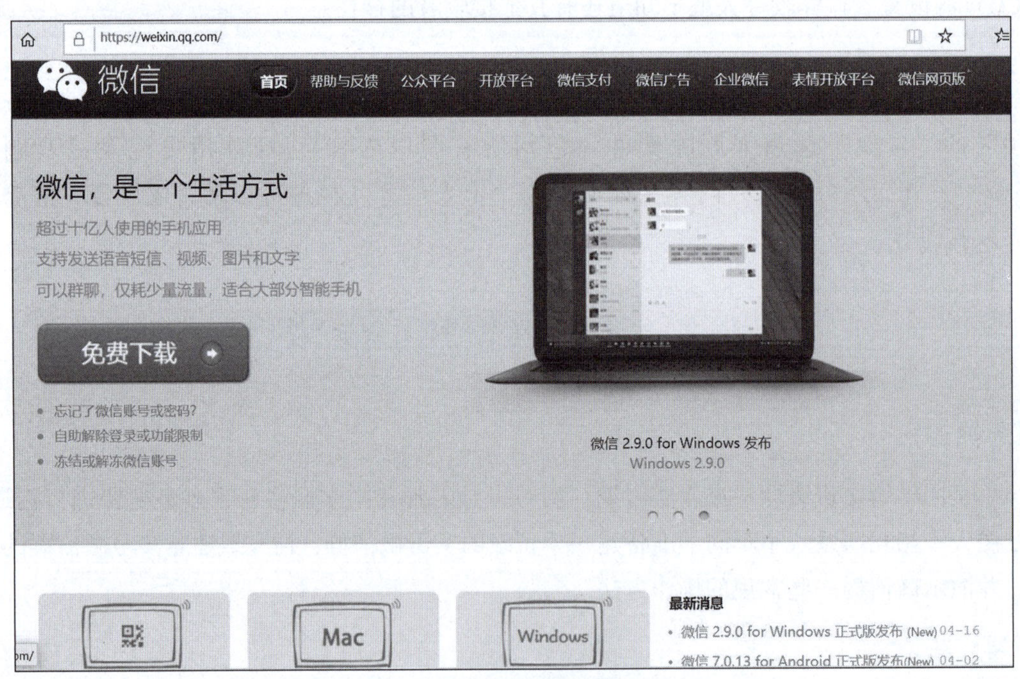

图 2-33　下载微信的网页

2）在弹出的新页面中，单击“Download”按钮，在窗口底部弹出“你想怎么处理 We-Chat”对话框，单击“运行”按钮直接安装，如图 2-34 所示。

2. 打开微信发送信息

1）双击桌面上的微信图标，打开微信登录对话框，如图 2-35 所示。

2）单击“登录”按钮，在与微信绑定的手机上弹出“Windows 微信登录确认”窗口，

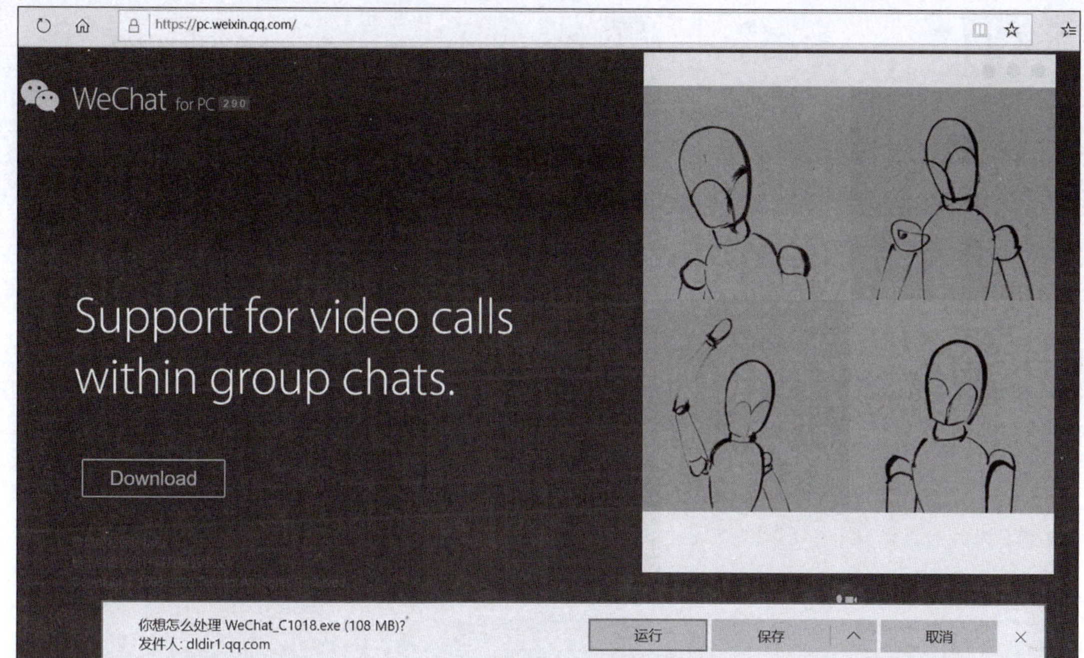

图 2-34　运行微信安装程序

如图 2-36 所示。单击“登录”按钮，电脑弹出微信界面，如图 2-37 所示。

3）在搜索栏中输入联系人的名字“小晶”，微信自动检索出含有此名字的条目，如图 2-38 所示。单击“小晶”，界面右侧出现小晶的聊天窗口，输入文字，单击“发送”按钮，如图 2-39 所示。

4）单击“表情”按钮，在弹出的界面中选择“微笑”表情，如图 2-40 所示，在消息中插入表情，单击“发送”按钮。

3. 发送文件

1）单击“发送文件”按钮，在弹出的“打开”对话框中选择所需的图片，如图 2-41 所示，单击“打开”按钮，图片出现在消息编辑栏中，单击“发送”按钮即可。其他类型的文件也可以这样发送。

2）微信收到的文件可直接点开查看，也可保存到电脑上，比如收到别人发来的 Word 文档，右击该文档，在弹出的快捷菜单中选择“另存为”，如图 2-42 所示。

3）在弹出的“另存为”对话框中选择保存的位置，设置好文件名，单击“保存”按钮即可，如图 2-43 所示。

4. 发起语音、视频通话

如果用户的电脑配备了麦克风、音响、摄像头，则可通过微信进行语音和视频通话：

1）单击“语音聊天”按钮，进入等待对方接受邀请状态，如图 2-44 所示，一旦对方接受邀请，双方就可以进行语音通话了。

图 2-35　打开微信

图 2-37　微信界面

图 2-36　Windows 微信登录确认

图 2-38　选择通信对象

2）如果发现对方邀请你语音通话，单击“拒绝”按钮，拒绝接听；单击“接听”按钮，接受语音通话，如图 2-45 所示。

3）单击“接听”按钮，进入语音通话状态，如图 2-46 所示。如果想结束通话，单击“挂断”按钮，可结束通话。

图 2-39　发送聊天消息

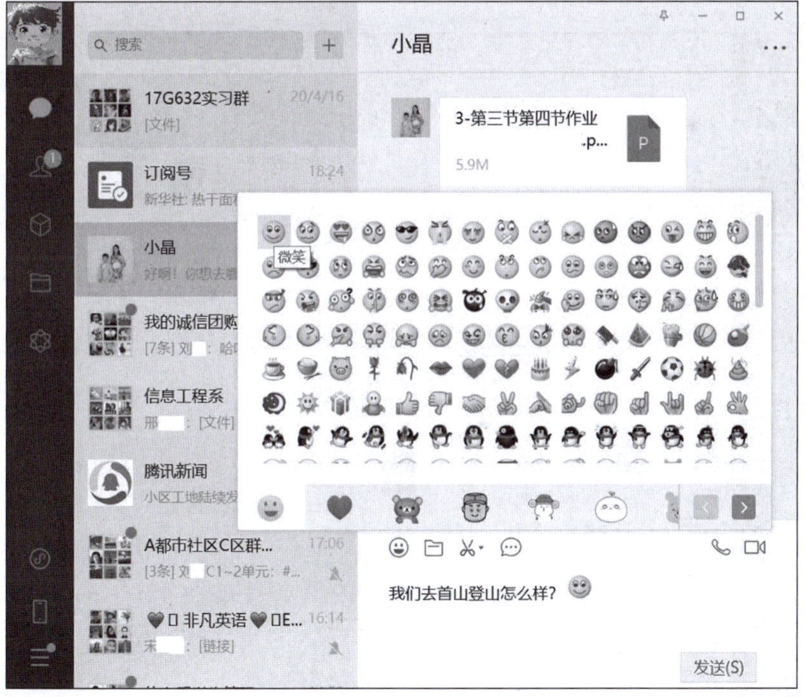

图 2-40　选择“微笑”表情

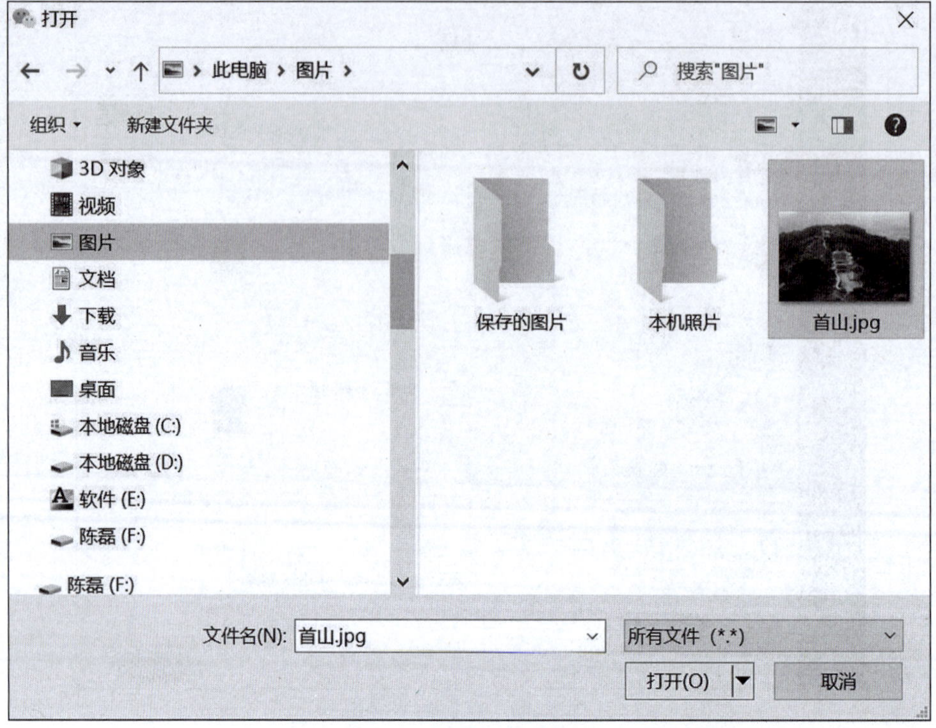

图 2-41　选择所需的图片

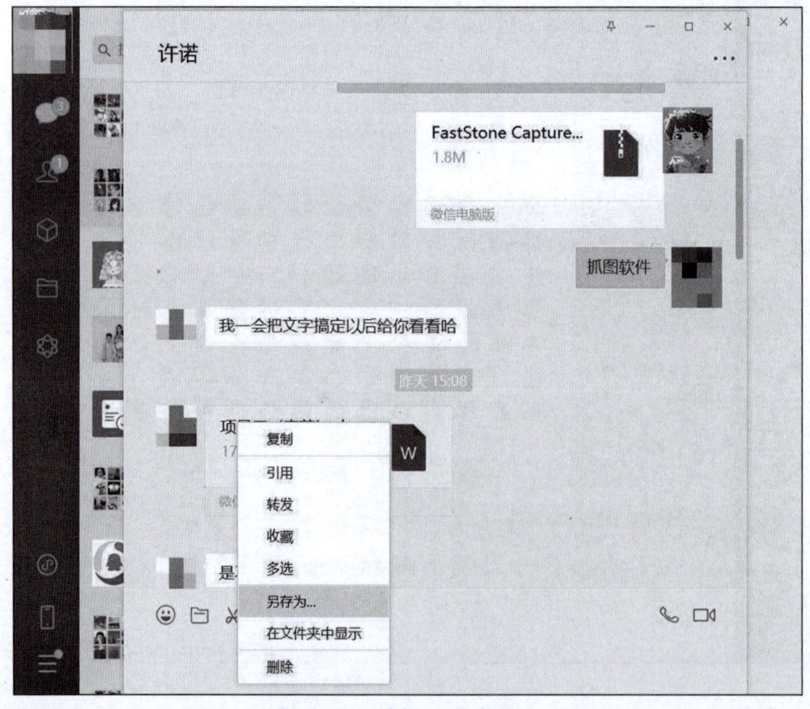

图 2-42　选择“另存为”

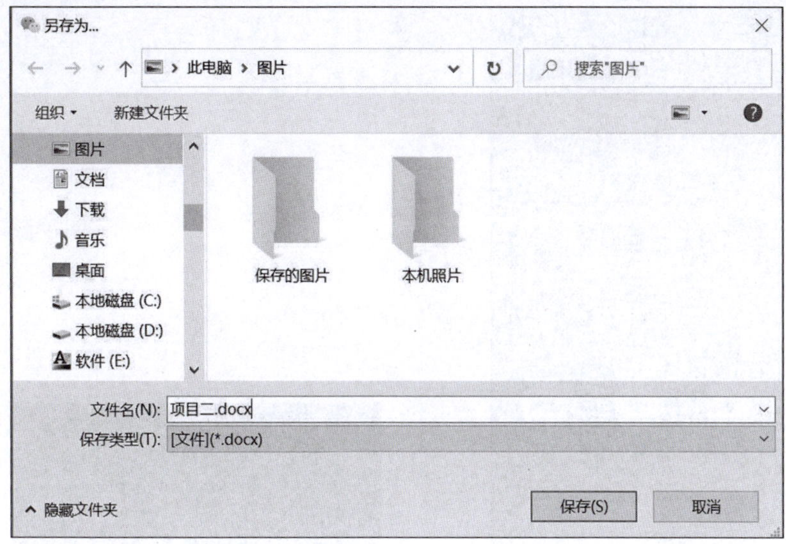

图 2-43　保存文件

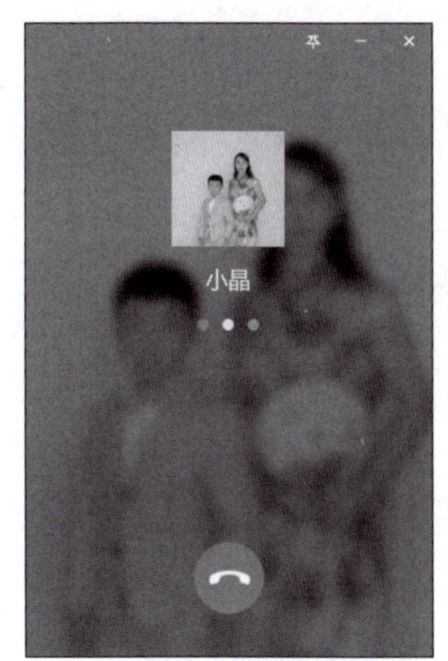

图 2-44　发起语音通话

图 2-45　“接听”语音通话

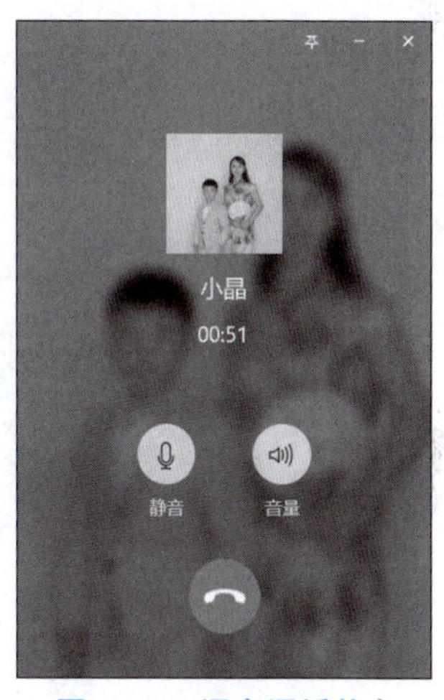

图 2-46　语音通话状态

4）单击“视频聊天”按钮，进入等待对方接受邀请状态，如图 2-47 所示。

5）如果发现对方邀请你视频通话，单击“拒绝”按钮，拒绝通话；单击“接听”按钮，接受视频通话，如图 2-48 所示。

6）视频聊天过程中，通过单击“麦克风”按钮，可以切换麦克风的开关状态，设置声音是否传送；通过单击“扬声器”按钮，可以切换扬声器的开关状态，设置声音是否外放；通过单击“摄像头”按钮，可以切换摄像头的开关状态，设置画面是否传送；如果想结束通话，单击“挂断”按钮，可结束视频通话，如图 2-49 所示。

5. 查找功能

1）单击“通讯录”图标，可找人、找群、找公众号，比如当前“通讯录”图标右上角显示圈 1，表示有人要加你为好友，如图 2-50 所示。

图 2-47　发起视频聊天

图 2-48　等待视频通话

图 2-49　视频聊天

图 2-50　“通讯录”界面

2）单击“新的朋友”图标，如果对方是认识的人，单击“接受”按钮，显示“已添加”完成加好友操作，如图 2-51 所示。

3）单击“公众号”图标，右侧窗口显示已关注的公众号，可以选择想要进入的公众号，如图 2-52 所示。

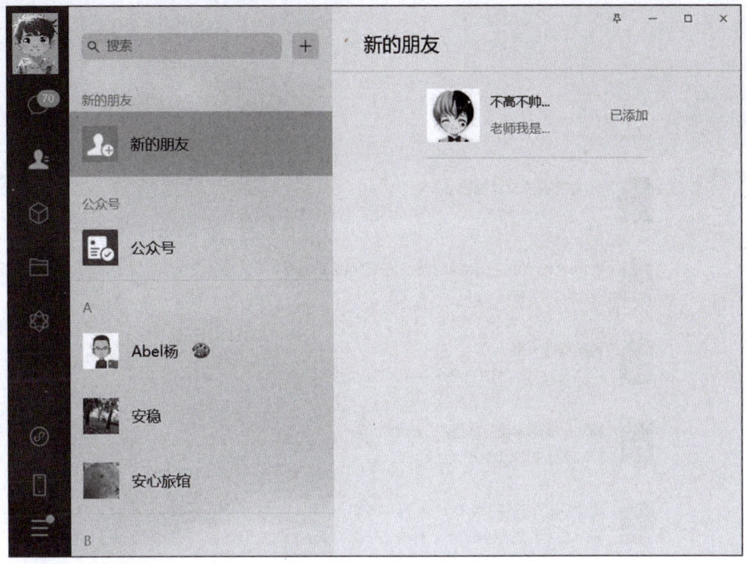

图 2-51　添加好友

图 2-52　进入公众号

6. 微信文件

单击“聊天文件”图标，弹出“聊天文件”窗口，如图 2-53 所示。可直接单击打开文件，也可保存到本地电脑。

【任务实现】

建立和使用微信群的操作步骤如下：

（1）打开电脑上的微信应用程序，在微信界面上方或联系人区域找到并单击“+”按钮发起群聊，如图 2-54 所示。

图 2-53 “聊天文件”窗口

（2）在弹出的“选择联系人”对话框中的搜索栏中，输入要查找的名字，比如“小枫”，找到后单击勾选，查找目标出现在“选择联系人”列表中，如图 2-55 所示。然后在搜索栏中删除旧信息，输入新名字继续查找、添加，最后单击“完成”按钮。

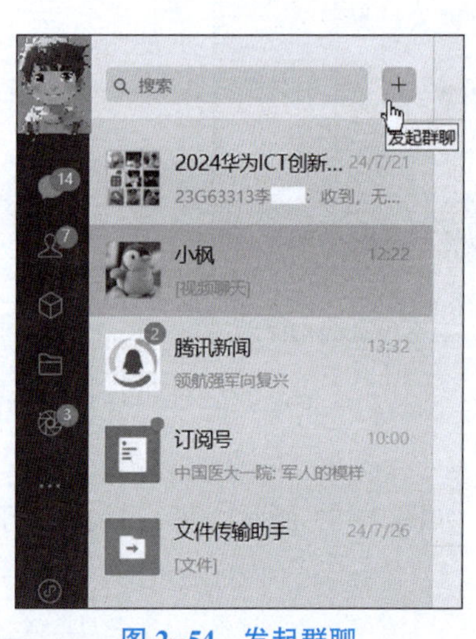

图 2-54 发起群聊

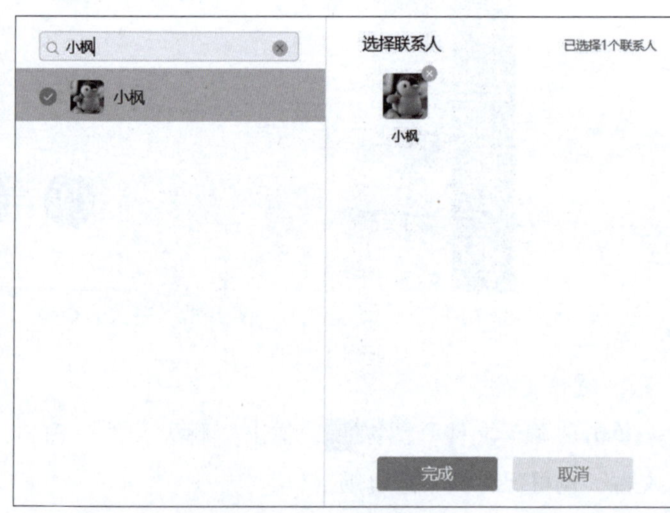

图 2-55 选择联系人

（3）新建立的群聊没有名称，单击群聊对话框右上角的“...”图标，展开聊天信息对话框，在“群聊名称”下面的文本框中，输入“22G682 实习群”，如图 2-56 所示。

图 2–56　设置群聊名称

（4）“22G682 实习群”建好后，群中成员可以在群里发文字或语音信息相互交流，如图 2–57 所示。

（5）老师在群中发布在线编辑文档“实习统计表”，请同学们共同参与编辑，如图 2–58 所示。

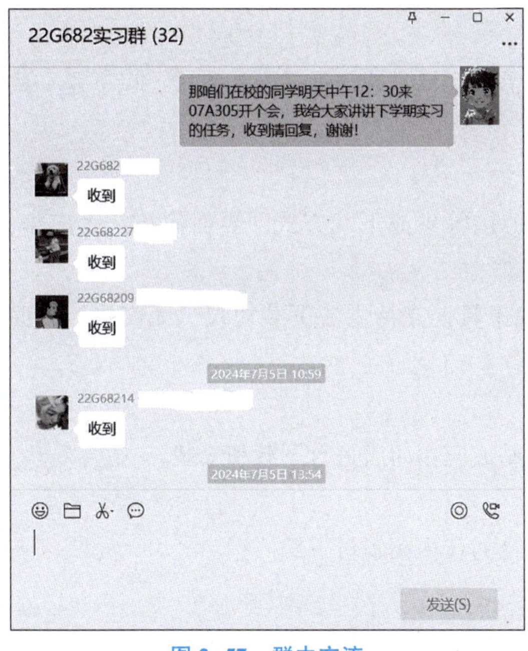

图 2–57　群中交流

图 2–58　发布在线编辑文档

【知识拓展】

Skype 是国外一款常用的即时通信软件，其具备 IM 所需的功能，比如视频聊天、多人语音会议、多人聊天、传送文件、文字聊天等功能。它可以高清晰与其他用户语音对话，也可以拨打国内、国际电话，无论固定电话、手机、小灵通均可直接拨打，并且可以实现呼叫转移、短信发送等功能。2013 年 3 月，微软就在全球范围内关闭了即时通信软件 MSN，Skype 取而代之。只需下载 Skype，就能使用已有的 Messenger 用户名登录，现有的 MSN 联系人也不会丢失。

任务 2.4 使用资源下载

【任务描述】

小李同学所在班级即将开展一次主题为“保护海洋环境”的班会，需要一些精美的大海图片做演示文稿，还需要下载一个音乐软件用来查找配乐，学习完下面的内容完成这个任务。

【学习目标】

1. 掌握搜索资源的方法。
2. 掌握资源下载的方法。

【知识准备】

资源下载的方法多种多样，可以根据不同的需求和场景选择最适合的方式。以下是一些常见的资源下载方法：

1. 使用专业的下载工具

1）FlashGet：支持 HTTP、FTP、BT、磁力链接等主流下载方式，界面简洁，无广告，适合新手使用。

2）Free Download Manager：开源的全能下载工具，支持主流下载协议，无广告，界面简洁，支持任务批量下载管理。

2. 通过官方网站或应用商店下载

对于软件或应用程序，可以直接访问官方网站或应用商店进行下载和安装。

3. 使用在线工具

如硕鼠等音视频在线解析网站，支持多个平台的音视频解析下载。

4. 通过微信百度云下载

对于安卓手机用户，可以通过百度云 APP 下载专区找到所需资料并下载到个人百度云账号。

选择合适的下载方法取决于资源类型、设备兼容性以及个人偏好。在选择下载方法时，

也要考虑隐私和安全性因素，确保下载过程不会泄露个人信息或安装恶意软件。

【任务实现】

资源下载的操作步骤如下：

1. 搜索图片并下载

（1）启动 Edge 浏览器，打开“百度”页面，在“百度”的搜索栏中输入“大海图片”，显示百度搜索的结果，如图 2-59 所示。

图 2-59　“大海图片”搜索结果

（2）右击选好的图片，在弹出的快捷菜单中选择“将图片另存为”命令，如图 2-60 所示。

（3）在弹出的“另存为”对话框中选择保存位置，文件名命名后单击“保存”按钮进行保存设置，如图 2-61 所示。

2. 搜索音乐软件并下载

（1）在百度搜索框中输入“网易云音乐”，显示搜索结果页面，如图 2-62 所示。

（2）在搜索结果页面中，单击搜索结果“网易云音乐”的超链接，进入“网易云音乐”页面后，单击右上方的“下载客户端”，进入其页面，如图 2-63 所示。

（3）在当前网页中，展开“下载新版客户端”下拉列表，单击“新版本客户端（Beta）”，执行下载任务，单击浏览器右上角的“下载”按钮，弹出“下载”对话框，询问下载文件“打开”还是“另存为”，如图 2-64 所示。

（4）单击“打开”按钮可运行该文件，或单击“另存为”按钮，将文件下载到电脑以后再运行。

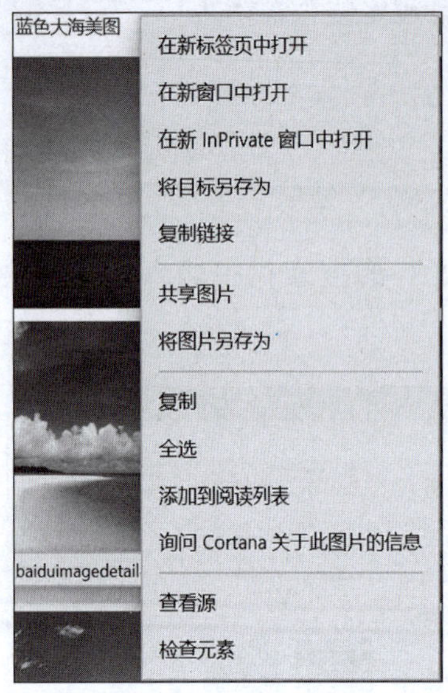

图 2-60 “将图片另存为”命令

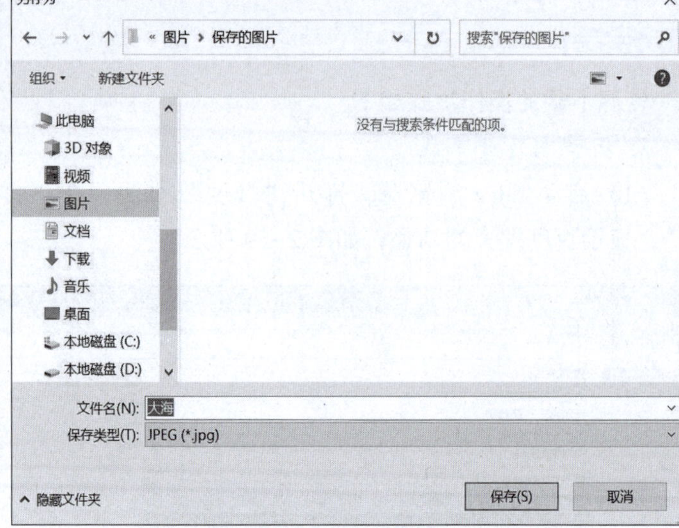

图 2-61 “另存为”对话框

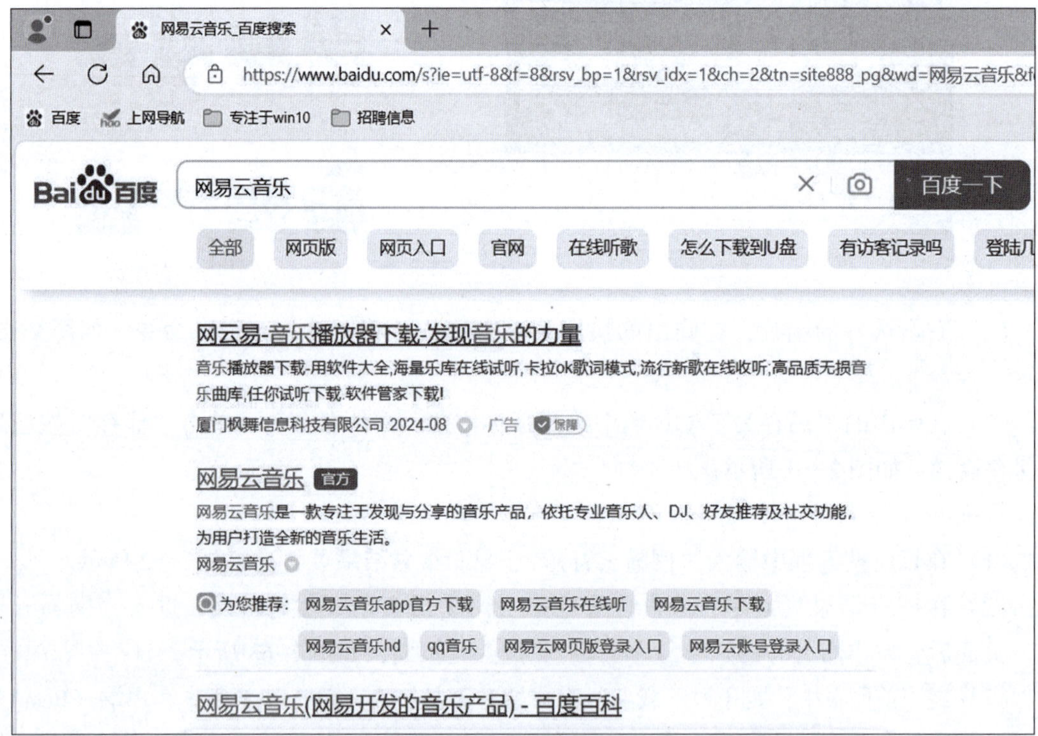

图 2-62 搜索网易云音乐

【知识拓展】

资源下载的注意事项主要包括以下几点：

（1）选择可靠的下载来源：应尽量从官方网站或正规下载平台获取资源，避免从不明

图 2-63　进入网易云音乐下载客户端页面

图 2-64　下载新版本客户端

来源的链接下载，以减少安全风险和侵犯他人权益的可能性。

（2）使用杀毒软件进行扫描：在下载和安装任何资源之前，应确保计算机或移动设备安装了可靠的杀毒软件，并对下载的资源进行杀毒扫描，以确保资源的安全性。

（3）保持系统和应用的更新：为了确保下载资源的安全性，应保持系统和应用程序的及时更新。厂商通常会通过升级来修补已知漏洞，提高系统和应用的安全性。

（4）避免同时进行高资源消耗的活动：例如，在下载时应避免打开过多的网页、边下载边看网络电视、开启多个 QQ 窗口聊天或观看视频等，这些活动会占用大量网络资源，影响下载速度。

小结

本模块主要介绍了计算机网络的概念、网络协议、网络模型的 OSI 模型和 TCP/IP 模型；网络按照工作模式划分、按照规模划分、按照拓扑结构划分等多种分类方式；同轴电缆、光纤、双绞线等多种网络传输介质的作用；网络接口卡、集线器、路由器等多种网络连接设备的作用；电子邮件的使用方法，Outlook 的使用方法；即时通信软件的功能，微信的安装和使用；网上资源下载的方法。

练习与思考

1. 下列网络的拓扑型态中，当有一部计算机故障时，网络的数据通信最不会受到影响的是（　　）。

A. 星型（Star）　　B. 环型（Ring）

C. 网状（Mesh）　　D. 总线型（Bus）

2. 可以通过移动电话基站连接网络的方式是（　　）。

A. 有线电视网络　　B. ADSL 网络

C. 无线通信网络　　D. 光纤网络

3. IP Address 由四组数字组成，下列有错误的是（　　）。

A. 202. 39. 246. 80　　B. 140. 116. 23. 77

C. 303. 64. 52. 10　　D. 192. 192. 180. 180

4. 在 Edge 浏览器中，全屏查看网页的快捷键是（　　）。

A. F1　　B. F5　　C. F9　　D. F11

5. 下列连接方式中，属于总线网络拓扑结构的是（　　）。

A. 网络上的所有工作站都彼此独立

B. 网络上的所有工作站都是一部接一部的连接

C. 网络上的所有工作站都与一个中央控制器连接

D. 网络上的所有工作站都直接与一个共同的通道连接

6. 在网络上信息传输速率的单位是（　　）。

A. 帧/秒　　B. 文件/秒　　C. 位/秒　　D. 米/秒

7. 在下列传输媒介中，属于无线（Wireless）媒介的是（　　）。

A. 光纤　　B. 人造卫星　　C. 同轴电缆　　D. 电话线

8. 在互联网中，专门提供 IP 与域名转换的服务器是（　　）。

A. WWW　　B. FILE　　C. FTP　　D. DNS

9. 接入 Internet 的每一台主机都有一个唯一的可识别地址，这个地址称作（　　）。

A. URL　　B. 邮件地址　　C. IP 地址　　D. 域名

10. 关于顶级域名缩写，下列正确的是（　　）。

A. cn 代表中国，edu 代表科研机构

B. com 代表商业机构，gov 代表政府机构

C. uk 代表中国，edu 代表科研机构

D. ac 代表英国，gov 代表政府机构

11. 下列不属于智能型手机联网方式的是（　　）。

A. RFID　　B. Wi-Fi　　C. WiMAX　　D. LTE

12. 在发送电子邮件时，如果希望其中某位收件人的电子邮件地址不被其他收件人看到，则应将其填写在（　　）。

A. 收件人栏　　B. 抄送栏　　C. 密送栏　　D. 主题栏

13. 在 Outlook 中，下列说法错误的是（　　）。

A. 阅读窗格可以显示在视图的底端

B. 阅读窗格可以显示在视图的右侧

C. 阅读窗格可以被隐藏

D. 阅读窗格可以显示在视图的左侧

14. Outlook 用户要提醒自己每个月的 28 日，在空闲的时候去银行还信用卡贷款，那么他应当在日历中创建的项目是（　　）。

A. 约会　　B. 全天事件　　C. 会议要求

D. 定期事件　　E. 定期会议

15. Outlook 中的日历最多可以显示的时区数量是（　　）。

A. 1　　B. 2　　C. 3　　D. 4

16. 关于 Outlook 中的联系人组，以下说法错误的是（　　）。

A. 可以向联系人组添加成员

B. 可以从联系人组中删除成员

C. 可以同时向联系人组中的所有成员发送相同的邮件内容

D. 可以同时向联系人组中的所有成员发送不同的邮件内容

17. 在互联网的应用上，SMTP 服务器指的是（　　）。

A. 寄信服务器　　B. 网站服务器

C. 文件服务器　　D. 收信服务器

18. 要在谷歌搜索引擎中搜索包含完整关键字“渤海船舶职业学院”的网页，关键字的输入方式是（　　）。

A. “渤海船舶职业学院”　　B. 渤海船舶职业学院

C. 渤海船舶 OR 职业学院　　D. Site:渤海船舶职业学院

19. 下列网站属于【微博（Micro blog）】的是（　　）。

A. Microsoft　　B. QQ　　C. 新浪微博　　D. 网易

20. 下列关于互联网服务的叙述，不合适的是（　　）。

A. 可在贴吧上发表自己对时事的看法

B. Skype 能与好朋友实时语音通信

C. 透过 VoIP 可在网络上看电影和听音乐

D. 可以在 Google Maps 中看到住家附近的景色

21. 在谷歌中搜索与网址“www. 51ds. org”相似的网页，键入的正确关键词是（　　）。

A. -www. bhcy. cn　　B. Site：www. bhcy. cn

C. related：www. bhcy. cn　　D. link：www. bhcy. cn

22. 以下属于网络常见的服务项目是（　　）。

A. RSS　　B. RFID　　C. POS　　D. RTC

23. 关于 Web 2.0 之叙述，不正确的是（　　）。

A. 是一种新的浏览器版本

B. 维基百科是符合 Web 2.0 的有名服务之一

C. 以 WWW 作为平台

D. 具资源共享及免费服务的特点

24. 下列各邮件信息中，属于邮件服务系统在发送邮件时自动添加的是（　　）。

A. 邮件正文内容　　B. 收件人的 Email 地址

C. 邮件发送日期和时间　　D. 附件

25. 下列网页浏览器中，预设使用在 iPhone、iPod touch 与 Mac PC 上的是（　　）。

A. Safari　　B. Opera　　C. Firefox　　D. Internet Explorer

26. 在 Outlook 中，新建的电子邮件可以使用的格式有（请选择三项）（　　）。

A. 纯文本　　B. HTML　　C. DOCX

D. RTF　　E. JPEG

27. 使用自己的电脑在下列场所上网，应当将网络设置为公用网络的场所是（请选择三项）（　　）。

A. 机场　　B. 家中　　C. 工作单位

D. 咖啡厅　　E. 宾馆

28. 在使用公共计算机浏览网页后，为保障个人隐私，正确的做法是（请选择三项）（　　）。

A. 清除已访问的网站列表

B. 卸载所使用的网页浏览器

C. 清除下载文件的列表

D. 删除“文档”文件夹中的所有文件

E. 清除 Cookie

29. 以下设置电子邮箱密码的方式中正确的是（请选择三项）（　　）。

A. 定期更换密码　　　　　　　　　　B. 使用生日作为密码

C. 密码的长度至少为 8 个字符　　　　D. 用户名与密码相关联

E. 密码由数字．字母和符号组合构成

30. 在 Outlook 中，请将垃圾邮件的保护级别和其对应的规则进行搭配。

低	能捕捉绝大多数垃圾邮件，但也可能捕捉一些常规邮件
高	将最明显的垃圾邮件移动到“垃圾邮件”文件夹
仅安全列表	除了来自被阻止的发件人的邮件，其他邮件都不会被移动到“垃圾邮件”文件夹
不自动筛选	只能接收到来自“安全发件人”列表或“安全收件人”列表中的人员或域的邮件

模块3

计算机基础

【主要内容】

1. 了解计算机的发展史
2. 掌握计算机中的数制及其转换
3. 掌握计算机硬件的组成
4. 掌握计算机软件的组成

任务3.1 认识计算机

【任务描述】

自古以来，人们就一直在探索如何让机器代替人工自行计算，直到计算机横空出世，人类的科技文明又迈上了一个崭新的台阶，它的计算能力让人望尘莫及，它搭建的万维网络让远隔天涯的人们近在咫尺，它是拥有了哪些“优秀品质”才做到了这一切？请读者总结归纳一下这位神通广大的“朋友”还有哪些主要特点。

【学习目标】

1. 掌握信息与信息技术基本概念。
2. 归纳总结目前最新的信息技术手段。
3. 能灵活运用信息技术解决实际问题。

【知识准备】

1. 计算机发展史

计算机（Computer），也称电脑，是一种用于高速计算的电子计算机器，可以进行数学运算、逻辑运算，还具有存储记忆功能，能够按照程序指令自动运行，高速处理海量数据。

1946年2月，在美国宾夕法尼亚大学诞生了世界首台现代通用电子计算机ENIAC（Electronic Numerical Integrator And Calculator，电子数字积分计算机，中文名“埃尼阿克”），如图3-1所示。虽然它每秒只能执行5000次加法或400次乘法，但它的出现具有划时代的意义。

图 3-1　ENIAC 电子计算机

目前，根据电子计算机采用的逻辑元件的发展，一般可分成以下几个阶段：第一代电子管计算机，第二代晶体管计算机，第三代中、小规模集成电路计算机，第四代大规模集成电路计算机。几十年来，虽然计算机朝着速度更快、体积更小、成本更低的方向发展，但计算机的基本结构大体上都属于冯 · 诺依曼计算机结构，如图 3-2 所示。

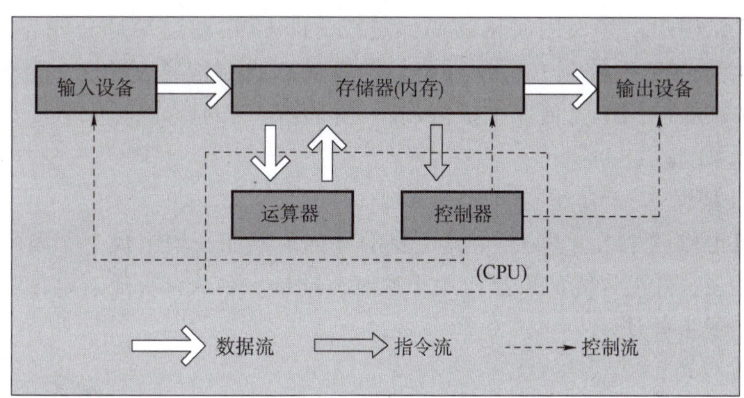

图 3-2　冯 · 诺依曼计算机结构

2. 计算机分类

计算机按运算速度可分为以下几类：

（1）超级计算机

超级计算机也称巨型计算机，采用大规模并行处理的体系结构，是运算速度最快、体积最大、价格最昂贵的计算机。运算速度每秒钟可以达到几十万亿次甚至更多。它主要用于尖端科学研究、气象预测等领域。我国新一代超级计算机“天河星逸”采用国产先进计算架构，计算速度每秒可以达到 620 千万亿次浮点运算，如图 3-3 所示。目前中国超算系统研制进入世界领先行列。

图 3-3 “天河星逸”超级计算机

（2）大型计算机

大型计算机是指运算速度快、处理能力强、存储容量大、功能完善的计算机。它的软、硬件规模较大，价格昂贵，应用于对计算速度或存储容量要求很高的科研、技术和大型企业的关键部门中，它更倾向于整数运算，如订票系统、银行数据等。

（3）小型计算机

小型计算机结构中大多采用简化的局部总线，即 CPU 通过局部总线与 I/O 接口相连，使 I/O 接口直接受 CPU 的控制，指令系统与计算机总线结构紧密相关。其特点是规模小、结构简单、成本较低、操作简便、维护容易，能满足部门的要求，可供中小企事业单位使用，如学校选课系统。

（4）微型计算机

微型计算机也称“个人计算机”，其主要部件都集成在一块主板上，因其体积很小、价格便宜、通用性强，微型计算机广泛应用于家庭、学校。台式计算机、笔记本电脑等都属于微型计算机，如图 3-4 所示。

图 3-4 微型计算机

【任务实现】

上网搜索或查询资料，总结和归纳计算机的主要特点，可以从计算机的运算速度、计算精度、存储容量等方面来阐述。

【知识拓展】

量子计算机是利用原子所具有的量子特性进行信息处理的一种全新概念的计算机。量子理论认为，非相互作用下，原子在任一时刻都处于两种状态，称之为量子超态。原子会旋转，即同时沿上、下两个方向自旋，这正好与电子计算机 0 与 1 完全吻合。如果把一群原子聚在一起，它们不会像电子计算机那样进行线性运算，而是同时进行所有可能的运算，例如量子计算机处理数据时不是分步进行而是同时完成。只要 40 个原子一起计算，就相当于今天一台超级计算机的性能。量子计算机以处于量子状态的原子作为中央处理器和内存，其运算速度可能比奔腾 4 芯片快 10 亿倍，就像一枚信息火箭，在一瞬间搜寻整个互联网，可以轻易破解任何安全密码。

2020 年 12 月 4 日，中国科学技术大学潘建伟、陆朝阳等人组成的研究团队与中国科学院上海微系统所、国家并行计算机工程技术研究中心合作，构建了 76 个光子的量子计算原型机“九章”，实现了具有实用前景的高斯玻色取样任务的快速求解。这一成就展示了“九章”在速度、效率和实用性方面的优势，相比美国谷歌公司的“悬铃木”量子计算机，“九章”在计算速度、超低温设备需求以及样本大小处理能力上均有显著优势。

任务 3.2 学习数字化信息编码与数据表示

【任务描述】

处理信息是计算机的一个重要功能，如处理数值、文字、声音和图像等。在计算机内部，各种信息都必须经过数字化编码后才能被传送、存储和处理。那么数值在计算机中是如何表示的呢？它是否和我们一样使用十进制？如果不是，你会在不同的进制间转换数值吗？比如将十进制数 25.3125 转换成二进制数、八进制数和十六进制数，通过本任务的学习请你完成关于进制转换的相关任务。

【学习目标】

1. 掌握进制转换的相关基础知识。
2. 了解常用的信息编码。

【知识准备】

3.2.1 数字化信息编码的概念

编码就是采用少量的基本符号，根据设置的组合原则，表示大量复杂多样的信息。例如，用 10 个阿拉伯数码表示数字，用 26 个英文字母表示英文词汇等。

在计算机中，通常采用“0”和“1”两个基本符号组成的基 2 码，也称二进制码。计算机采用二进制码的原因是：

1）二进制码在物理上容易实现。例如，用高、低两个电平表示“1”和“0”，也可以用脉冲的有、无或者脉冲的正、负极性表示它们。

2）二进制码用来表示的二进制数，其编码、计数、加减运算规则简单。

3）二进制码的两个符号“1”和“0”正好与逻辑值“是”和“否”或“真”和“假”相对应，为计算机实现逻辑运算和程序中的逻辑判断提供了便利的条件。

3.2.2 进位计数制

在进位计数的数字系统中，如果只用 r 个基本符号（例如0，1，2，…，$r-1$）表示数值，则称其为基 r 数制，r 称为该数制的基。如人们日常生活中常用的十进制数，就是 $r=10$，其基本符号为0，1，2，…，9。如取 $r=2$，其基本符号为0和1，则为二进制数。如表3-1所示为计算机中常用的几种进位数制。

表3-1 计算机中常用的几种进位数制

进位制	十进制	二进制	八进制	十六进制
规则	逢十进一	逢二进一	逢八进一	逢十六进一
基数	$r=10$	$r=2$	$r=8$	$r=16$
数符	0，1…，9	0，1	0，1…，7	0，1…，9，A，B，C，D，E，F
权	10^i	2^i	8^i	16^i
代表字母	D	B	O	H

对于不同的数制，它们都使用位置表示法。处于不同位置的数符所代表的值不同，与它所在位置的权值有关。例如十进制数1954.314可表示为：

$$1954.314=1\times10^3+9\times10^2+5\times10^1+4\times10^0+3\times10^{-1}+1\times10^{-2}+4\times10^{-3}$$

可以看出进位计数制中权的值就是基数的位次幂。所以，对各种进位计数制表示的数都可以写成按其权展开的多项式之和。

3.2.3 进制之间的转换

1. r 进制与十进制

r 进制数转换为十进制数的方法就是按其权展开多项式再求和。注意，展开多项式时，若某一位数符为0，可省略，因为0乘以位次幂还是0，不影响求和。

例1：将二进制数100110.101转换成相应的十进制数。

$$(100110.101)_B=1\times2^5+1\times2^2+1\times2^1+1\times2^{-1}+1\times2^{-3}=(38.625)_D$$

例2：将八进制数270.3转换成相应的十进制数。

$$(270.3)_O=2\times8^2+7\times8^1+3\times8^{-1}=(184.375)_D$$

2. 十进制与 r 进制

十进制数转换为 r 进制数，整数部分和小数部分的转换方法是不同的，下面分别介绍。

(1) 整数部分的转换

把一个十进制的整数不断除以所需要的基数 r，取其余数（除 r 取余法），就转换成以 r 为基数的数。例如，把十进制整数转换成相应的二进制数，就用十进制整数不断除以2，并

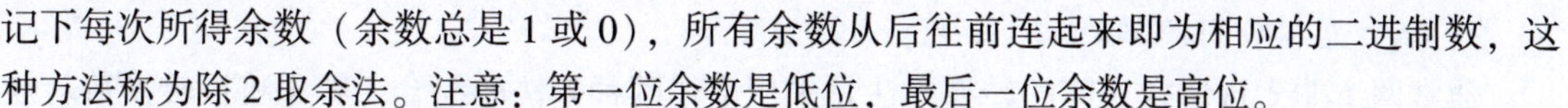

记下每次所得余数（余数总是 1 或 0），所有余数从后往前连起来即为相应的二进制数，这种方法称为除 2 取余法。注意：第一位余数是低位，最后一位余数是高位。

例如：把十进制数 163 转换成二进制数，如图 3-5 所示。

所以 $(163)_D=(10100011)_B$。

（2）小数部分的转换

将一个十进制小数转换成 *r* 进制小数时，可将十进制小数不断地乘以 *r*，并取整，这称为乘 *r* 取整法。

例如：将十进制数 0.125 转换成相应的二进制数，如图 3-6 所示。

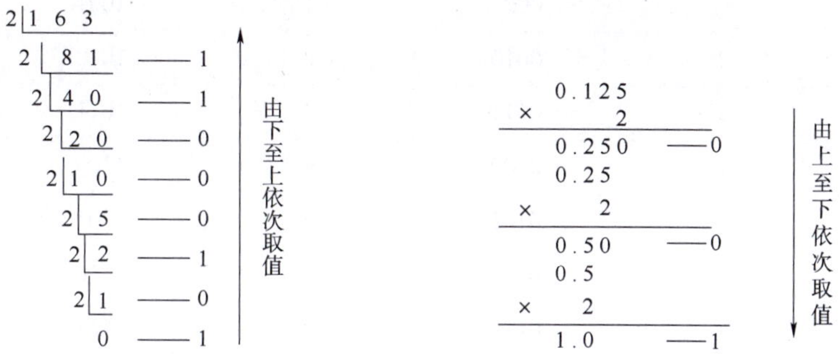

图 3-5　十进制整数转换为二进制数　　图 3-6　十进制小数转换为二进制数

所以 $(0.125)_D=(0.001)_B$。

如果十进制数既包含整数又包含小数，则将十进制小数点两边的整数和小数，分别完成相应转换，再把 *r* 进制整数和小数部分组合在一起。例如：将十进制数 163.125 转换成二进制数，只需将前两例整数和小数部分组合在一起，即 $(163.125)_D=(10100011.001)_B$。

例如：将十进制数 163.125 转换成八进制数，如图 3-7、图 3-8 所示。

```
8 | 1 6 3
8 |   2 0   —— 3
8 |     2   —— 4
        0   —— 2     ↑ 由下至上依次取值

    0.125
  ×     8
  -------
    1.000   —— 1     ↓ 由上至下依次取值
```

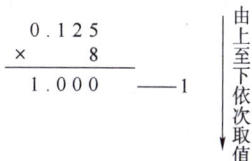

图 3-7　十进制整数转换为八进制数　　图 3-8　十进制小数转换为八进制数

所以 $(163.125)_D=(243.1)_O$。

例如：将十进制数 163.125 转换成十六进制数，如图 3-9、图 3-10 所示。

```
16 | 1 6 3
16 |   1 0  —— 3
         0  —— 10    ↑ 由下至上依次取值

    0.125
  ×    16
  -------
    2.000   —— 2     ↓ 由上至下依次取值
```

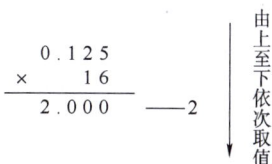

图 3-9　十进制整数转换为十六进制数　　图 3-10　十进制小数转换为十六进制数

所以 $(163.125)_D=(A3.2)_H$。

3. 非十进制数间的转换

通常两个非十进制数之间的转换方法是采用上述两种方法的组合，即先将被转换数转换为相应的十进制数，再将十进制数转换为其他进制数。由于 $2^3=8^1$，$2^4=16^1$，所以二进制、八进制和十六进制之间存在对应关系，如表 3-2 所示。

表 3-2 计算机中常用的几种进位数制

二进制	八进制	二进制	十六进制	二进制	十六进制
000	0	0000	0	1000	8
001	1	0001	1	1001	9
010	2	0010	2	1010	A
011	3	0011	3	1011	B
100	4	0100	4	1100	C
101	5	0101	5	1101	D
110	6	0110	6	1110	E
111	7	0111	7	1111	F

因此二进制转换为八进制，只要将二进制数从小数点开始，整数从右向左 3 位一组，小数从左向右 3 位一组，最后不足 3 位补零，再根据对应关系完成转换即可。

例如：将二进制数 $(10100011.001)_B$ 转换成八进制数。

010 100 011. 001

2　4　3. 1

所以 $(10100011.001)_B=(243.1)_O$。

将八进制转换成二进制的过程正好相反，请自行验证。二进制转换为十六进制原理同上，只是换成 4 位一组。

例如：将二进制 $(11110100011.001)_B$ 转换成十六进制数。

01111010 0011. 0010

7A　3. 2

所以 $(11110100011.001)_B=(7A3.2)_H$

3.2.4 计算机的数据单位

在计算机内存储和运算数据时，通常要涉及的数据单位有以下 3 种：

1. 位（bit，简称 b）

位又称比特，是计算机表示信息的最小数据单位，即 1 位二进制数“0”或“1”。

2. 字节（Byte，简称 B）

字节是计算机存储信息的最基本单位。1 字节为 8 个二进制位。通常计算机以字节为单位来计算存储器容量。存储容量一般用 KB（千字节）、MB（兆字节）、GB（吉字节）和 TB（太字节）来表示。它们之间的换算关系为：

1KB = 1024B = 2^{10}B，1MB = 1024KB = 2^{20}B，1GB = 1024MB = 2^{30}B，1TB = 1024GB = 2^{40}B

3. 字（word）

字由若干个字节组成（一般为字节的整数倍），它是计算机进行数据处理和运算的单位。字包含的二进制位数称为字长，不同档次的计算机有不同的字长，如 16 位、32 位和 64 位等。计算机的字长越大，其性能越优越。

3.2.5 计算机的信息编码

1. 数值数据的编码

因为计算机使用二进制，所以数的正、负号，也要用“0”和“1”表示。通常把一个数的最高位定义为符号位，用 0 表示正，1 表示负，称为数符，其余位表示数值。把在机器内存放的正、负号数码化的数称为机器数，把机器外部由正、负号表示的数称为真值数。机器数基本形式有原码、反码和补码。

例如：一个 8 位机器数与它的真值对应关系如下。

真值：　X1 = +84 = +1010100B　　X2 = -84 = -1010100B

机器数：[X1]机 = 01010100　　[X2]机 = 11010100

1）原码：最高位为符号位，0 表示“+”，1 表示“-”。数值位与真值数值位相同。

例如：8 位原码机器数与它的真值对应关系如下。

真值：　x1 = +1010100B　　x2 = -1010100B

机器数：[x1]原 = 01010100　　[x2]原 = 11010100

2）反码：正数的反码与原码相同，负数反码符号位为 1，数值位为原码数值位取反。

例如：求 8 位反码机器数。

x = +4：[x]原 = 00000100　　[x]反 = 00000100

x = -4：[x]原 = 10000100　　[x]反 = 11111011

3）补码：正数的补码表示与原码相同，负数补码的符号位为 1，数值位等于反码加 1。

例如：求 8 位补码机器数。

x = +4：[x]原 = [x]反 = [x]补 = 00000100

x = -4：[x]原 = 10000100 [x]反 = 11111011　　[x]补 = 11111100

2. 非数值数据的编码

非数值数据是指除数值数据之外的字符，如各种符号、数字、字母和汉字等。同样，它们也是用二进制代码来表示的。

（1）ASCII 码（美国标准信息交换码）

ASCII 码是基于拉丁字母的一套电脑编码系统，主要用于显示现代英语和其他西欧语言。标准 ASCII 码，使用 7 位二进制数（剩下的 1 位二进制为 0）来表示 128 种字符，如图 3-11 所示。ASCII 码被国际化标准组织确定为世界通用的国际标准。

（2）GB2312

ASCII 码对于英语国家够用了，但是对于汉字不够，汉字需要使用两个字节表示。小于 127 的依然表示原来的字符（也就是该字节最高位为 0），当计算机遇到两个大于 127 的字节

ASCII值	缩写/符号	ASCII值	缩写/符号	ASCII值	缩写/符号	ASCII值	缩写/符号
0	NUL	32	Space(空格)	64	@	96	`
1	SOH	33	!	65	A	97	a
2	STX	34	"	66	B	98	b
3	ETX	35	#	67	C	99	c
4	EOT	36	$	68	D	100	d
5	ENQ	37	%	69	E	101	e
6	ACK	38	&	70	F	102	f
7	BEL	39	'	71	G	103	g
8	BS	40	(	72	H	104	h
9	HT	41	)	73	I	105	i
10	LF	42	*	74	J	106	j
11	VT	43	+	75	K	107	k
12	FF	44	,	76	L	108	l
13	CR	45	-	77	M	109	m
14	SO	46	.	78	N	110	n
15	SI	47	/	79	O	111	o
16	DLE	48	0	80	P	112	p
17	DC1	49	1	81	Q	113	q
18	DC2	50	2	82	R	114	r
19	DC3	51	3	83	S	115	s
20	DC4	52	4	84	T	116	t
21	NAK	53	5	85	U	117	u
22	SYN	54	6	86	V	118	v
23	ETB	55	7	87	W	119	w
24	CAN	56	8	88	X	120	x
25	EM	57	9	89	Y	121	y
26	SUB	58	:	90	Z	122	z
27	ESC	59	;	91	[	123	{
28	FS	60	<	92	\	124	|
29	GS	61	=	93	]	125	}
30	RS	62	>	94	^	126	~
31	US	63	?	95	_	127	Delete

图 3-11　ASCII 码表

时（也就是两个字节的最高位都是 1），就一次性读取两个字节，将它解码成一个汉字。这就是 GB2312 编码，它能够表示 7000 多个简体汉字，不包括一些繁体字，但是对于日常使用已经足够。

（3）Big5

在中国台湾、中国香港、中国澳门地区普遍使用繁体中文的情况下，当地电脑软件或操作系统经常使用 Big5（又称大五码）作为繁体中文的默认文字编码。同简体中文系统的 GBK 编码一样，Big5 编码也是采用双字节编码，兼容 ASCII 码。

（4）Unicode

Unicode（统一码），也叫万国码，由统一码联盟开发，是计算机科学领域里的一项业界标准，包括字符集、编码方案等。

统一码是为了解决传统的字符编码方案的局限而产生的，它为每种语言中的每个字符设定了统一并且唯一的二进制编码，以满足跨语言、跨平台进行文本转换、处理的要求。UTF-8 是针对 Unicode 的一种可变长度字符编码。

（5）Shift-JIS 编码

Shift-JIS 是一种用于日语文字的编码方案，通常用于在电脑上处理和显示日语文本，是

基于 ISO-2022-JP 编码方案的扩展，Shift-JIS 向下兼容 ASCII 编码，为了适应各种使用 ASCII 码的文本编辑器和终端而被开发出来。

【任务实现】

将十进制数 25.3125 转换成二进制数、八进制数和十六进制数，其操作步骤如下：

十进制数转换成其他 r 进制数时，其整数部分不断除以所需要的基数 r，取其余数，采用除 r 取余法计算；小数部分不断地乘以 r，并取整，采用乘 r 取整法计算。参见“3.2.3 进制之间的转换”将具体过程在纸上列出。

转换结果为：$(25.3125)_D = (11001.0101)_B = (31.24)_O = (19.5)_H$

【知识拓展】

数字化信息编码未来的发展趋势主要体现在以下几个方面：

（1）物联网的发展：物联网将使各种设备和物品都与互联网相连，形成庞大的数字化信息网络。这意味着未来的设备和物品将能够相互通信和交换信息，从而实现更高效的资源管理和优化。

（2）人工智能的应用：人工智能将带来更加智能化的数字化信息处理和决策支持。通过机器学习和深度学习技术，人工智能可以处理和分析大量数据，提供更准确的预测和决策依据。

（3）大数据的挖掘和应用：随着数据的不断增多，大数据分析和应用将成为数字化信息的重要方面。通过对海量数据的挖掘和分析，可以发现新的知识、模式和趋势，为决策提供支持。

任务 3.3　学习计算机硬件的组成

【任务描述】

近期学校的机房实验室采购了大量的电脑主机部件，准备对机房的旧电脑进行升级改造。小李同学作为新加入的机房管理员，即将投入到电脑的升级改造工作中。但是作为一个新手，小李同学对计算机硬件并不熟悉，对电脑硬件组装也是一知半解，请帮助小李同学了解计算机硬件知识，并教会他计算机硬件组装过程。

【学习目标】

1. 了解计算机硬件的结构特点。
2. 掌握计算机硬件的性能参数。
3. 掌握计算机的组装过程。

【知识准备】

计算机硬件是指计算机系统中由电子、机械和光电元件等组成的各种物理部件的总称。通常可以将计算机硬件分为主机设备和外部设备两大类，如图 3-12 所示。

1）主机设备：主要包括中央处理器（CPU）、主板、内存、硬盘、显卡、声卡、光盘驱动器等部件，它们安装在主机箱内部，如图 3-13 所示。

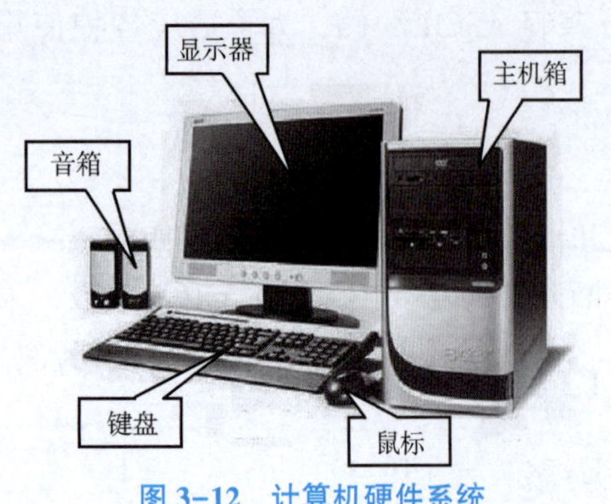

图 3-12 计算机硬件系统

图 3-13 主机内部基本结构

2）外部设备：主要包括鼠标、键盘、显示器、打印机等各种输入/输出（I/O）设备以及外部存储设备，位于机箱的外部。

3.3.1 计算机的主机设备

1. CPU

中央处理器（Central Processing Unit，CPU）是计算机的运算和控制核心，主要由运算器和控制器组成，其功能主要是对数据进行算术运算和逻辑运算以及解释并执行控制计算机的指令，如图 3-14 所示。

（1）运算器

运算器又称算术逻辑单元（Arithmetic Logic Unit，ALU）。其功能是执行算术运算和逻辑运算。算术运算是指各种数值运算，比如：加、减、乘、除等。逻辑运算是进行逻辑判断的非数值运算，比如：与、或、非、比较等。根据控制器的指令，运算器从存储或寄存器中取得操作数，进行算术或逻辑运算。

图 3-14 Intel 酷睿 Core i9

（2）控制器

控制器是对输入的指令进行分析，并统一控制计算机各组件完成一定任务的部件。它一般由指令寄存器、状态寄存器、指令译码器、时序电路和控制电路组成。控制器通过执行指令指挥整个计算机工作。

下面介绍一下 CPU 的主要性能参数。

1）主频也叫时钟频率，是 CPU 内部的时钟工作频率，用来表示 CPU 运算、处理数据的速度。通常，主频越高，CPU 的运算速度就越快。

2）外频是 CPU 的基准频率，CPU 的外频越高，CPU 与系统内存交换数据的速度就越快，有利于提高系统的整体运行速度。

3）倍频是 CPU 主频与外频之间的相对比例关系。主频等于外频乘以倍频。在相同的外频下，倍频越高 CPU 的频率也越高。

2. 主板

主板（Mainboard），也称系统板或母板，它是一块安装在机箱中的矩形印刷电路板，上面包含了大量的电子线路，分布着构成计算机主系统电路的各种元器件、插槽和接口，是主要计算机硬件的载体，如图 3-15 所示。

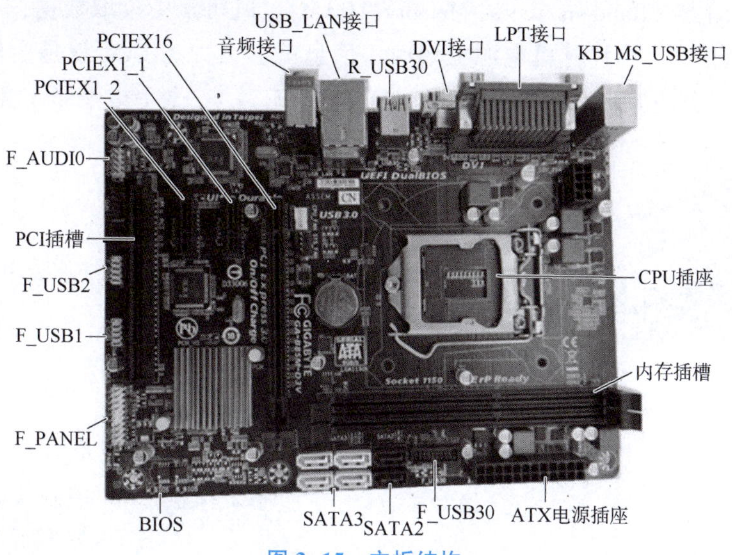

图 3-15 主板结构

1）CPU 插座：用于安装 CPU。主板上 CPU 插座类型必须与选定的 CPU 型号对应，不同的 CPU 插座在插孔数、体积和形状上都有区别，不能混用。

2）内存插槽：用于安装内存条。内存插槽要与内存类型相适应，目前主流主板大都支持 DDR2 或 DDR3 内存。

3）扩展槽：用于安装主板上固定扩展卡并将其连接到系统总线上，如安装独立显卡、独立声卡等，目前主流扩展槽类型有 PCI、PCI Express 等。

4）外设接口：用于连接外部设备的接口，如鼠标、键盘、显示器、打印机等，如图 3-16 所示。图中 USB 接口，即通用数据串行总线接口，支持即插即用和热插拔功能；LPT 接口，一般用来连接打印机或扫描仪；网线接口，通过网线可以和网络上的计算机、网络设备连接，也可以直接和因特网相连。

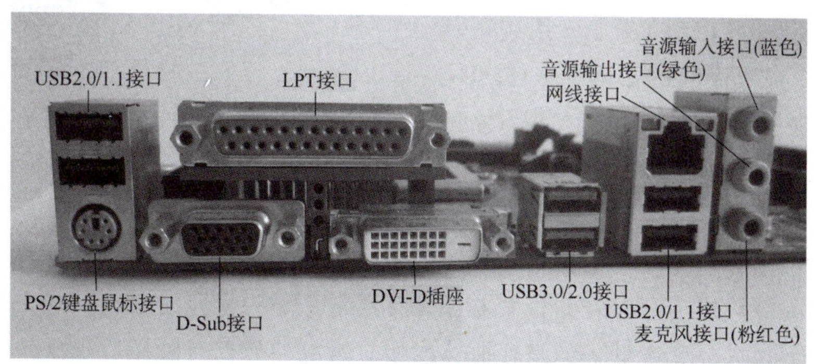

图 3-16 外设接口

3. 内存

内存（Memory），用于暂时存放CPU中的运算数据，以及与硬盘等外部存储器交换的数据。内存一般由半导体器件制成，包括随机存储器（RAM）、只读存储器（ROM）以及高速缓存（Cache）。

1）随机存储器（Random Access Memory，RAM），既可从中读取数据，也可写入数据，但不能永久存储信息，当计算机电源关闭时，信息就会丢失。RAM就是主机中的内存条，如图3-17所示。其主要由PCB板、内存颗粒（内存芯片）、金手指等部分组成。

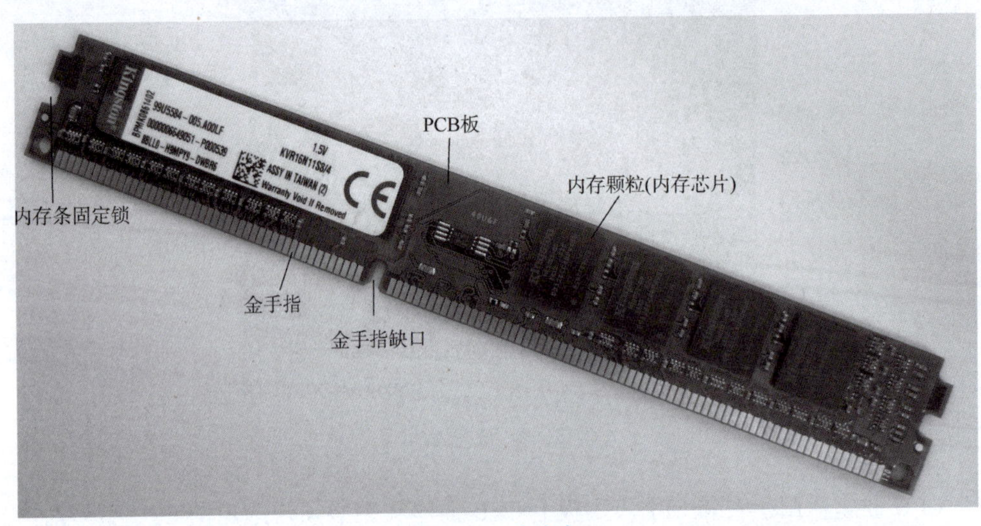

图3-17　内存条

2）只读存储器（Read Only Memory，ROM），只能读取数据，不能写入数据，如图3-18所示。数据不会因为电源关闭而消失，可永久保存。ROM一般用于存放计算机的基本程序和数据，如BIOS ROM。

图3-18　ROM

3）高速缓存（Cache），是存在于主存与CPU之间的一级存储器，由静态存储芯片（SRAM）组成，容量比较小但速度比主存高得多，接近于CPU的速度。系统可将内存中被CPU频繁存取的数据存入Cache，当CPU要读取这些数据时，直接从Cache中读取，加快了CPU访问这些数据的速度，从而提高了计算机的整体运行速度。

4. 外存

外存是指除计算机内存以外的存储器，外存通常是磁、光介质存储系统，能长期保存信息。其特点是容量大、成本低，但是存取速度慢。常见的外存有硬盘、光盘、U盘等。

1）硬盘（Hard Disk Drive），用于长期保存用户数据的大容量外部存储器。从结构上分类目前常用的有机械硬盘HDD（Hard Disk Drive）和固态硬盘SSD（Solid State Drive），分别如图3-19和图3-20所示。目前硬盘常用的接口为SATA接口，IDE接口的硬盘已经逐渐淡出市场。

图3-19　机械硬盘及内部结构

图3-20　固态硬盘

①机械硬盘，主要由磁盘、转轴及控制电机、磁头等部件构成。读/写磁头沿着高速运转的磁盘径向移动，到达指定位置对数据进行读写操作。其读写速度依赖于电机的转速。

基本参数如下：

a. 容量是指存储器中所有存储单元可存放数据的总和。硬盘每个存储表面被划分为若干个磁道，每道被划分为若干个扇区，每个存储表面的同一道，形成一个圆柱面，称为柱面。硬盘的存储容量计算公式为：存储容量=磁头数×柱面数×扇区数×每扇区字节数。

目前市场上主要的硬盘容量一般为数百GB、1TB或2TB以上。随着硬盘技术的不断发展，硬盘容量还将不断扩大。

b. 转速是指硬盘内电机主轴的旋转速度，即硬盘盘片在1 min内所能完成的最大转数。转速越快，内部传输率就越高，访问时间就越短。硬盘转速单位表示为RPM（Revolutions Per Minute，转/分）。目前，个人电脑硬盘的转速一般为5 400 r/min或7 200 r/min。

②固态硬盘，是基于固态电子存储芯片阵列制成的硬盘，由控制单元和存储单元组成。因其为纯芯片结构，体积、重量和能耗比机械硬盘小很多，但速度更快。存储介质主要选用Flash芯片或DRAM，但是闪存具有擦写次数限制的问题，同时单位存储价格也比较高。

2）光盘存储器即光盘，是指利用光学方式进行信息存储的圆盘。它使用激光在某种介质上写入信息，再利用激光读出信息。按读写分类，光盘可分为只读型光盘，包括CD-

ROM、DVD-ROM 等；可记录型光盘，包括 CD-R、CD-RW、DVD+R、DVD+RW 等。

读取光盘信息的设备称为光盘驱动器，即光驱，如图 3-21 所示。光驱按读写方式可分为只读光驱和可读写光驱。只读光驱只能读取光盘上的数据；可读写光驱又称为刻录机，它既可以读取光盘上的数据也可以将数据写入光盘。衡量光驱性能的一个重要指标是数据传输率，称为倍速，对于 CD-ROM，单倍速为 150 Kbit/s；对于 DVD，单倍速为 1358 Kbit/s。

5. 显卡

显卡（Video Card，Graphics Card），又称显示适配器，其作用是将电脑的数字信号转换成模拟信号让显示器显示出来。目前的主板一般都包含集成显卡，如果对图像的处理和显示有很高的要求，可以另外配置独立显卡，如图 3-22 所示。显卡按总线接口类型可分为多种，早期的 AGP、PCI 显卡正逐步被淘汰，目前常用的是 PCI Express 显卡，是新型显卡的图形接口，其性能远高于之前的 AGP 显卡。

图 3-21　光盘与光驱

图 3-22　独立显卡

显卡的输出接口如图 3-23 所示，包括：

1）视频图形阵列（Video Graphics Array，VGA）是一种 3 排共 15 针的接口。VGA 端子通常在计算机的显示卡、显示器及其他设备上，用作发送模拟信号。

2）数字视频接口（Digital Visual Interface，DVI）是 Intel 开发者论坛上成立的数字显示工作小组（DDWG）发明的一种用于高速传输数字信号的技术接口标准。

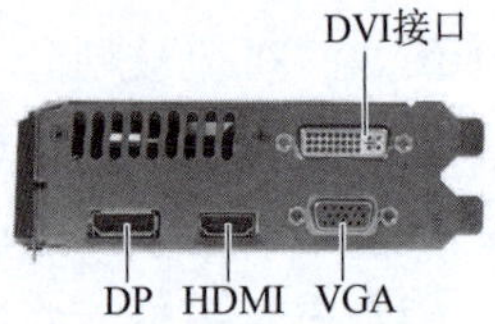

DVI接口

DP　HDMI　VGA

图 3-23　显示的输出接口

3）高清多媒体接口（High Definition Multimedia Interface，HDMI）是一种全数字化视频和声音发送接口，可以发送未压缩的音频及视频信号。HDMI 适合影像传输，可同时传送音频和影像信号。

4）显示端口（Display Port，DP）是一个由 PC 及芯片制造商联盟开发、视频电子标准协会（VESA）标准化的数字式视频接口标准。DP 主要用于视频源与显示器等设备的连接，并且支持携带音频、USB 和其他形式的数据。

6. 声卡

声卡（Sound Card）也叫音频卡，是实现声波/数字信号相互转换的一种硬件。声卡的基本功能是在声卡驱动控制下把来自话筒、磁带、光盘的原始声音信号加以转换，输出到耳机、扬声器、录音机等声响设备，或通过音乐设备数字接口（MIDI）使乐器发出美妙的声音。现在声卡一般具有多声道，用于模拟真实环境下的声音效果。声卡主要分为以下 3 种接口类型：

1）集成式：声卡集成在主板上，不占用 PCI 接口、成本更低、兼容性更好，能够满足普通用户的绝大多数音频需求，而且集成声卡的技术在不断进步，它也由此占据了声卡市场的主导地位。

2）板卡式：对于声音要求高的用户或专业音频工作者，集成声卡不能满足其要求，这样板卡式产品成为其首选，它们拥有更好的性能及兼容性，支持即插即用，安装使用都很方便，如图 3-24 所示。

图 3-24　板卡式声卡

3）外置式：独立于主机外部存在，它通过 USB 接口与 PC 连接，具有使用方便、便于移动等优势。但这类产品主要应用于特殊环境，如连接笔记本实现更好的音质等。

3.3.2 计算机的外部设备

1. 显示器

显示器（Display）是计算机的输出设备，用于显示计算机中的信息。根据制造材料的不同，大致可分为 CRT 阴极射线管显示器和 LCD 液晶显示器等，如图 3-25 所示。

图 3-25　显示器

目前 CRT 显示器基本已被 LCD 显示器取代。LCD 显示器（Liquid Crystal Display）是采用液晶控制透光度技术实现色彩呈现的显示器，具有辐射小、画面不闪烁、体积小、能耗低等优点。

2. 键盘

键盘（Keyboard）是计算机的输入设备，通过键盘可以将可显示信息或控制信息输入到计算机中。键盘的类型丰富，人体工程学键盘可减少对手腕的压迫，如图 3-26 所示。

键盘基本的按键排列可以分为主键盘区、Num 数字辅助键盘区、F 键功能键盘区、控制键区，对于多功能键盘还增添了快捷键区。常规键盘具有 Caps Lock（字母大小写锁定）、Num Lock（数字小键盘锁定）、Scroll Lock（滚动锁定键）三个指示灯，一般位于键盘的右上角，标志键盘的当前状态。早期键盘接口为 PS/2 接口，现在逐渐被 USB 接口取代，随着时代发展，无线键盘也越来越普遍。

3. 鼠标

鼠标（Mouse）是计算机的输入设备，用来显示系统纵、横坐标定位的指示器，因形似小鼠而得名，如图 3-27 所示。早期的 PS/2 接口、机械鼠标逐渐被 USB 接口、光电鼠标取代。

图 3-26　人体工程学键盘

图 3-27　鼠标

4. 打印机

打印机（Printer）是计算机的输出设备，用于将计算机处理结果打印在相关介质上。按工作方式分类，一般可分为针式打印机、喷墨打印机、激光打印机、热敏打印机。

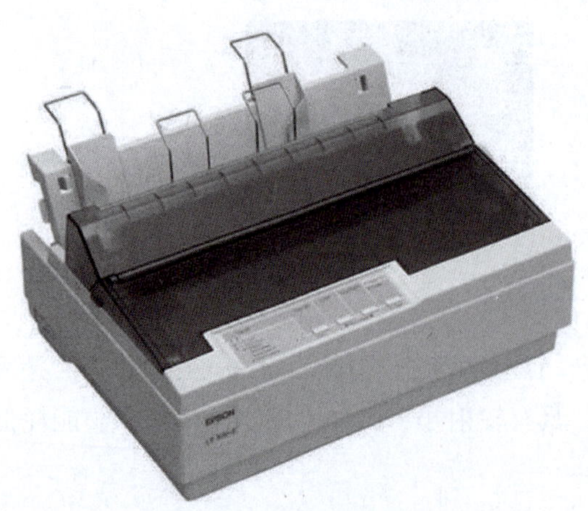

图 3-28　针式打印机

（1）针式打印机

针式打印机（见图 3-28）包含一个由打印针组成的打印头，打印针分为 9 针到 24 针不同规格，打印头向色带撞击，使色带上的油墨渗透到打印纸上打印出内容。9 针打印头的分辨率低，24 针打印头的分辨率高。针式打印机的优点是可以连续使用折叠好的纸张，价格便宜，打印耗材成本低；缺点是打印内容的分辨率低。

（2）喷墨打印机

喷墨打印机（见图 3-29）将油墨经喷嘴变成细小微粒喷到印纸上。其优点是操作简

单、体积小、打印噪声低、分辨率高；缺点是耗材较贵，需定期维护。

（3）激光打印机

激光打印机（见图 3-30）将计算机的二进制数据经过处理转换为激光驱动信号，然后由激光扫描系统产生载有字符信息的激光束，感光鼓接收激光束，产生电子吸引碳粉并转印到纸上。其优点是打印速度快、成像质量高、大量打印时平均成本低；缺点是打印机和耗材较贵。

图 3-29　喷墨打印机

图 3-30　激光打印机

（4）热敏打印机

热敏打印机（见图 3-31）的原理是，在淡色材料上（通常是纸）覆上一层透明膜，将膜加热一段时间后变成深色（一般是黑色，也有蓝色）。图像是通过加热，在膜中产生化学反应而生成的。

5. 扫描仪

扫描仪（见图 3-32）是计算机的输入设备，利用光电技术和数字处理技术，以扫描方式将图形或图像信息转换为数字信号，传输到计算机中。

图 3-31　热敏打印机

图 3-32　扫描仪

【任务实现】

组装计算机时应遵守以下操作规程：

（1）防止静电。

（2）防止液体进入计算机。

（3）对配件要轻拿轻放，防止元器件掉到地上。

（4）装机时不要先连接电源线，通电后不要触碰机箱内的部件。

准备机箱

（5）测试前建议只组装必要的设备，待确认无问题后再组装其他配件。

组装计算机的操作步骤如下：

1. 准备机箱

在组装计算机前，应先打开机箱的侧面板，将机箱中的杂物去除，此时可以看到机箱的内部结构，如图 3-33 所示。

安装电源

2. 安装电源

安装电源时要先将电源放进机箱左上方的电源固定架上，将电源上的螺钉固定孔与机箱上的固定孔对正，然后拧上螺钉即可，如图 3-34 所示。

图 3-33　机箱内部结构

图 3-34　拧上电源螺钉

安装 CPU 和散热器

3. 安装 CPU 和散热器

（1）安装 CPU 之前，先将 CPU 插座打开，向下微压 CPU 插座的压杆，同时用力向外侧拨动压杆，使其脱离固定卡扣。将压杆拉起，打开固定 CPU 的护片，如图 3-35 所示。

（2）安装 CPU 时，观察 CPU 上印有三角标识的一角，使之与 CPU 插座上印有三角标识的一角对齐，然后小心地将 CPU 放入插座，轻轻按压确保 CPU 安放到位，盖好护片，扣下 CPU 插座的压杆，至此 CPU 安装完毕，如图 3-36 所示。

（3）安装散热器之前，要先在 CPU 表面均匀地涂上一层导热硅脂，以安装上 CPU 风扇后硅脂不溢出为标准。

图 3-35　CPU 插座

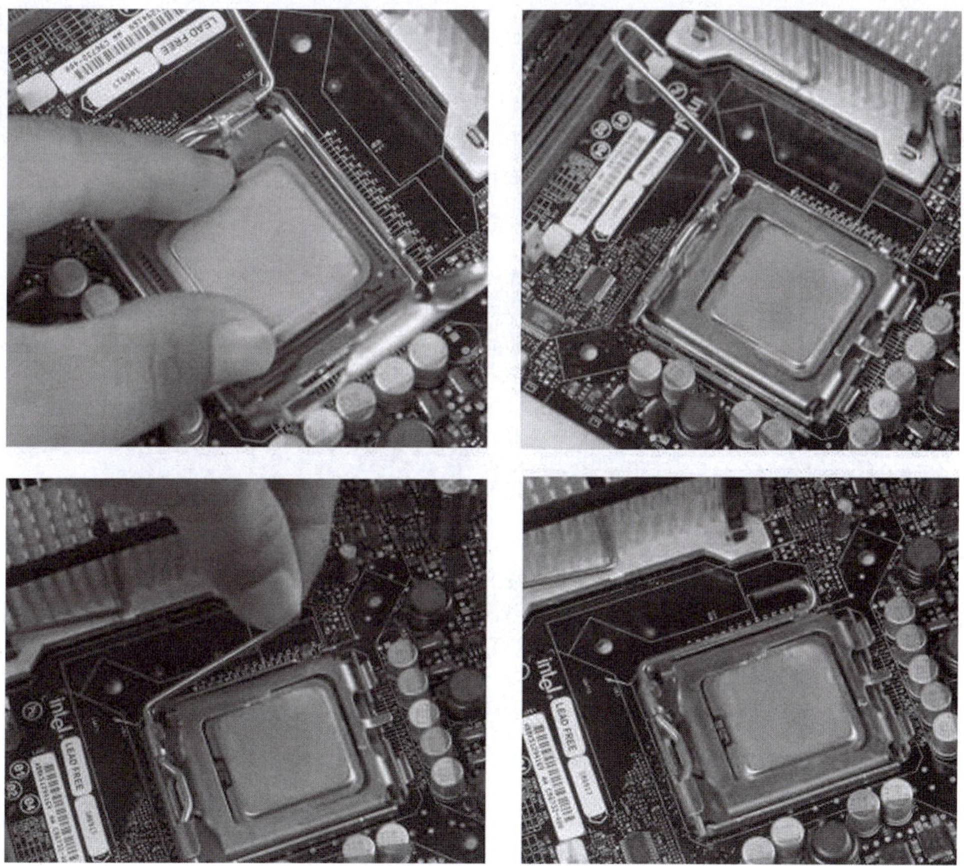

图 3-36　安装 CPU

（4）安装时，将散热器的四角对准主板相应的位置，然后用力压下四角扣具即可，如图 3-37 所示。

（5）固定好散热器后，找到主板上安装风扇电源线的接口（主板上的标识字符为 CPU_FAN），将风扇供电线插头插上，如图 3-38 所示。

图 3-37　安装风扇

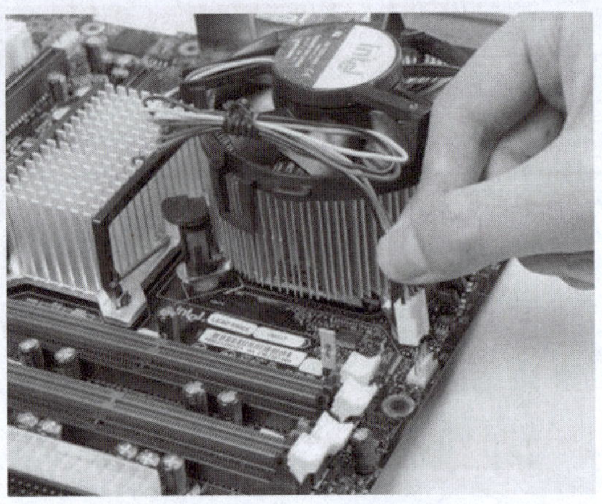
图 3-38　插入供电接口

4. 安装内存

安装内存

（1）在主板上找到内存插槽（本例中内存插槽旁边印有 DDR3 的标识符代表双倍数据速率），并用拇指轻轻地掰开内存插槽两头的固定卡子。

（2）观察好内存条的缺口部位，找到内存插槽上与内存条缺口对应的隔断位置，如图 3-39 所示，确定内存条插入的方向。

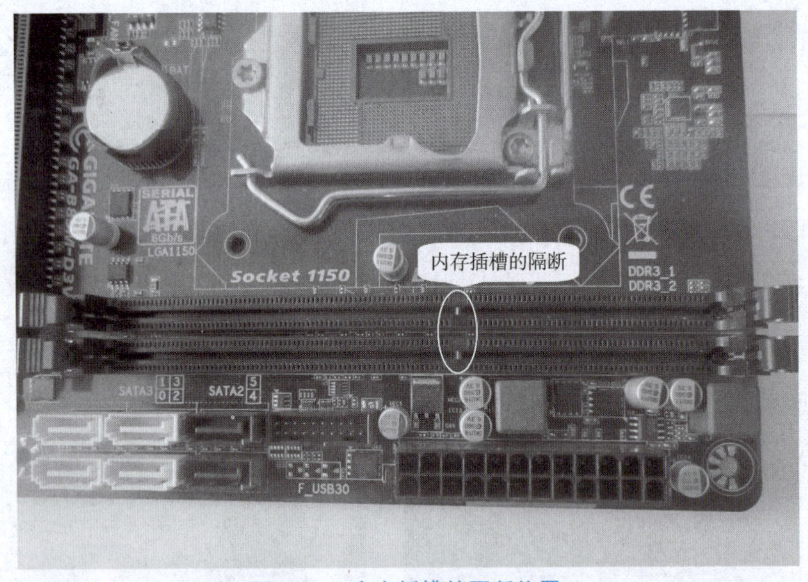

图 3-39　内存插槽的隔断位置

（3）双手捏住内存条的两端，对准内存插槽插入内存条，如图 3-40 所示。双手大拇指用力均匀地将内存条压入内存插槽内，向下压内存条时，插槽两头的固定卡子会受力收缩卡住内存条两端的缺口。卡住以后可用手捏住内存条两头向上拔一拔，检查内存条是否松动，若不松动表明内存条已安装到位。

5. 安装主板

双手平稳拿住主板，将主板轻轻放入机箱中，主板的 I/O 接口一侧与机箱后面板 I/O 接口挡片要对准，主板上的螺钉孔与机箱底板上的孔位要对准，确定主板安放到位，拧上主板螺钉即可，如图 3-41 所示。

安装主板

图 3-40　内存条插入内存插槽

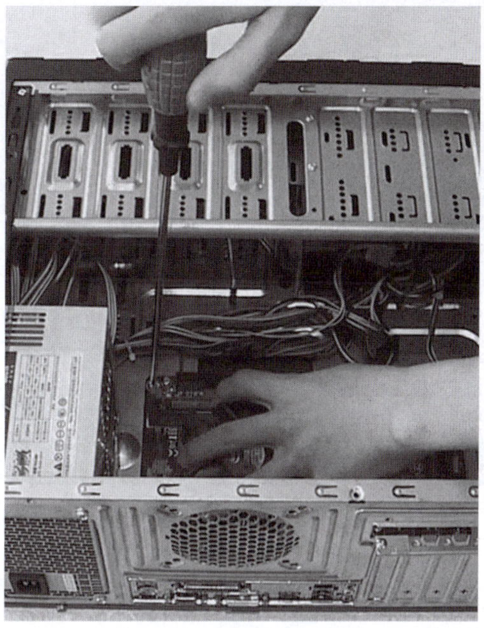

图 3-41　拧上主板螺钉

6. 安装硬盘和光驱

安装硬盘

（1）将硬盘插入机箱的托架内，使硬盘侧面的螺钉孔与托架上的螺钉孔对齐，用螺钉将硬盘固定在托架中，如图 3-42 所示。

（2）首先从机箱的前置面板上，取下一个五寸槽口的塑料挡板，为了散热，应该尽量把光驱安装在最上面的位置，把光驱从前面放进去，如图 3-43 所示。

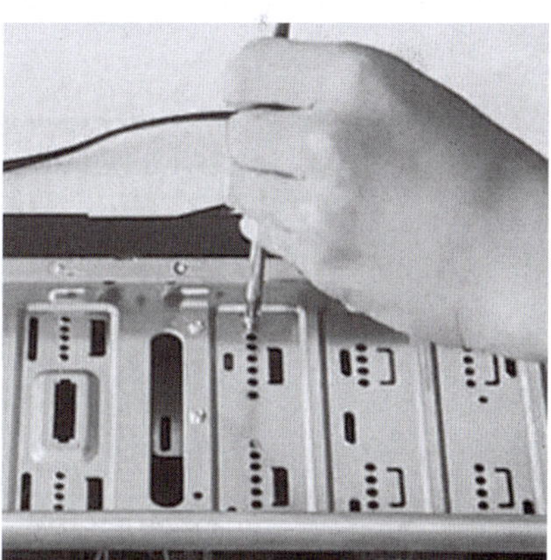

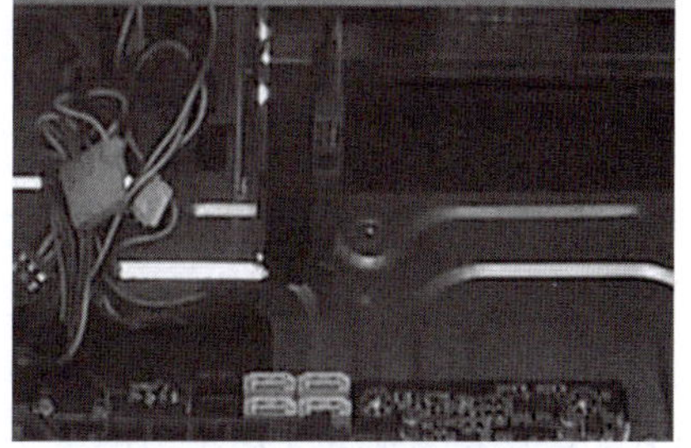

图 3-42　拧上硬盘固定螺钉

7. 安装显卡、声卡、网卡

安装显卡

（1）机箱后面板与 PCI-E 插槽对应的位置，一般会有一块挡板，挡住了显卡输出端口一侧用来固定的螺钉孔的位置，先将挡板上的固定螺钉拧掉，取下挡板。

（2）用手轻握显卡上端，将显卡下面的接口对准主板上的 PCI-E 插槽，显卡左边输出端口一侧，与之前机箱后面板拆下挡板所漏出的缺口相对应，插入显卡，如图 3-44 所示，用螺钉固定好即可。

图 3-43　安装光驱

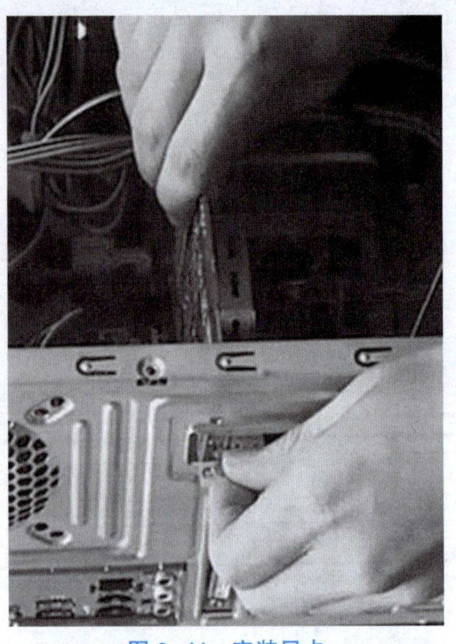

图 3-44　安装显卡

（3）安装声卡与安装显卡类似，此处不再详述。只需将它安装在一个空闲的 PCI 插槽上，并用螺钉固定好即可。

（4）取下与网卡插槽位置对应的机箱挡板，将网卡的接口对准 PCI 插槽插入，如图 3-45 所示。

图 3-45　安装网卡

（5）用螺丝刀拧紧固定网卡的螺钉。如果还有多功能扩展卡等其他扩展卡，使用同样的方法将其安装到 PCI 插槽中即可。

8. 安装机箱内所有的线缆接口

安装机箱内所有的线缆

（1）连接 CPU 的供电连线，CPU 单独供电接口有三种，分别是 4 针、6 针、8 针，现在的主板基本上使用 4 针的，如图 3-46 所示，只需在电源上选择一个 4 针接口插入主板上的 CPU 供电接口上即可。

（2）连接主板电源，在主板上可以看到一个长方形的插槽，这就是电源为主板供电的插槽。目前主板供电的接口主要有 24 针和 20 针两种，这里以 24 针接口的安装为例，如图 3-47 所示，在主板供电接口的一侧，有一道凸起的棱，在电源供电接口上的一面采用了卡扣式设计，只需将卡扣的一面和主板供电接口上凸起的棱相对应插入即可。

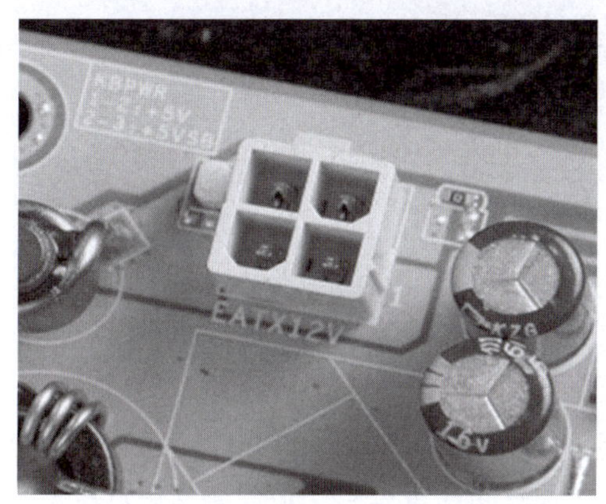

图 3-46　CPU 供电接口

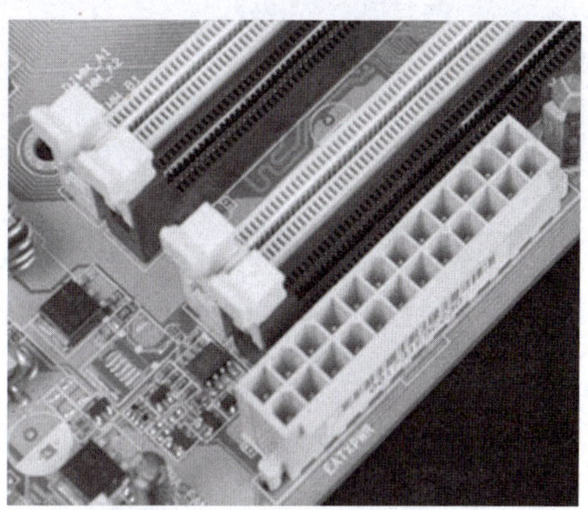
图 3-47　主板上 24 针供电插口

（3）连接硬盘电源线和数据线，它们的接口可分为串口和并口两种，目前串口已经逐步取代并口。在安装时，只需注意接口位置不要装反即可，如图 3-48 所示。

（4）连接光驱电源线和数据线，在连接时只需注意插头与接口相对应，就可轻松插入，如图 3-49 所示。

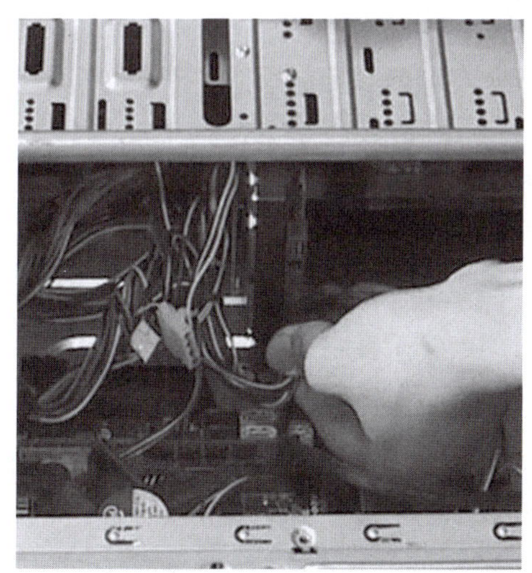
图 3-48　连接硬盘电源线

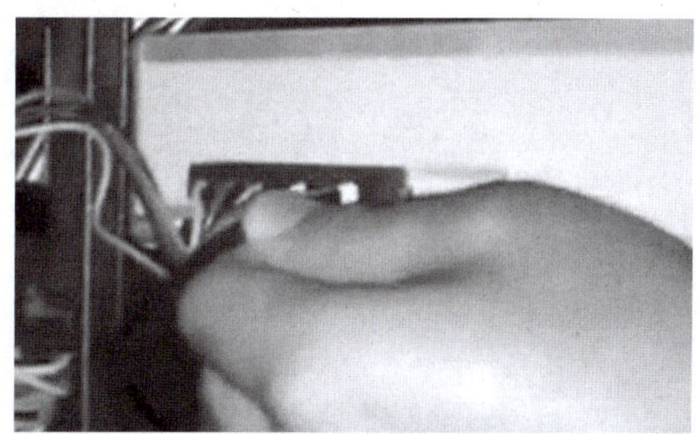
图 3-49　连接光驱电源线和数据线

（5）连接机箱前面板线缆如电源开关、复位/重启开关、电源指示灯、硬盘指示灯、前置报警喇叭接口、USB 连接线、AUDIO 连接线等，如图 3-50 所示。

9. 整理机箱内部数据线

（1）先将机箱内部线缆理顺，用塑料绳将它们捆绑好，为避免线缆下垂碰到主板上的部件，可将捆好的线缆绑缚在相邻的机箱框架横梁上，如图 3-51 所示。

图 3-50　连接机箱前面板线缆

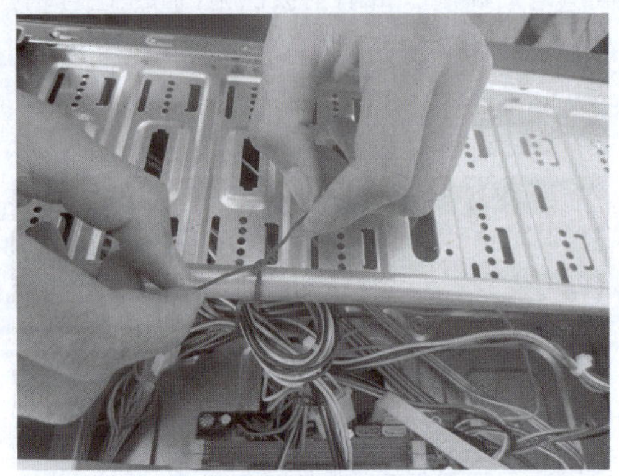
图 3-51　整理机箱内部线缆

（2）整理机箱的线缆不仅有利于散热，而且方便日后添加或拆卸部件，还可以提高系统的稳定性。仔细检查各部件的连接情况，确保无误后再盖上主机的机箱盖，上好螺钉，主机就安装完成了。

10. 连接外部设备并测试

（1）早期鼠标、键盘多为 PS/2 接口，现在已经逐渐被 USB 接口取代，本例中将鼠标、键盘的 USB 接口连接到主机的 USB 接口上，如图 3-52 所示。

（2）连接显示器的数据线，显示器的数据线接口一般成梯形，连接时要和插孔的方向保持一致，如图 3-53 所示。

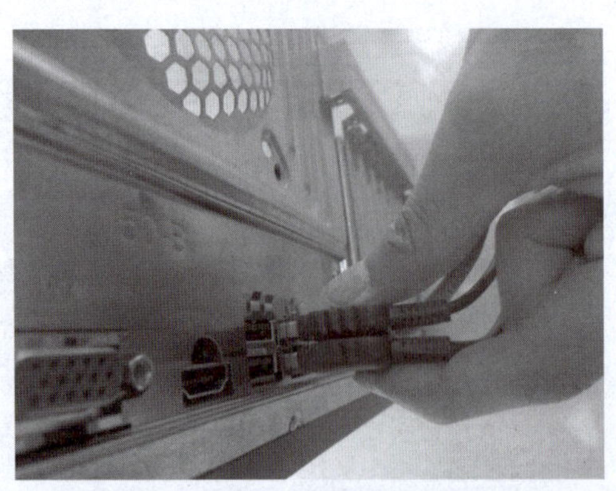
图 3-52　连接鼠标和键盘的 USB 接口

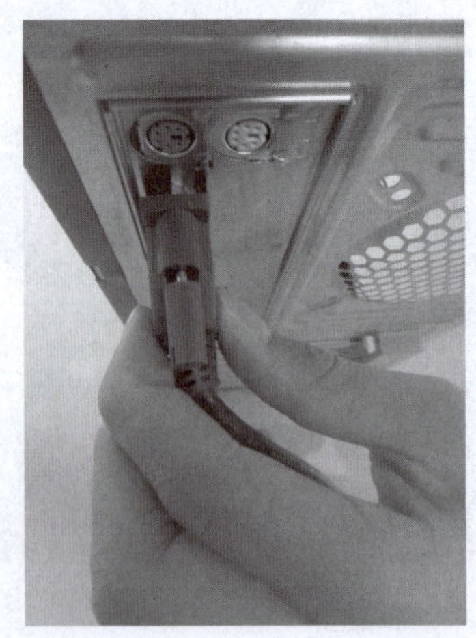
图 3-53　安装显示器数据线

(3) 连接显示器的电源线，如图 3-54 所示，根据显示器的不同，有的将电源线连接到主板电源上，有的则直接连接到电源插座上。

(4) 连接主机的电源线，如图 3-55 所示。音箱的连接有两种情况，通常有源音箱接在 LOUT 口上，无源音箱则接在 SPK 口上。

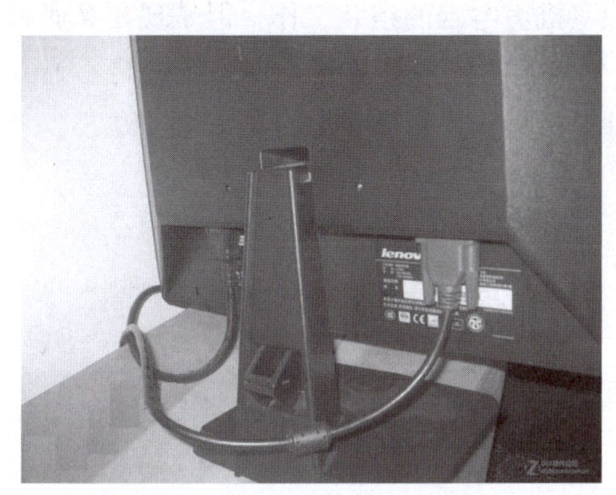

图 3-54 连接显示器电源线

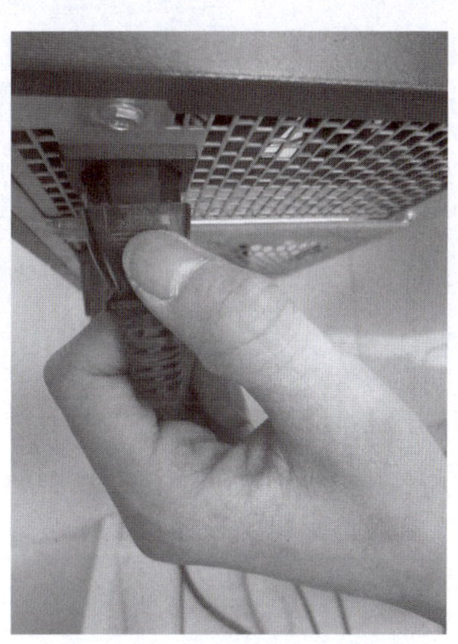

图 3-55 连接主机的电源线

(5) 开机测试。将显示器和主机的电源插头插入电源插座中，接通电源并按下主机上的电源开关按钮。正常启动计算机后，可以听到 CPU 风扇和电源风扇转动的声音，同时还会发出“嘀”的一声，显示器的屏幕上出现计算机开机自检画面，表示计算机主机已组装成功，如图 3-56 所示；

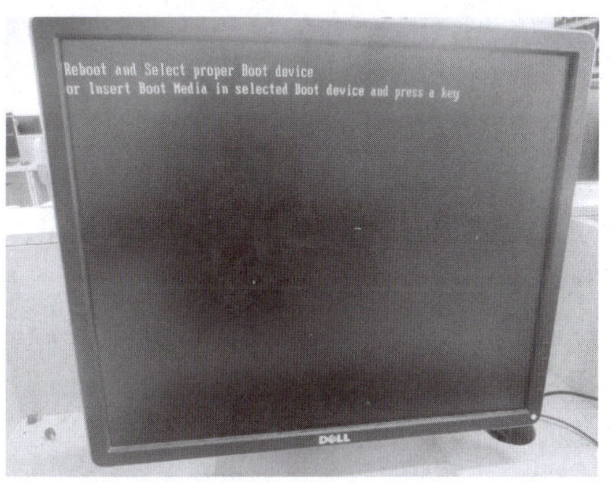

图 3-56 开机检测

【知识拓展】

2002 年 8 月 10 日诞生的“龙芯一号”是我国首枚拥有自主知识产权的通用高性能微处理芯片。龙芯从 2001 年以来共开发了 1 号、2 号、3 号三个系列处理器和龙芯桥片系列，在政企、安全、金融、能源等应用场景得到了广泛的应用。2015 年 3 月 31 日，中国发射首枚使用“龙芯”的北斗卫星。

经过多年发展，2021 年 4 月龙芯自主指令系统架构（Loongson Architecture，简称龙芯架构或 LoongArch）的基础架构通过国内第三方知名知识产权评估机构的评估。2023 年 11 月 28 日，新一代国产 CPU——龙芯 3A6000 在北京发布，同时推出的还有打印机主控芯片龙芯 2P0500。

“龙芯之母”黄令仪曾说过“我最大的心愿是匍匐在地，擦干祖国身上的耻辱”，每每读及，令人动容，她对科技强国的坚定信念和对国家的赤子之心！终将穿越时空，薪火相传！

任务 3.4 学习计算机软件的组成

【任务描述】

小李同学在大家的帮助下终于完成了实验室机房电脑的组装工作，但是现在又遇到一个问题。这些电脑没装操作系统是“裸机”，小李同学对安装计算机操作系统一窍不通，请帮助小李同学了解计算机软件知识，并教会他计算机操作系统 Windows 的安装方法。

【学习目标】

1. 了解计算机软件的概念和分类。
2. 了解系统软件和应用软件的概念。
3. 掌握计算机操作系统的安装过程。

【知识准备】

软件是一系列按照特定顺序组织的计算机数据和指令的集合。计算机软件系统主要由系统软件和应用软件组成。

3.4.1 系统软件

系统软件（System Software）是指控制和协调计算机及外部设备，支持应用软件开发和运行的系统，是无须用户干预的各种程序的集合，主要功能是调度、监控和维护计算机系统。系统软件包括操作系统、语言处理程序、数据库管理系统等软件，其中尤以操作系统最具代表性。

操作系统（Operating System，OS）是统一管理和调度计算机硬件与软件资源的程序，为用户提供简单、高效、友好的操作界面。计算机需要安装操作系统才能运行，只有在操作系统的基础上，才能安装其他应用程序。台式机操作系统包括 DOS、Windows、Mac OS、UNIX 和 Linux 等。移动终端操作系统包括 Android（安卓）、iOS 等。

1. DOS

DOS（Disk Operating System）是磁盘操作系统的简写，是 1979 年由微软公司为 IBM 个人电脑开发的操作系统。DOS 系统是一个字符式操作系统，所有的操作必须通过键入命令来完成，如图 3-57 所示。在字符界面下，一个命令执行完成后，键入下一条命令，电脑才能继续工作，所以 DOS 被称为单任务的操作系统。微软图形界面操作系统 Windows NT 出现以后，DOS 以后台程序的形式出现。可以通过“命令提示符”窗口运行 DOS 命令。

2. Windows

Windows 全称 Microsoft Windows，即微软视窗操作系统，是美国微软公司研发的基于图形用户界面的操作系统。自 1985 年问世以来，Windows 版本不断升级，现在比较常用的版

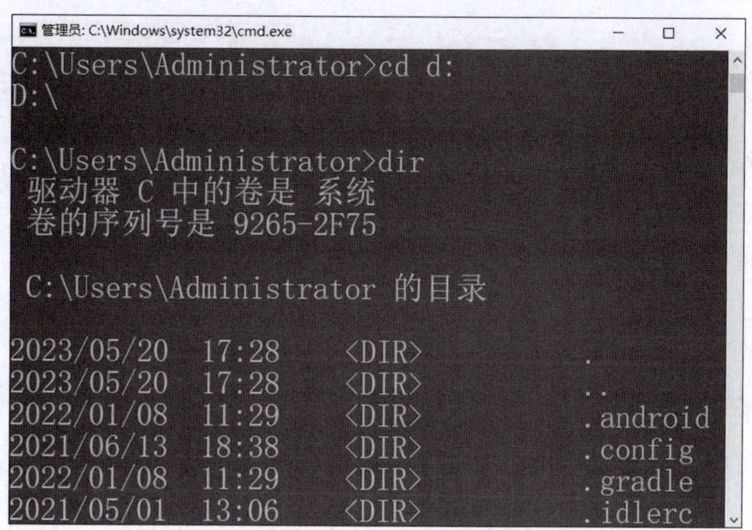

图 3-57　DOS 操作界面

本是 Windows 10，如图 3-58 所示。Windows 操作系统具有人机操作互动性好，支持应用软件门类全且功能完善，硬件适配性强等特点。

图 3-58　Windows 10 界面

3. Mac OS

Mac OS 是苹果公司为 Macintosh 系列电脑研发的操作系统。Mac OS 是首个在商用领域成功的图形用户界面操作系统。Mac OS 是基于 UNIX 内核的图形化操作系统，其界面设计独具匠心，突出了形象的图标和人机对话，安全性和稳定性高，如图 3-59 所示。

图 3-59 Mac OS 界面

4. UNIX

UNIX 是一个强大的多用户、多任务的分时操作系统。UNIX 支持多种处理器架构，开放性、可移植性好，性能稳定，具有强大的网络通信功能，应用广泛。UNIX 的字符界面如图 3-60 所示。

```
donny@ubuntu:~/ATutor/api$ apt-get update
E: Could not open lock file /var/lib/apt/lists/lock - open (13: Permission denied)
E: Unable to lock directory /var/lib/apt/lists/
E: Could not open lock file /var/lib/dpkg/lock - open (13: Permission denied)
E: Unable to lock the administration directory (/var/lib/dpkg/), are you root?
donny@ubuntu:~/ATutor/api$ sudo !!
sudo apt-get update
[sudo] password for donny:
Get:1 http://dl.google.com stable Release.gpg [198 B]
Get:2 http://dl.google.com stable Release [1,347 B]
Hit http://in.archive.ubuntu.com raring Release.gpg
Hit http://security.ubuntu.com raring-security Release.gpg
Get:3 http://dl.google.com stable/main amd64 Packages [1,233 B]
Hit http://in.archive.ubuntu.com raring-updates Release.gpg
Hit http://security.ubuntu.com raring-security Release
Get:4 http://dl.google.com stable/main i386 Packages [1,231 B]
Hit http://in.archive.ubuntu.com raring-backports Release.gpg
Hit http://security.ubuntu.com raring-security/main Sources
Hit http://security.ubuntu.com raring-security/restricted Sources
Hit http://in.archive.ubuntu.com raring Release
```

图 3-60 UNIX 的字符界面

5. Linux

Linux 是一个基于 POSIX 和 UNIX 的多用户、多任务、支持多线程和多 CPU 的操作系统。Linux 是一款免费的操作系统，用户可以通过网络或其他途径获得，并可以任意修改其源代码。Linux 同时具有字符界面和图形界面。其图形界面如图 3-61 所示。

图 3-61　Linux 图形界面

6. Android 和 iOS

Android（安卓）是一种基于 Linux 的开放源代码软件栈，是为各类设备和机型而创建的系统；iOS 是由苹果公司开发的移动操作系统，如图 3-62 所示。

图 3-62　Android 和 iOS

3.4.2 应用软件

应用软件（Application Software）是为满足用户不同领域、不同问题的应用需求而编写的软件。它拓宽了计算机系统的应用领域，放大了硬件的功能。一般可分为应用软件包和用户程序。

应用软件包是利用计算机解决某类问题而设计的程序的集合，比如 WPS Office，是中国自主研发的办公软件，包括文字处理、表格制作、幻灯片制作、AI 办公服务以及海量办公模板范文，如图 3-63 所示。

用户程序是针对某一具体领域的应用而开发的用户软件，比如 QQ 是腾讯公司开发的一款基于 Internet 的即时通信软件，如图 3-64 所示。

图 3-63 WPS Office

图 3-64 QQ 软件

应用软件的种类还有很多，比如文件压缩软件 WinRAR，计量经济学软件 Eviews，统计分析软件 SPSS，图像处理软件 Photoshop，等等，它们为人类的工作和生活带来了便利。

【任务实现】

BIOS 设置操作

Windows 10 操作系统安装

Windows 10 操作系统的安装过程如下：

（1）若电脑是没有安装操作系统软件的裸机，可先进行 BIOS 设置，然后将 Windows 10 操作系统光盘插入光驱，开机从光驱启动后，计算机读取光盘数据，载入 Windows 的安装界面，弹出“Windows 安装程序”对话框，选择“要安装的语言”“时间和货币格式”“键盘和输入方法”的版本，如图 3-65 所示，单击“下一步”按钮。

（2）在弹出的对话框中，单击“现在安装”按钮，进入安装程序启动过程，显示“Windows 安装程序”对话框，如图 3-66 所示。要求激活 Windows，如果是第一次在这台电脑上安装 Windows 10 系统，则需要输入有效的 Windows 产品密钥。如果你正在重新安装 Windows 或现在不想输入产品密钥，可选择“我没有产品密钥”，稍后再自行激活，本例单击“我没有产品密钥”按钮。

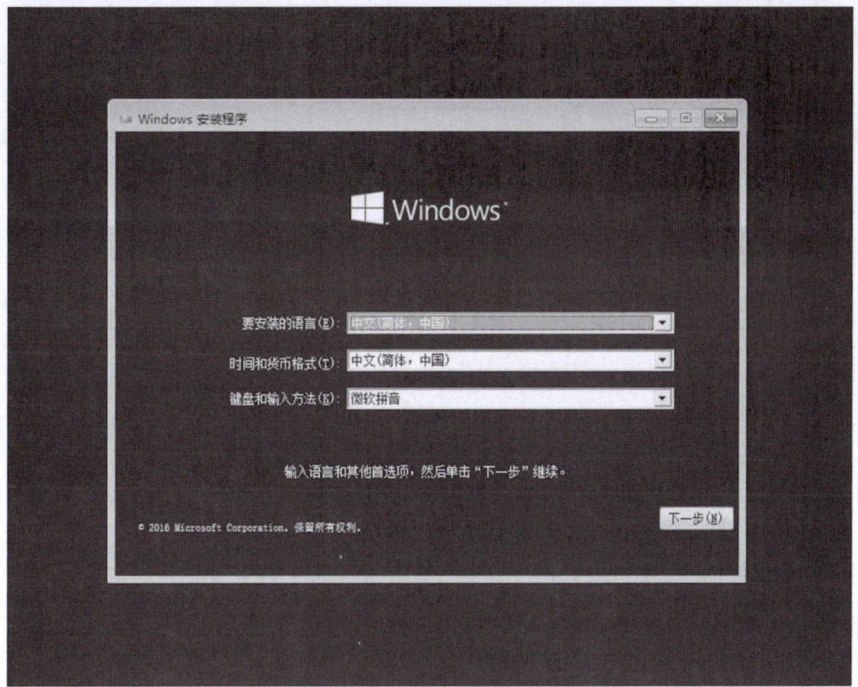

图 3-65　设置输入语言和其他首选项

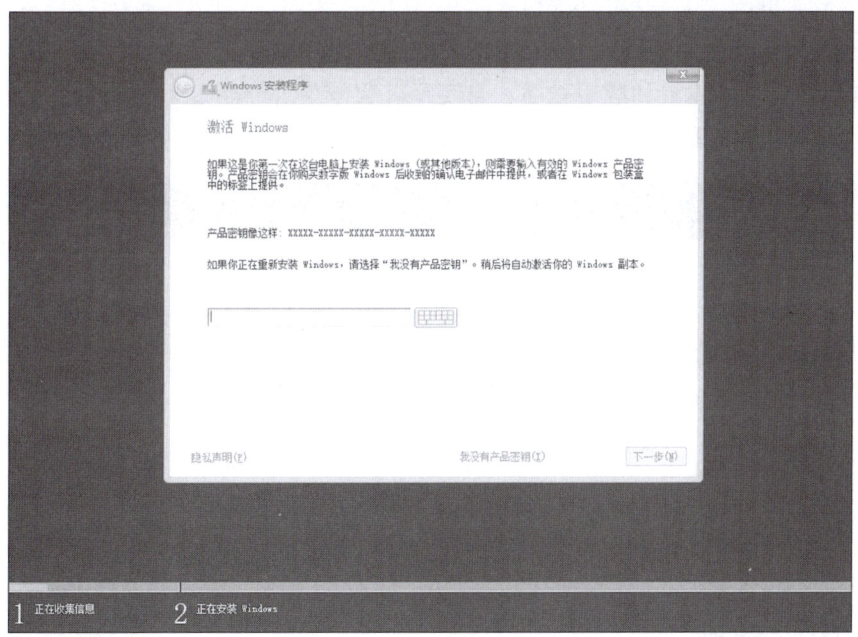

图 3-66　“Windows 安装程序”对话框

（3）选择要安装的操作系统，列表框中显示了两种类型：Windows 10 专业版和 Windows 10 家庭版。注意：如果选错了版本，将会因为没有许可证而停止安装，需要重新执行安装过程。本例选择“Windows 10 专业版”，如图 3-67 所示，单击“下一步”按钮。

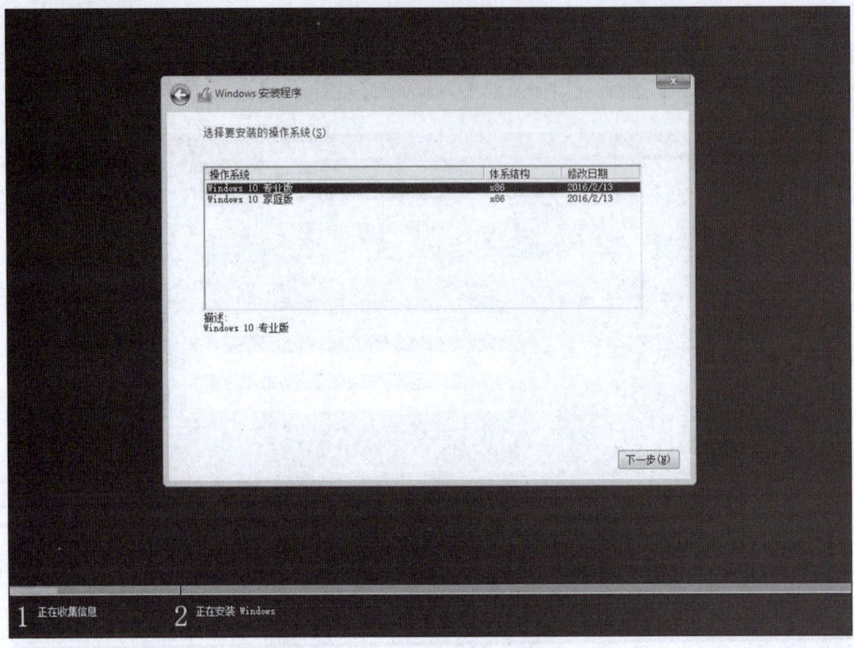

图 3-67　选择安装的类型

（4）显示“许可条款”，阅读“微软软件许可条款”后，如同意则勾选“我接受许可条款”复选框，单击“下一步”按钮。

（5）选择安装类型，Windows 10 提供了两种安装类型：升级和自定义。升级：安装 Windows 并保留文件、设置和应用程序；自定义：仅安装 Windows（高级）。此选项不会将文件、设置和应用程序移到 Windows。本例选择“自定义”，如图 3-68 所示。

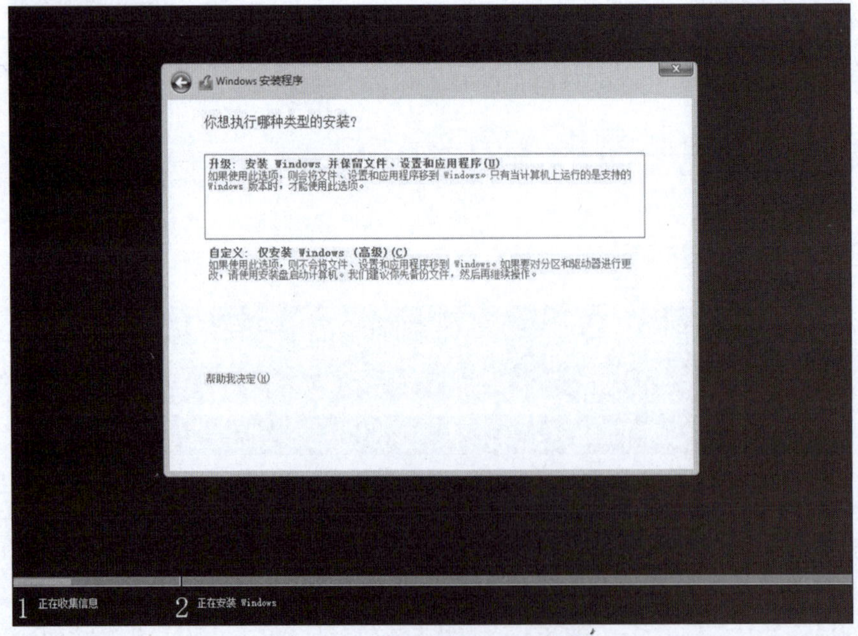

图 3-68　选择“自定义”安装

（6）在“你想将 Windows 安装在哪里？”界面中，可以看到计算机的硬盘空间，包括每一个分区，目的是选择安装操作系统的盘符。本例磁盘空间为 60 GB，如不划分其他逻辑分区，则直接单击“下一步”按钮；如划分逻辑分区，单击“新建”按钮，如图 3-69 所示。

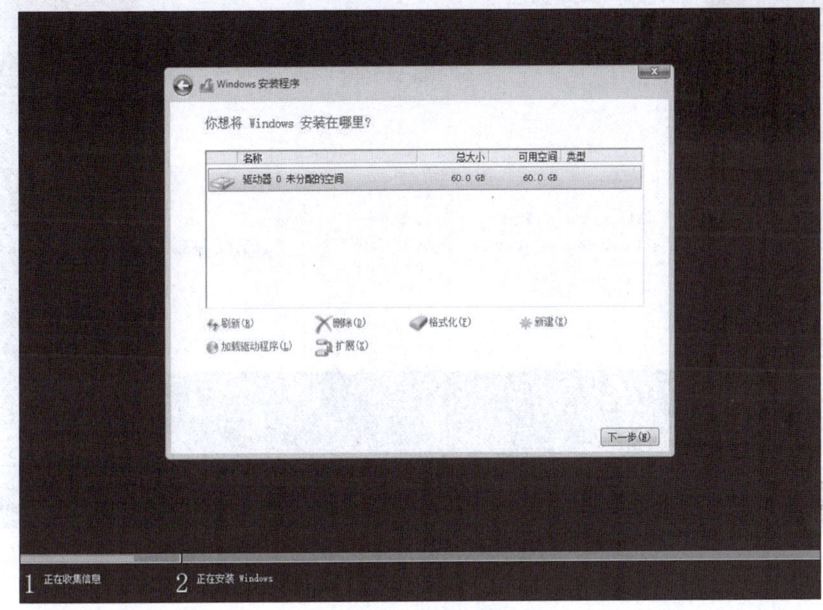

图 3-69　新建分区

（7）在“大小”文本框中显示“61440”，单位 MB（即当前整个磁盘空间 60 GB），如图 3-70 所示，将其改为“30720”，单击“应用”按钮，如图 3-71 所示。弹出创建额外分区的信息提示窗口，单击“确定”按钮，如图 3-72 所示。

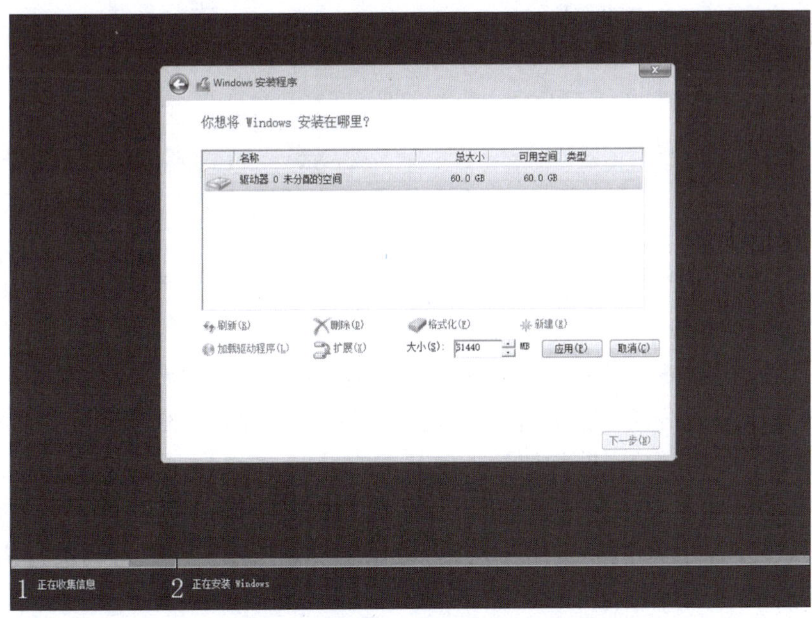

图 3-70　初始分区大小

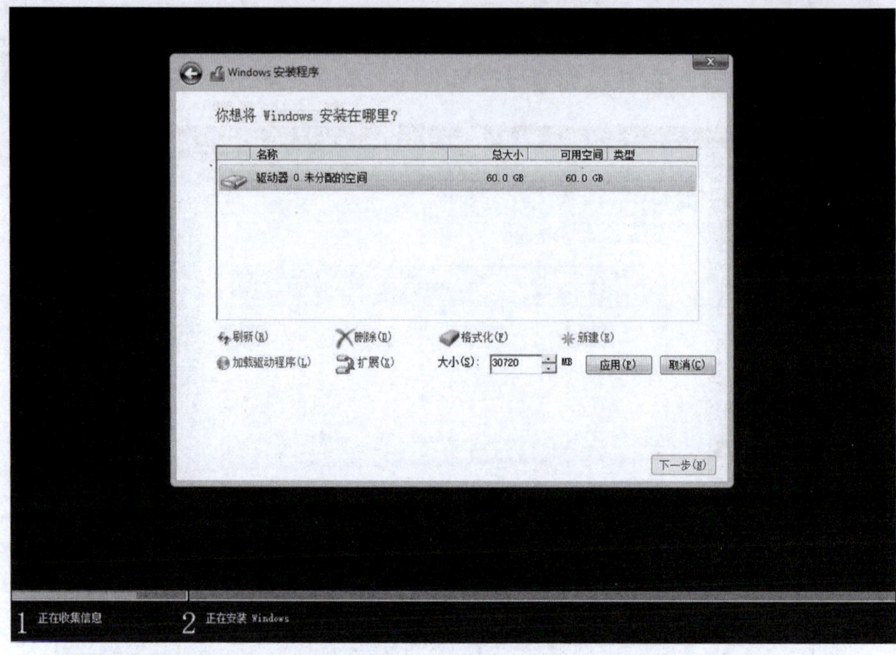

图 3-71　设置分区大小

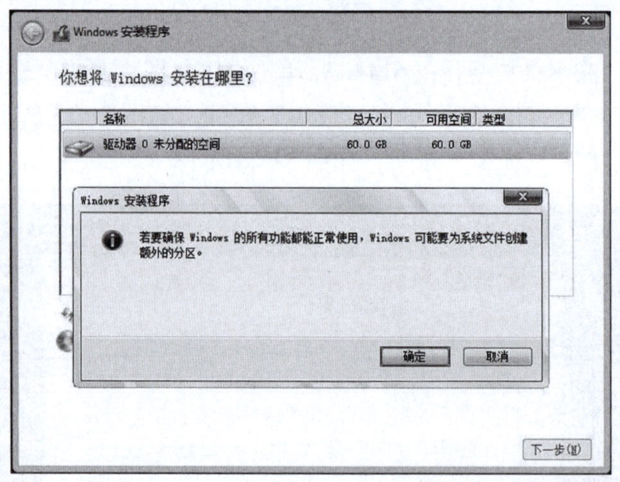

图 3-72　系统创建额外分区的信息提示窗口

（8）可以看到当前窗口共有 3 个分区，“驱动器 0 分区 1”为“系统保留”，我们不做设置，选择“驱动器 0 分区 2”，单击“格式化”按钮，如图 3-73 所示。弹出对话框显示格式化警告信息，单击“确定”按钮。

（9）选择“驱动器 0 未分配的空间”，单击“新建”按钮，“大小”文本框中显示“30719”，不做更改直接单击“应用”按钮，如图 3-74 所示。同样对其进行格式化处理，格式化完成后如图 3-75 所示。

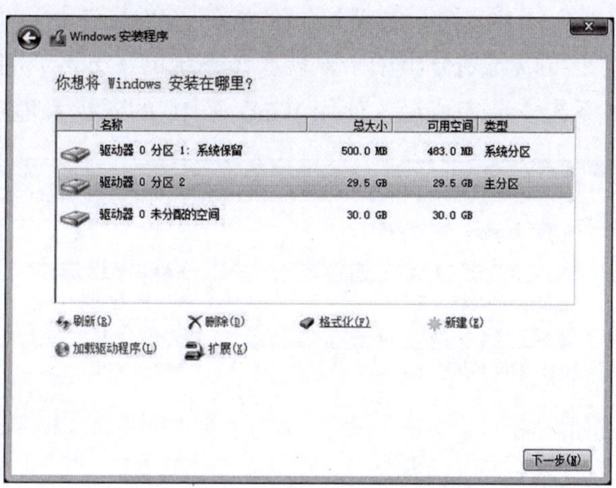

图 3-73 设置“驱动器 0 分区 2”

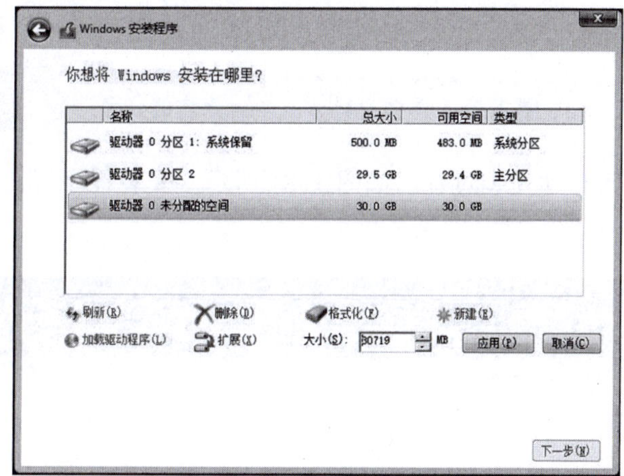

图 3-74 设置分区大小

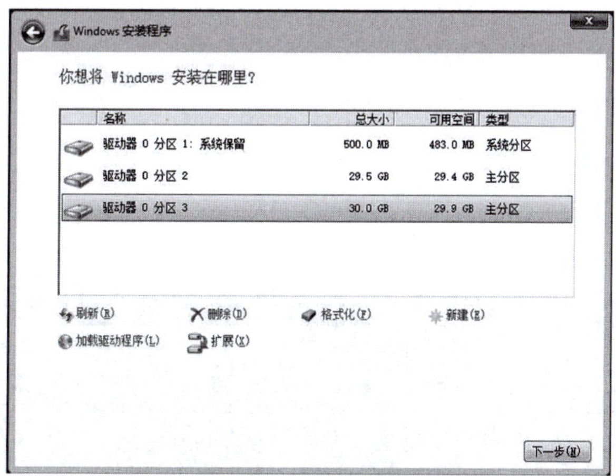

图 3-75 设置分区完成

（10）选择“驱动器 0 分区 2”安装 Windows 系统，单击“下一步”按钮，如图 3-76 所示。说明：这里我们也可以先划分出用于安装操作系统的主分区，将扩展分区划分为逻辑分区的操作可以等操作系统安装完成后，使用 Windows 10 的磁盘管理功能来实现。

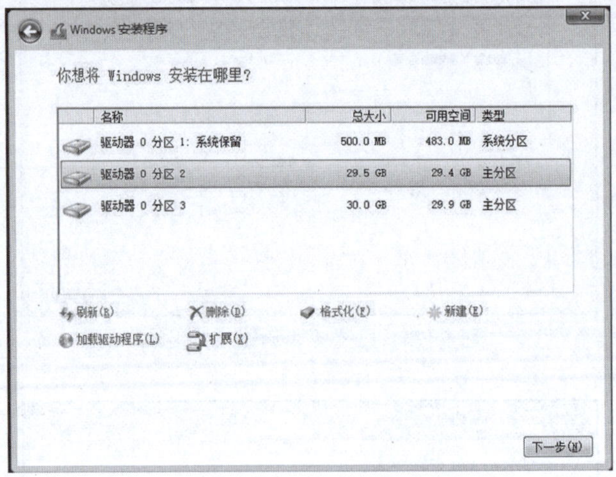

图 3-76　选择安装 Windows 系统的分区

（11）Windows 进入自动安装过程，如图 3-77 所示。安装程序将自动重启计算机，然后继续安装。

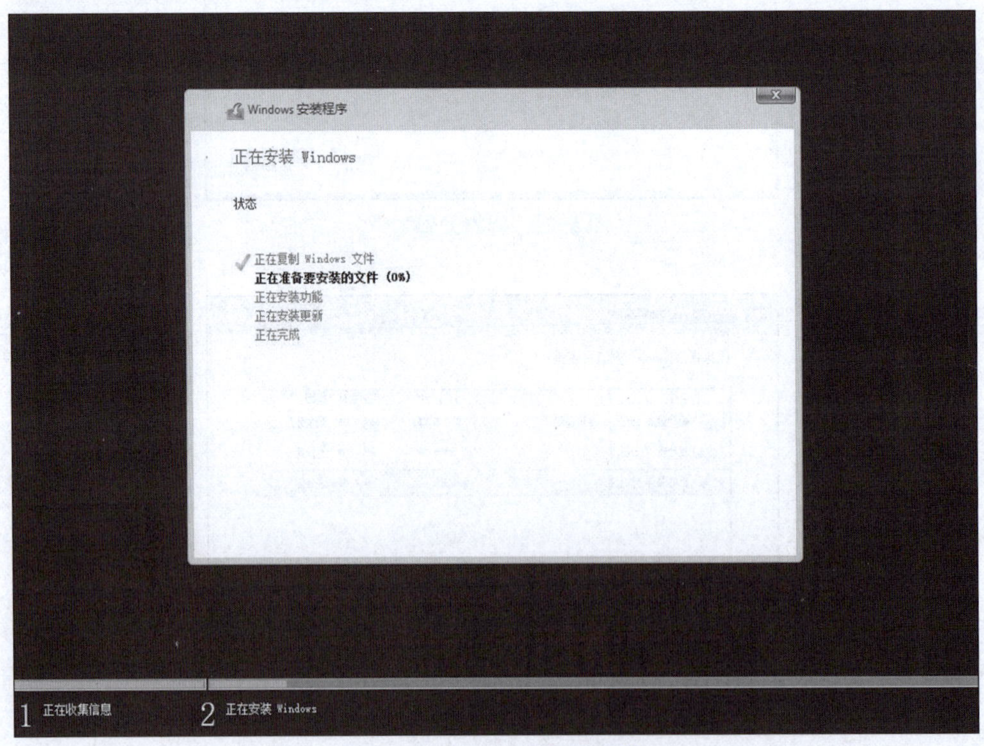

图 3-77　Windows 自动安装

（12）在安装过程中计算机会重启多次，直到出现“快速上手”界面，安装主要步骤完成之后进入后续设置阶段，可以单击界面左下角的“自定义设置”按钮逐项操作，也可以单击界面右下角的“使用快速设置”按钮采用默认值。本例单击“使用快速设置”按钮，如图 3-78 所示。

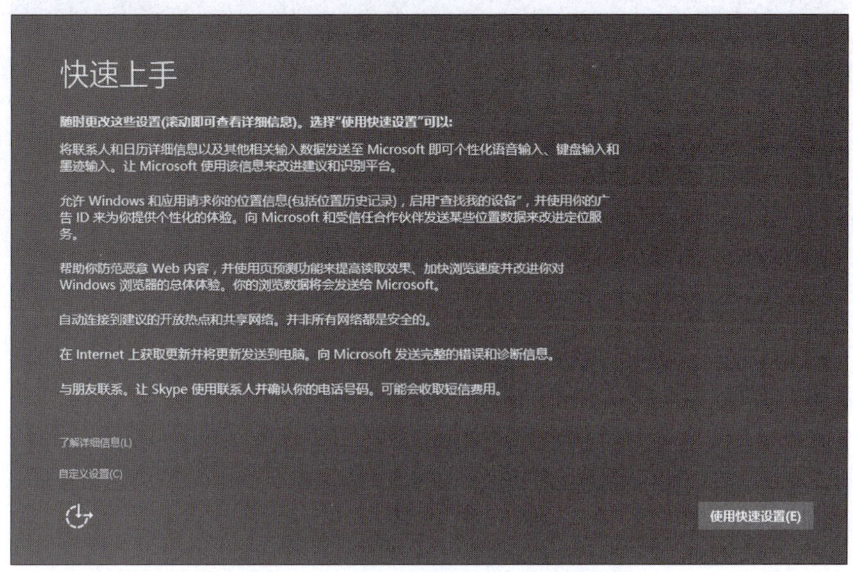

图 3-78　单击“使用快速设置”按钮

（13）显示“谁是这台电脑的所有者？”界面，有两个选项分别为“我的工作单位或学校拥有它”和“我拥有它”。根据自己的实际情况选择，本例选择“我拥有它”，单击“下一页”按钮，如图 3-79 所示。

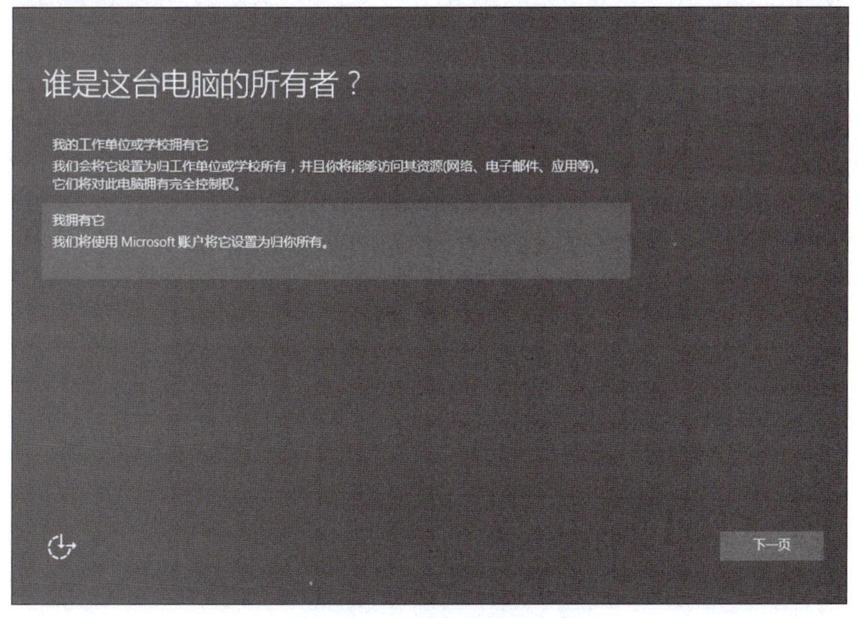

图 3-79　设置电脑的所有者

（14）显示“个性化设置”界面，Microsoft 账户为使用者提供了很多权益，可根据自己的需要选择是否设置，本例直接单击“跳过此步骤”按钮，如图 3-80 所示。

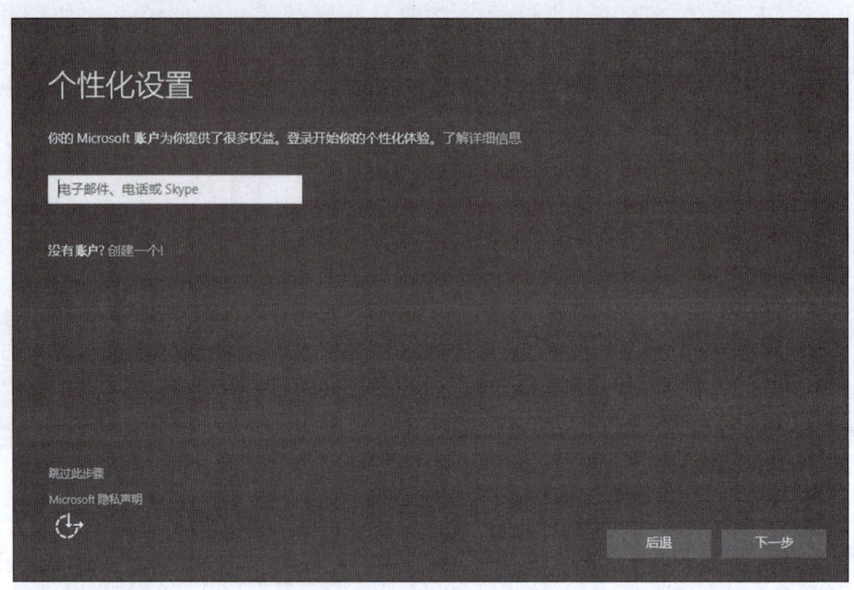

图 3-80　个性化设置

（15）显示“为这台电脑创建一个账户”界面，可以设置用户名和密码。在“输入密码”和“重新输入密码”文本框中输入相同的密码，在“密码提示”文本框中可输入密码提示信息，本例输入用户名“chenlei”，但未设置密码（这样密码即为空），然后单击“下一步”按钮，如图 3-81 所示。

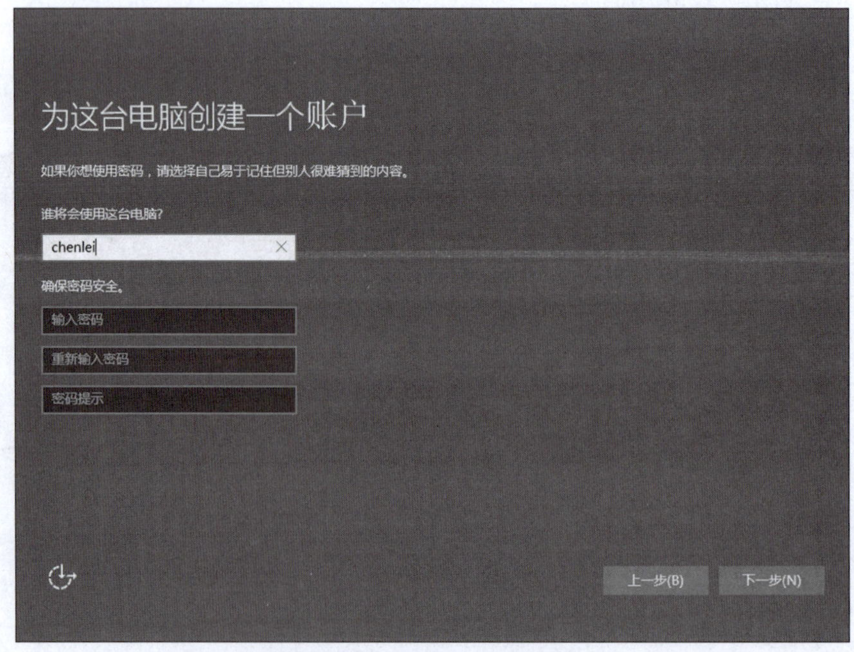

图 3-81　选择更新设置级别

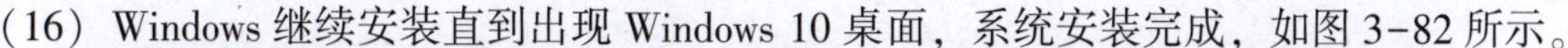

（16）Windows 继续安装直到出现 Windows 10 桌面，系统安装完成，如图 3-82 所示。

图 3-82　Windows 10 桌面

【知识拓展】

谷歌安卓自 2019 年 5 月 20 日起停止授权华为，作为应对，华为决定自主开发操作系统。华为鸿蒙系统（HUAWEI HarmonyOS），是华为公司在 2019 年 8 月 9 日于东莞举行的华为开发者大会（HDC. 2019）上正式发布的分布式操作系统。

华为鸿蒙系统是一款全新的面向全场景的分布式操作系统，创造一个超级虚拟终端互联的世界，将人、设备、场景有机地联系在一起，将消费者在全场景生活中接触的多种智能终端，实现极速发现、极速连接、硬件互助、资源共享，用合适的设备提供场景体验。

截至 2024 年 6 月 21 日，鸿蒙生态设备已经超过了 9 亿。事实再次证明只要坚持独立自主、自力更生就没有克服不了的困难。

小结

本模块主要介绍了计算机的发展史和计算机按照运算速度划分的类别；数字化信息编码与数据表示，数字化信息编码的概念，进位计数制，*r* 进制与十进制、十进制与 *r* 进制、非十进制数间的转换，计算机的数据单位，计算机的信息编码，包括数值数据的编码和非数值数据的编码；计算机硬件的组成，包括计算机的主机设备和计算机的外部设备；计算机软件的组成，包括系统软件和应用软件。

练习与思考

1. 关于全角字与半角字，全角字需要 2 字节来表示，而半角字只需 1 字节。(　　)

A. √　　B. ×

2. Windows 10 适用于智能型手机和平板电脑等小型装置。(　　)

A. √　　B. ×

3. Linux 是专为苹果计算机和手机设计的操作系统。(　　)

A. √　　B. ×

4. Windows 10 会自动辨识硬件设备并安装相关驱动程序，方便该硬件设备能即插即用。(　　)

A. √　　B. ×

5. 嵌入式操作系统通常被用在智能型家电或数码相机。(　　)

A. √　　B. ×

6. GIF 格式文件可设置透明背景，并可制作简单的图片变换动画。(　　)

A. √　　B. ×

7. 蓝牙技术指的是一种无线通信技术。(　　)

A. √　　B. ×

8. 全球定位系统主要是利用红外线作为传输媒介。(　　)

A. √　　B. ×

9. 若是所给数据内容同时有中、英、日等多国语言，则最适合使用的编码方式是（　　）。

A. Big5　　B. Unicode（UTF-8）

C. GB2312　　D. Shift-JIS

10. 下列对于 64 位计算机的叙述中，正确的是（　　）。

A. 最多可以控制 64 个接口设备　　B. 最多可以同时执行 64 个程序

C. 一次处理 64 个 0 或 1 的数据　　D. 一次将数据储存至 64 个位置

11. 下列关于内存容量单位的描述中，正确的是（　　）。

A. $1T=2^{30}$Bytes　　B. $1K=2^{10}$Bytes

C. $1G=2^{30}$Bits　　D. $1M=2^{20}$Bits

12. 在 Windows 系统中，若在窗口的标题栏上双击，可完成的操作有（　　）。

A. 将窗口最小化　　B. 移动窗口位置

C. 关闭窗口　　D. 将窗口最大化或还原成原来大小

13. 如果计算机在使用过程中时常需要复制及删除文件，那么需要应定期执行的程序是（　　）。

A. 碎片整理工具　　B. 磁盘扫描工具

C. 病毒扫描程序　　D. 磁盘压缩程序

14. 以下关于操作系统的叙述中，错误的是（　　）。

A. UNIX 属于多用户操作系统　　　　B. Linux 是代码开源的操作系统

C. Windows Server 属于网络操作系统　　　D. Mac OS 属于单任务系统

15. 以下关于计算机操作系统的叙述中，错误的是（　　）。

A. iMac 笔记本电脑中的 Mac OS X 10.3 操作系统是属于多任务操作系统

B. Linux 是属于多人多任务操作系统

C. 大多数智能型手机的操作系统都使用 Windows 10

D. Windows Server 及 Netware 均属于网络操作系统

16. 下列操作系统中，源代码可开放供人下载、浏览、修改的是（　　）。

A. Linux　　　B. iOS　　　C. Mac OS X　　　D. Windows

17. 下列操作系统中属于移动操作系统的是（　　）。

A. Linux　　　B. UNIX　　　C. Android　　　D. Windows 10

18. 在 Windows 操作系统中，一般软件安装程序都使用的名称是（　　）。

A. setup 或 install　　　B. uninstall　　　C. system　　　D. xcopy

19. 要删除在 Windows 操作系统中通过软件包安装的软件，最适当的方法是（　　）。

A. 直接删除该软件包所在的文件夹

B. 利用控制面板的“程序和功能”或该软件包的卸载程序

C. 删除桌面上的快捷方式即可

D. 删除程序集中的选项即可

20. 下列不是操作系统的是（　　）。

A. Linux　　　B. iOS　　　C. Windows Office　　　D. Ubuntu

21. 在 Windows 操作系统中，文件的组织结构是（　　）。

A. 网状结构　　　B. 总线结构　　　C. 环状结构　　　D. 树状结构

22. BIOS（Basic Input/Output System）被存储在（　　）。

A. 硬盘存储器　　　B. 只读存储器　　　C. 光盘存储器　　　D. 随机存储器

23. 目前数码相机存储卡通常使用的内存类型是（　　）。

A. PROM　　　B. ROM　　　C. Flash ROM　　　D. DDR SDRAM

24. 当计算机从硬盘读取数据后，将数据暂时储存在于（　　）。

A. 随机存取内存（RAM）　　　B. 只读存储器（ROM）

C. 高速缓存（Cache）　　　D. 缓存器（Register）

25. 下列软件中，可以免费下载使用，但若正式使用仍需付费的是（　　）。

A. 专利软件　　　B. 公用软件　　　C. 共享软件　　　D. 免费软件

26. 下列属于 Android 智能型移动装置上安装文件类型的是（　　）。

A. exe　　　B. apk　　　C. msi　　　D. jsp

27. 下列设备中，符合人体工程学的输入设备是（　　）。

A.　　　B.　　　C.　　　D.

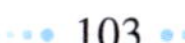

28. 下列描述中，不属于光盘类型的是（　　）。

A. CD-ROM　　B. EPROM　　C. DVD-RAM　　D. DVD-ROM

29. 以下选项中，属于应用软件的是（　　）。

A. Windows CE　　B. Linux

C. Microsoft Office　　D. Netware

30. 下列哪一种是利用 iOS 手机拍摄的格式？（　　）

A. MPEG　　B. AVI　　C. MP4　　D. MOV

31. 以下图形文件格式中，比较适合于网络传输的是（　　）。

A. Bmp　　B. Gif　　C. Png　　D. Jpg

32. 若将同一张图片分别存成不同的文件格式，一般而言，占用存储空间最大的图形格式是（　　）。

A. JPG　　B. BMP　　C. GIF　　D. PNG

33. 数字图像的数据量很大，一般都是先压缩，然后再存储和传输。下列属于静态图像压缩标准的是（　　）。

A. RGB　　B. TIFF　　C. MAX　　D. JPEG

34. 在 iOS 手机中照片所储存的文件格式是（　　）。

A. TIFF　　B. RAW　　C. JPEG　　D. BMP

35. 动画是将画面内容一张接着一张地快速播放所产生的连续动作效果，这利用的原理是（　　）。

A. 视觉暂留　　B. 一致性　　C. 互动性　　D. 人眼对焦差

36. 下列操作中，可让您在 iOS 手机中删除已安装 APP 的是（　　）。

A. 利用 APP“设置”功能中的“应用程序”或“应用程序管理员”中的“卸载”

B. 拖拉 APP 至回收站

C. 按住 APP 不放，就会出现一个“×”，再点选左上角的“×”

D. 执行 APP，再在菜单中选取“卸载”

37. 下列操作中，可让您在 Android 手机中删除已安装的 APP 的是（　　）。

A. 利用 APP 的“设置”功能中的“应用程序”或“应用程序管理员”中的“卸载”

B. 拖拉 APP 至回收站

C. 按住应用程序列表中的 APP 不放，再由菜单中选取“卸载”

38. 以下关于杀毒软件的更新，说法正确的是（　　）。

A. 每周更新一次

B. 电脑中毒后及时更新

C. 只有在操作系统升级时，才需要更新

D. 当软件有了新版本后，及时更新

39. 下列日常生活应用中，会使用到计算机的是（选择两项）（　　）。

A. 自行车　　B. 提款机　　C. 空调　　D. 点滴注射

40. 下列日常生活应用中，会使用到计算机的是（选择两项）（　　）。

A. 电脑桌　　B. 键盘　　C. 售票机　　D. 手机

41. 下列日常生活应用中，会使用到计算机的是（选择两项）（　　）。

A. 数码相机　　B. 节能日光灯　　C. Xbox　　D. 三速电风扇

42. 下列选项中，属于内存存储容量单位的是（选择两项）（　　）。

A. MHz　　B. ns　　C. MIPS

D. bit　　E. TB

43. 下列是计算机认识的两个数字为（选择两项）（　　）。

A. 0　　B. 1　　C. 9　　D. 2

44. 在 Windows 中，如果数据被储存在“剪贴板”中，可能执行过的操作是（选择两项）（　　）。

A. 粘贴　　B. 复制　　C. 剪切　　D. 删除

45. 下列可开放，供下载、浏览、修改源程序代码的操作系统是（选择两项）（　　）。

A. Linux　　B. Android　　C. Symbian

D. Mac OS　　E. Windows

46. 下列适合安装在智能型手机的操作系统有（选择两项）（　　）。

A. Windows Phone 8　　B. UNIX

C. Mac OS　　D. iOS

47. 下列主要应用于智能型手机、平板计算机、GPS 车用导航计算机的操作系统是（选择两项）（　　）。

A. Android　　B. Windows 7　　C. Windows XP　　D. iOS

48. 下列设备中属于输入设备的是（选择两项）（　　）。

A. 耳机　　B. 鼠标　　C. 扫描仪

D. 打印机　　E. 投影仪

49. 下列设备中，属于输入设备的是（选择两项）（　　）。

A. 显示器　　B. 耳机　　C. 投影仪

D. 触摸板　　E. 条形码阅读器

50. 下列选项中可作为打印机接口的是（选择两项）（　　）。

A. HDMI　　B. USB　　C. COM1

D. DVI　　E. LPT1

51. 下列选项中属于内存的是（选择两项）（　　）。

A. CD-ROM　　B. EPROM　　C. Cache

D. RAM　　E. Smart Media

52. 以下设备中，下列哪一种同时是输入也是输出设备？（选择两项）（　　）

A. 多点触控屏幕　　B. 鼠标

C. 键盘　　D. 卡片阅读机

53. 下列设备中，可辅助听视觉障碍人士使用计算机的有（选择两项）（　　）。

A. 游戏杆　　B. 语音识别装置

C. 信息安全规范　　D. 屏幕阅读装置

模块 4

操作系统

【主要内容】

1. Windows 10 桌面操作
2. Windows 10 窗口、菜单和对话框操作
3. Windows 10 文件和文件夹管理
4. Windows 10 系统设置

任务 4.1 Windows 10 操作系统的桌面

【任务描述】

李强同学准备到公司进行实习，由于公司要求刚入职的新员工使用计算机进行工作，因此，李强要快速熟悉 Windows 工作环境，逐步掌握 Windows 桌面的基本操作，为日后提高工作效率打下基础。本任务旨在通过一系列具体的操作练习，可以迅速适应 Windows 工作环境，并掌握桌面基础操作。

【学习目标】

1. 了解 Windows 10 操作系统。
2. 了解 Windows 10 的启动、注销与退出。
3. 掌握 Windows 10 桌面的相关操作。

【知识准备】

4.1.1 了解 Windows 10 操作系统

1. Windows 10 的版本

Windows 10 是由美国微软公司开发的应用于计算机、平板电脑和智能手机三大平台的操作系统。为了满足多方不同需求，微软公司推出 7 个版本，分别是家庭版、专业版、企业版、教育版、移动版、移动企业版和物联网核心版。

2. Windows 10 的特点

Windows 10 操作系统与以往版本相比，具有以下特点：

1）兼容性增强：Windows 10 系统提供了广泛的外形尺寸选择，并且与几乎所有配件和应

用程序兼容，特别对固态硬盘、生物识别、高分辨率屏幕等硬件都进行了优化支持与完善。

2）安全性增强：除了继承旧版 Windows 操作系统的安全功能之外，还引入了 Windows Hello，Microsoft Passport、Device Guard 等安全功能。

3）新技术融合增强：在易用性、安全性等方面进行了深入的改进与优化。针对云服务、智能移动设备、自然人机交互等新技术进行融合。

4）跨平台性增强：Windows 10 操作系统不仅运行于个人电脑端，还能够运行在手机等移动设备终端，成为一个多平台的操作系统。

5）游戏性能增强：Windows 10 操作系统内部拥有最新的 DX12 技术，比上一个版本的 DX11 有了 10%~20%的提升，游戏性能大大提升。

3. Windows 10 的运行环境

安装和运行 Windows 10 需要满足以下最低硬件需求：

1）处理器：1 GHz 或更快的处理器或系统单芯片 SOC。

2）RAM：1 GB（32 位）或 2 GB（64 位）。

3）显卡：DirectX 9 或更高版本（包含 WDDM 1.0 驱动程序）。

4）硬盘空间：16 GB（32 位操作系统）或 20 GB（64 位操作系统）。

5）显示器：要求分辨率在 1024 像素×768 像素及以上（低于该分辨率则无法正常显示部分功能），或可支持触摸技术的显示设备。

4.1.2 Windows 10 的启动与退出

1. Windows 10 的启动

首先开启主机电源和显示器电源开关，系统自检通过后自动启动 Windows 10 欢迎界面，若只有一个用户且没有设置用户密码，则直接进入系统桌面；若系统存在多个用户且设置了用户密码，则需要选择用户并输入正确的密码才能进入系统。

2. Windows 10 的注销

Windows 10 是一个多用户操作系统，每个用户都拥有自己设置的工作环境。当其他用户需要使用该计算机时，可采用“注销”或“切换用户”方式进行用户切换或登录。单击 Windows 10 系统的“开始”菜单，然后单击“登录用户”图标，这时会出现如图 4-1 所示“更改账户设置”“锁定”和“注销”三个选项，单击“注销”选项就完成操作。

3. Windows 10 的退出

在退出 Windows 10 并关闭或重新启动计算机时，必须先按照正常的方式退出所有正在运行的应用程序，然后再正确地退出 Windows 10 系统，否则有可能造成数据丢失或程序文件的损坏。单击“开始”菜单，再单击“电源”图标，这时会出现“睡眠”“关机”和“重启”三个选择项，单击“关机”选项即可，如图 4-2 所示。

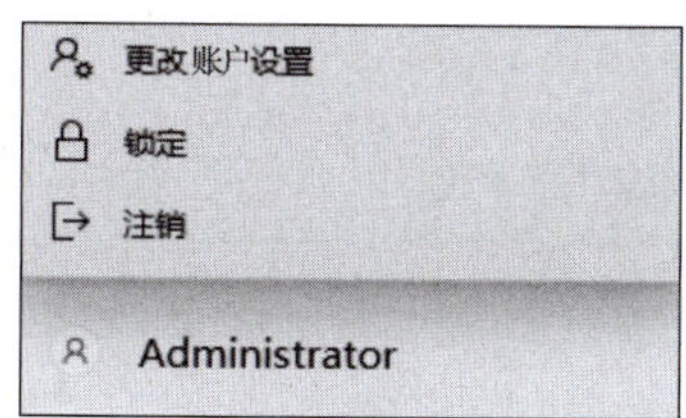

图 4-1 “用户”菜单

图 4-2 “电源”选项

4.1.3 Windows 10 桌面

“桌面”是用户和计算机进行交流的窗口，Windows 10 操作系统正常启动后，用户在屏幕上即可看到 Windows 10 桌面，如图 4-3 所示。在默认情况下，Windows 10 的桌面主要由图标、任务栏和“开始”菜单组成。

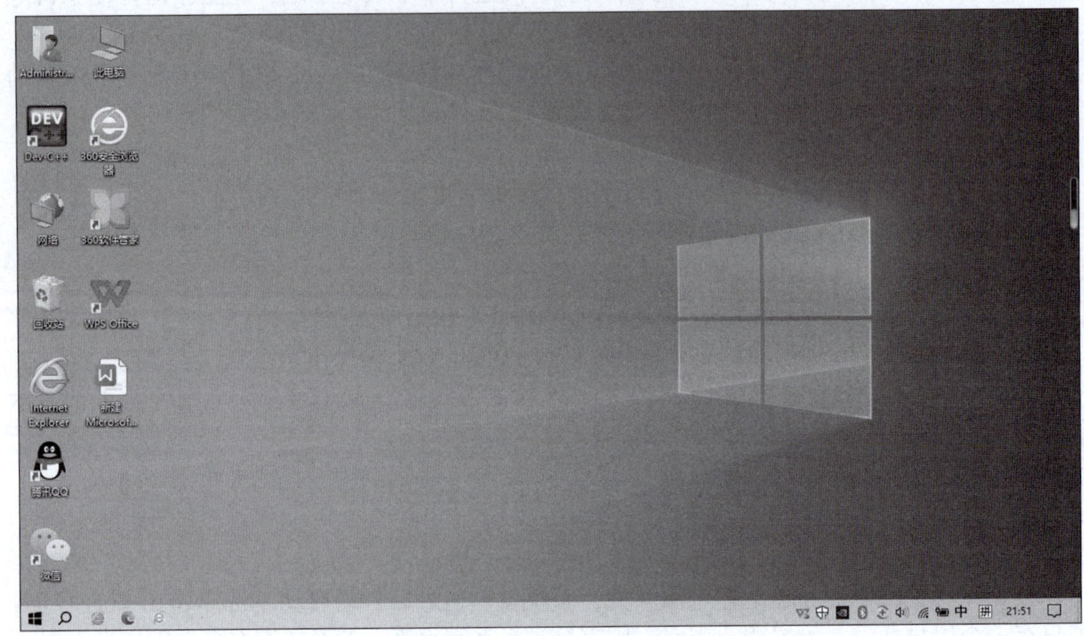

图 4-3 Windows 10 桌面

1. 图标

图标是操作系统中用来指示用户执行程序的图像，通常整齐排列在桌面上，由图标图片和图标名称组成。用户可以通过双击图标来快速启动对应的程序或窗口。图标主要分为系统图标和快捷方式图标两种，如图 4-4 所示。常用的桌面主要图标具体说明如表 4-1 所示。

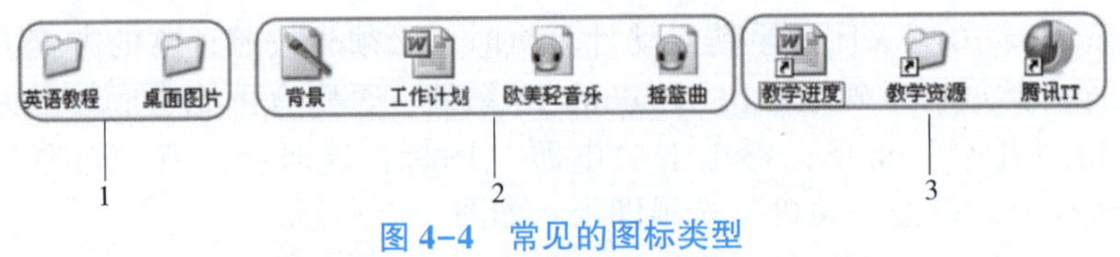

图 4-4 常见的图标类型

1—文件夹图标；2—文档图标；3—快捷方式图标

表 4-1 常用的桌面主要图标具体说明

桌面主要图标	说明
“此电脑”	主要用于对计算机的所有资源进行管理，包括磁盘管理、文件管理、配置计算机软件和硬件环境等

续表

桌面主要图标	说明
“控制面板”	用户查看并操作基本的系统设置，比如添加/删除软件，控制用户账户，更改辅助功能选项
“回收站”	用于暂时存放被删除的文件或其他项目，利用它可以恢复文件或其他项目，回收站被清空后，被删除的文件或其他项目将被彻底删除

2. 任务栏

“任务栏”的初始位置位于 Windows 桌面的底部，主要用来管理当前正在执行的程序或任务。“任务栏”是由“开始”按钮、Cortana 搜索、“任务视图”按钮、任务区、通知区域和“显示桌面”按钮（单击可快速显示桌面）6 个部分组成，如图 4-5 所示。各组成区域的含义及作用如表 4-2 所示。

图 4-5 任务栏

1—“开始”按钮；2—“Cortana 搜索”按钮；3—“任务视图”按钮；4—任务区；5—通知区域；6—“显示桌面”按钮

表 4-2 “任务栏”的组成区域

组成区域	说明
“开始”按钮	通过“开始”按钮启动各种应用程序
“Cortana 搜索”按钮	“Cortana 搜索”是 Windows 10 的新增功能，单击“Cortana 搜索”按钮，在该界面中可以通过打字或语音输入的方式帮助用户快速打开某一个应用，也可以实现聊天、看新闻、设置提醒等操作
“任务视图”按钮	“任务视图”也是 Windows 10 的新增功能，可以让一台计算机同时拥有多个桌面
任务区	任务区主要放置固定在任务栏上的程序和当前正打开着的程序和文件的任务按钮，用于快速启动相应程序，或在任务窗口间切换。任务按钮还新增加了一些功能，如分组管理、窗口预览、任务按钮的跳转列表、程序项的锁定和解锁
通知区域	该区域显示的是一些在系统启动后自动执行且后台运行的应用程序的图标，如“时钟显示”“音量控制”“网络连接”“杀毒软件监控程序”等，双击该区域的图标会打开相应的程序窗口。用户可自定义在该区域显示或隐藏哪些图标
“显示桌面”按钮	单击任务栏的“显示桌面”按钮，可以快速回到系统桌面

3. “开始”菜单

“开始”菜单是 Windows 10 系统中一个重要的操作元素，“开始”菜单几乎可以作为用户进行任何操作的起点。用户可以由“开始”菜单启动各种应用程序，并从中找到 Windows 10 的所有设置项。单击位于任务栏最左侧的“■”按钮，即可弹出“开始”菜单。

Windows 10“开始”菜单整体可以分成两个部分，左侧为常用项目和最近添加或使用过的项目的显示区域，还能显示所有应用列表等；右侧则是用来固定图标的区域，如图 4-6 所示。

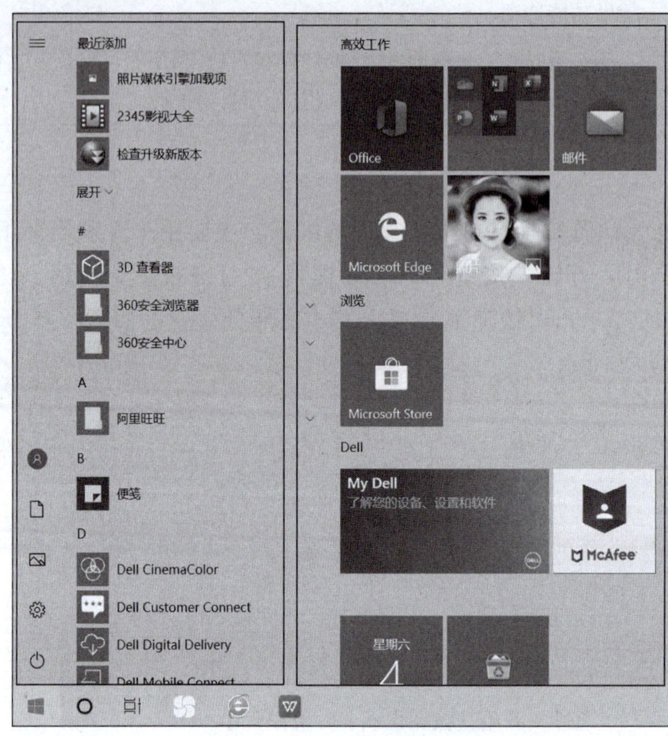

图 4-6 “开始”菜单界面

【任务实现】

Windows 桌面的基本操作步骤如下：

1. 设置桌面图标

显示桌面图标

Windows 10 操作系统安装完毕后，桌面上只有“回收站”图标，用户根据自己的使用需求，选择希望显示在桌面上的图标。

（1）在桌面空白区域右击，在弹出的快捷菜单中选择“个性化”命令。

（2）在“设置”窗口中单击左侧的“主题”，在右侧“相关设置”下，单击“桌面图标设置”。

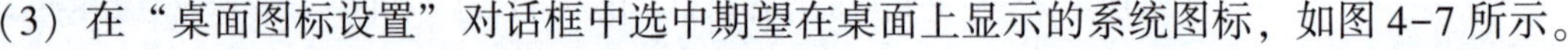
（3）在“桌面图标设置”对话框中选中期望在桌面上显示的系统图标，如图 4-7 所示。

（4）单击“应用”和“确定”按钮完成操作。

2. 创建桌面快捷方式图标

创建桌面快捷方式图标

在 Windows 10 操作系统中，用户可根据需要在桌面上添加各种对象的快捷方式图标，使用时，只需双击该图标就能够快速启动相应的程序或文件。

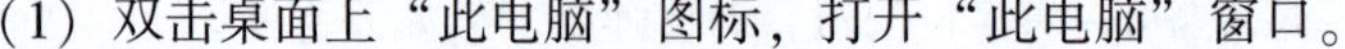
（1）双击桌面上“此电脑”图标，打开“此电脑”窗口。

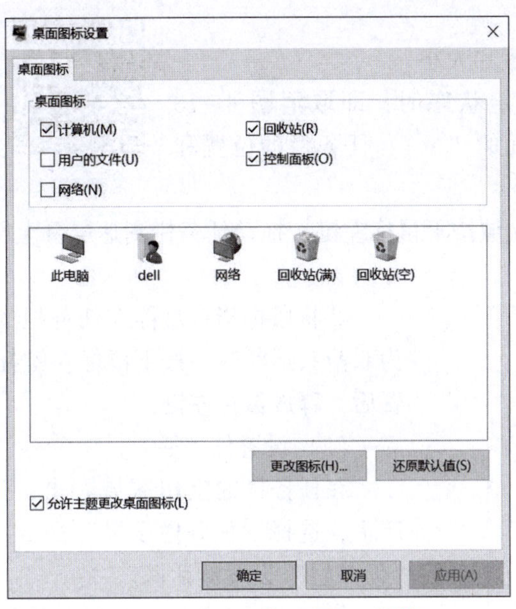

图 4-7　“桌面图标设置”对话框

（2）双击“本地磁盘（E:）”图标，弹出“本地磁盘（E:）”窗口。

（3）在该窗口中，右击“办公材料”文件夹图标。

（4）在弹出的快捷菜单中，选择“发送到”级联菜单中的“桌面快捷方式”命令，如图 4-8 所示，即可创建该文件夹的桌面快捷方式。该文件夹的桌面快捷图标如图 4-9 所示。

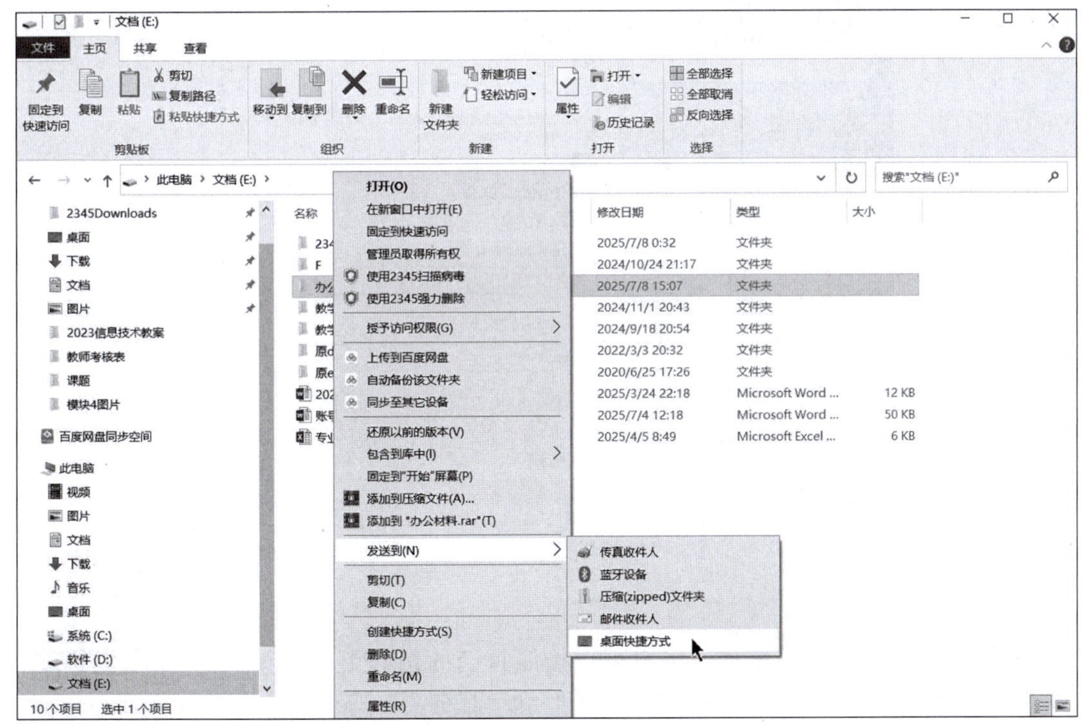

图 4-8　利用“发送到”命令创建桌面快捷方式

3. 定制“任务栏”

定制任务栏

图 4-9　文件夹快捷图标

（1）设置任务栏位置和大小。

当任务栏处于非锁定状态时，即取消图 4-10“锁定任务栏”命令前面的“√”，任务栏的位置和大小都可以进行调整。

①在任务栏的空白区域按下鼠标左键，拖动任务栏到达屏幕上所要放置的位置右边，释放鼠标左键。

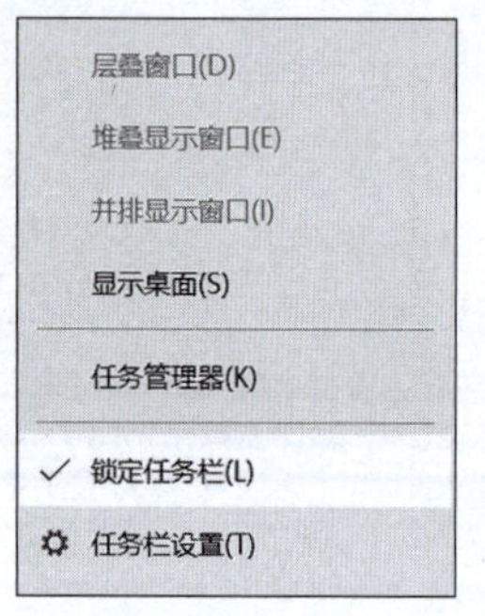

图 4-10　“任务栏”的快捷菜单

②将鼠标指针悬停在任务栏的边缘，当鼠标指针显示为双箭头形状时，按下鼠标左键拖动任务栏边缘到合适位置后，释放鼠标左键。

（2）设置任务栏。

在任务栏的空白区域右击，弹出快捷菜单如图 4-10 所示，选择“任务栏设置”命令，打开如图 4-11 所示的“任务栏”设置对话框。

①锁定任务栏。该选项处于开启状态时，用户不能调整任务栏的位置或大小。

②在桌面/平板模式下自动隐藏任务栏。该选项处于开启状态时，如果用户不需要使用任务栏，任务栏就会自动隐藏；如果用户需要使用任务栏，只要把鼠标指针指向任务栏所在位置，任务栏就会自动出现。

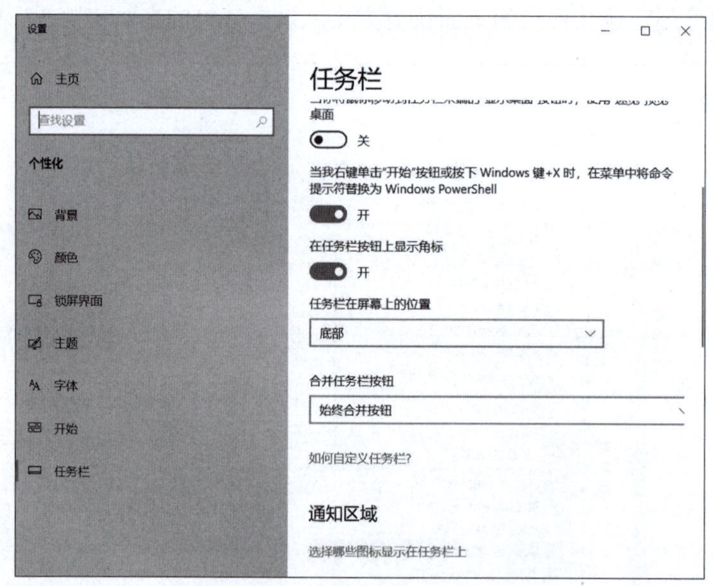

图 4-11　“任务栏”设置对话框

4. 设置个性化桌面

设置个性化桌面

在 Windows 10 操作系统中，用户可以按照自己的偏好更改计算机的“背景”“颜色”“锁屏界面”“主题”“开始”和“任务栏”等个性化设置。在桌面的空白区域右击，在弹出的快捷菜单中选择“个性化”菜单，弹出“个性化”窗口，如图 4-12 所示。

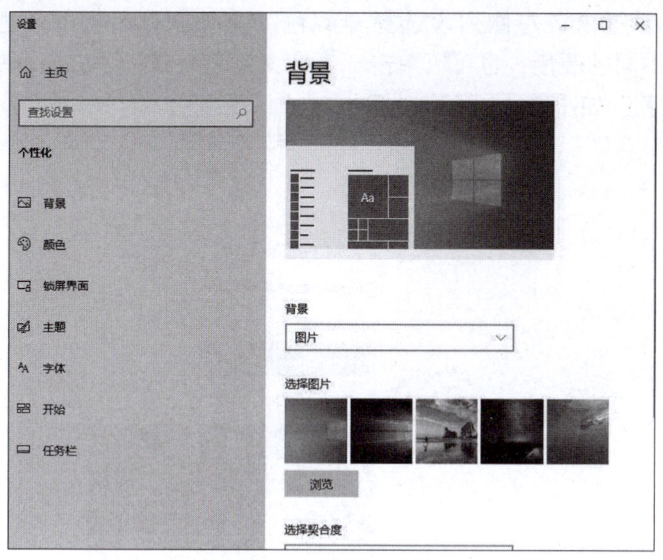

图 4-12 “个性化”窗口

（1）更改桌面背景。

Windows 10 提供了各种桌面的颜色和背景方案，用户可以根据自己的喜好进行选择，从而使用户的桌面外观更加漂亮和更具个性化。

①在“个性化”设置窗口左侧列表选择“背景”按钮。

②在右侧“背景”下拉列表中可以选择“图片”“纯色”或者“幻灯片放映”选项，选择“图片”选项，可以选择系统默认的图片，也可以通过单击“浏览”按钮选择图片，本例添加“背景图片. jpg”。

③“选择契合度”下拉列表中根据用户实际需求进行选择“填充”，设置桌面背景效果，如图 4-13 所示。

图 4-13 设置背景效果图

（2）设置主题颜色。

在“个性化”设置窗口左侧列表选择“颜色”选项，在右侧的颜色界面中，可以为Windows系统选择不同的颜色，也可以单击“自定义颜色”按钮，在打开的对话框中自定义自己喜欢的主题颜色，如图4-14所示。

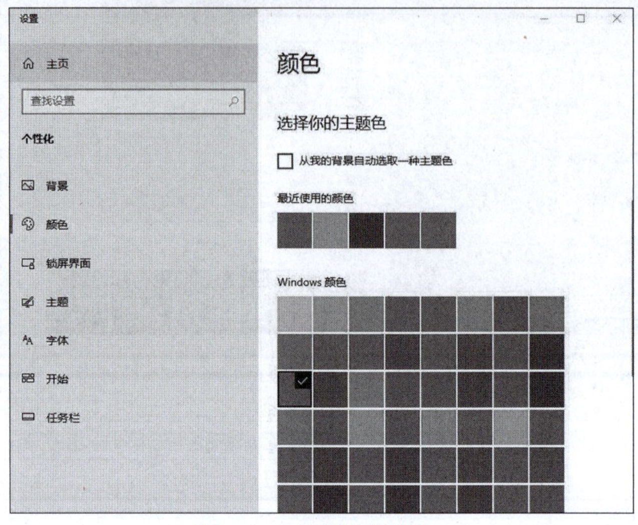

图4-14　设置主题颜色

（3）设置锁屏界面。

①在“个性化”窗口左侧列表选择“锁屏界面”选项，这里主要针对锁屏界面的图片和“屏幕保护程序”进行设置。

②在右侧的锁屏界面中，可以选择系统默认的图片，也可以单击“浏览”按钮，将本地图片设置为锁屏界面，如图4-15所示。

图4-15　设置锁屏界面

③在锁屏界面下方单击“屏幕保护程序设置”，弹出“屏幕保护程序设置”对话框，用户根据自己的喜好设置屏幕保护程序，如图4-16所示。

④单击“确定”按钮完成屏幕保护程序设置。

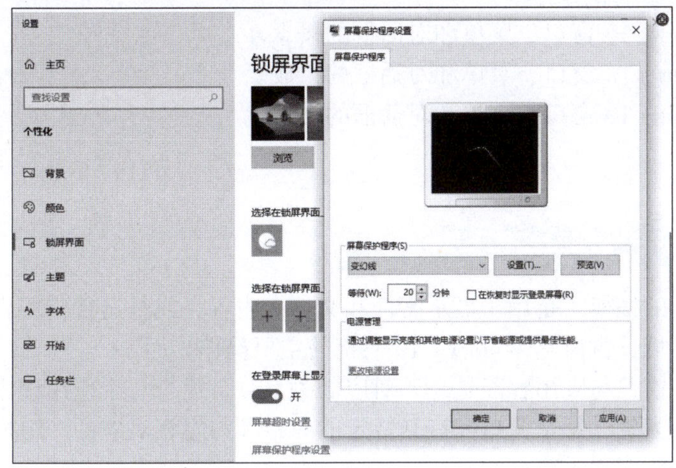

图 4-16 屏幕保护程序设置

【知识拓展】

设置动态磁贴显示图片

动态磁贴就是将应用通知最新信息与图标相结合，提供了一种更加高效的信息查阅方式，人们无须打开应用就能看到自己关注的最新信息，之后根据自身需要，再单击应用以了解更详细的内容。

在 Windows 10 系统的“开始”菜单右侧区域，就是自带的开始屏幕，而开始屏幕上显示的那些图标，就叫磁贴，其中内容会动态变化的就是动态磁贴。如天气、应用商店、资讯等，当用户设置了动态磁帖，就会动态地显示当天的天气情况和应用商店、资讯等。

1. 动态磁贴的启用

动态磁贴的启用非常简单，单击“开始”菜单，选择相应的程序“日历”，右击，在弹出的快捷菜单中，单击“固定到‘开始’屏幕”命令。

2. 动态磁贴的解除

在开始屏幕区，选择“日历”动态磁贴，右击，在弹出的快捷菜单中，单击“从‘开始’屏幕取消固定”命令，可以解除该动态磁贴。

3. 动态磁贴的解除关闭

在开始屏幕区，选择“日历”动态磁贴，右击，在弹出的快捷菜单中，单击“更多”命令，在级联菜单中单击“关闭动态磁贴”命令，可以关闭该动态磁贴。

任务 4.2 Windows 10 窗口、菜单和对话框操作

【任务描述】

李强同学在使用计算机进行办公时，为了完成多项任务，他同时打开了多个应用程序的窗口，包括文本编辑器、电子表格软件、网页浏览器以及电子邮件客户端等。由于打开的窗口较多，他希望能够高效地管理这些窗口，以便快速切换并专注于当前需要处理的任务。本任务旨在通过一系列具体的操作练习，增强对计算机界面中窗口、菜单和对话框的理解与操作。

【学习目标】

1. 了解 Windows 10 窗口、菜单和对话框的概念。
2. 了解 Windows 10 窗口、菜单和对话框的组成。
3. 掌握 Windows 10 窗口、菜单和对话框的使用。

【知识准备】

4.2.1 认识窗口

窗口是桌面内的框架，是用于显示文件和文件夹内容，或是运行应用程序并显示其操作界面的矩形工作区域，窗口是 Windows 10 系统的主要操作界面。

通常情况下，窗口与应用程序是一一对应的关系，每运行一个应用程序就会在桌面上创建一个相应的程序窗口，每个窗口都有其特定的内容和与之相对应的一组操作。用户可根据需要同时打开多个应用程序窗口。

1. 窗口的组成结构

如上所述，每个应用程序都有一个对应的窗口，如果用户没有特殊指定，窗口将按默认的方式显示，每个窗口都有很多相同的元素，但不一定完全相同，如图 4-17 所示是 Windows 10 的窗口示例。

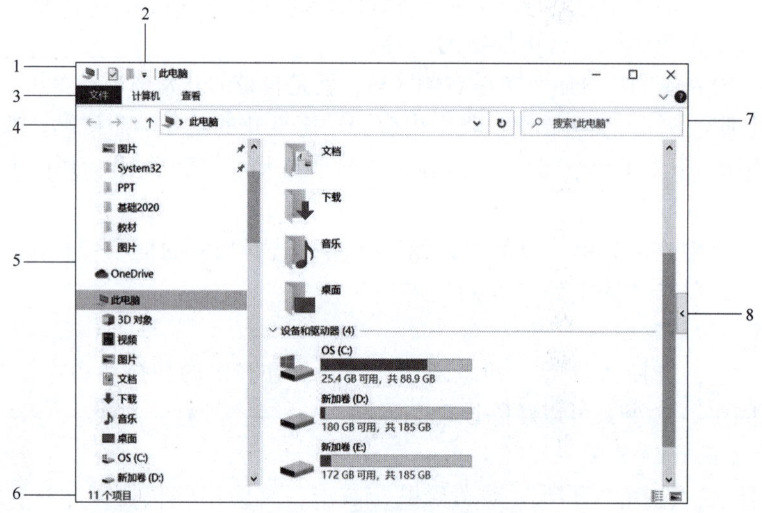

图 4-17 窗口的基本组成

1—标题栏；2—快速访问工具栏；3—菜单栏；4—地址栏；5—导航窗格；6—状态栏；7—搜索栏；8—工作区

2. 窗口组成要素说明

窗口通常包括图 4-17 所示的一些基本组成要素，下面对其进行简要说明，如表 4-3 所示。

表 4-3 窗口组成要素及说明

窗口组成要素	说明
标题栏	标题栏的左端是“控制菜单”按钮，用于对窗口进行移动、调整大小和关闭等操作；中间是标题，用于显示当前窗口的名称；其右端有 3 个按钮，分别是最小化、最大化和关闭按钮

续表

窗口组成要素	说明
快速访问工具栏	单击快速访问工具栏的小三角按钮，会弹出添加、删除工具的菜单，如单击“撤消”按钮，该工具就会添加到快速访问工具栏上
菜单栏	位于标题栏的下方，其中包含该窗口的所有操作命令，不同类型的窗口具有不同的菜单命令，单击某个菜单项后会弹出下拉菜单，单击其中的命令即可执行相应的操作
地址栏	位于菜单栏下方，在地址栏中输入路径，可以跳转到该位置
导航窗格	给用户提供了树状结构文件夹列表，从而方便用户快速定位所需的目标，主要有收藏夹、库、计算机、网络4大类
状态栏	位于窗口的底部，用来显示与当前操作有关的状态信息；在状态栏的右侧，第一个图标为列表详细显示窗口内容，第二个是缩略图显示内容
搜索栏	用于在计算机中搜索各种文件
工作区	在窗口中所占的比例最大，用于显示应用程序操作界面或文件中的内容

4.2.2 认识对话框

对话框是窗口的一种特殊形式，用来向用户提供某些信息或是要求用户输入相关信息或设置参数。对话框与普通窗口相比，一般都没有菜单栏和状态栏，并且其窗口的大小固定不变，不能进行调整。不同的对话框的结构不尽相同，如图4-18所示。对话框组成元素及说明如表4-4所示。

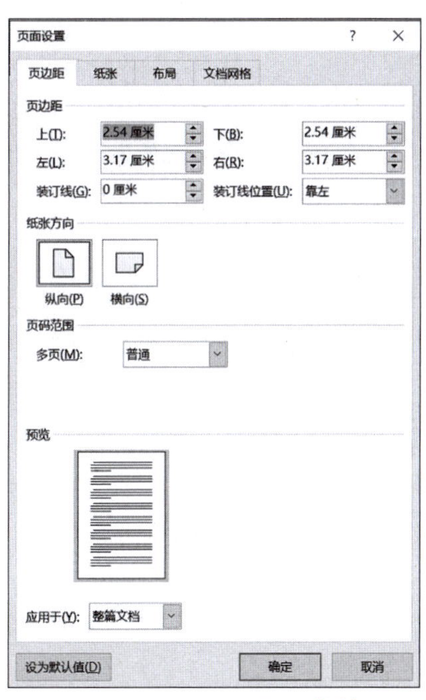

图4-18 “页面设置”对话框

菜单是提供给用户的一组相关操作和命令的列表，单击菜单中的命令，即可执行与之对应的操作命令。

表 4-4　对话框组成元素及说明

对话框组成元素	说明
标题栏	位于对话框顶部，其左端为对话框名称，右端为“帮助”和“关闭”按钮
标签及选项卡	有些对话框由多个选项卡组成，各个选项卡相互重叠，以减少对话框所占空间，每个选项卡都对应一个标签名称，单击标签可实现选项卡之间的切换
文本框	文本框是用来输入文本或数值的区域
下拉列表框	可以让用户从列表中选取要输入的对象。单击下拉列表中的下三角按钮，展开列表，从中可以选择需要的列表选项，但不能直接修改其中的内容，如果列表框上面有文本框，也可以直接键入选项的名称或值
数字微调框	用于输入数值，可单击微调框右侧的增减按钮来改变框内数值大小
命令按钮	单击命令按钮会立即执行一个命令，对话框中常见的命令按钮有“确定”和“取消”两种。如果命令按钮呈灰色，表示该按钮当前不可使用，如果命令按钮后有省略号“…”，表示单击该按钮时将会弹出一个对话框

4.2.3 认识菜单

1. Windows 10 的常见菜单类型

Windows 10 中常见的菜单类型及说明如表 4-5 所示。

表 4-5　Windows 10 中常见的菜单类型及说明

常见菜单类型	说明
开始菜单	参看前面“开始”菜单的介绍，这里不再赘述
控制菜单	单击窗口的“控制菜单”按钮，就会弹出控制菜单，通过选择上面的命令，即可实现对窗口的移动、改变大小、还原和关闭等控制操作
快捷菜单	在 Windows 10 系统中右击某对象时，就会弹出一个带有关于该对象的常用命令的菜单（其内容会随对象的不同而改变），称为快捷菜单
文档窗口菜单、应用程序菜单	两者十分类似，通常都以菜单栏的形式出现，每个命令下都有对应的子命令，涵盖了该窗口的所有命令

2. 菜单命令的相关说明

菜单中的命令所呈现的不同外观，代表了不同的含义，如表 4-6 所示。图 4-19 所示为文档窗口菜单，应用程序的菜单与之类似。

表 4-6 菜单中命令的不同外观的含义

菜单中命令的外观	说明
菜单中命令后带省略号（…）	表示单击此命令后将出现对话框，要求用户提供执行此操作所需要的信息
菜单中命令后有“⮧或▼”符号	表明该命令有下一级子命令（鼠标停留在此项即可弹出）
菜单中命令前有“·”符号	表明该命令为单选命令，且该命令正在起作用。这种单选命令组中只能且必须有一个命令被选中
菜单中命令前有“√”符号	表明该命令为复选命令，且该命令正在起作用。再次单击该命令，“√”符号会消失，表明该命令不再起作用
菜单中命令以暗淡色或灰底字符显示	表示该命令在当前环境下暂时无法使用
菜单中命令的最右边如果有其他键符或组合键符	表示该命令的快捷键

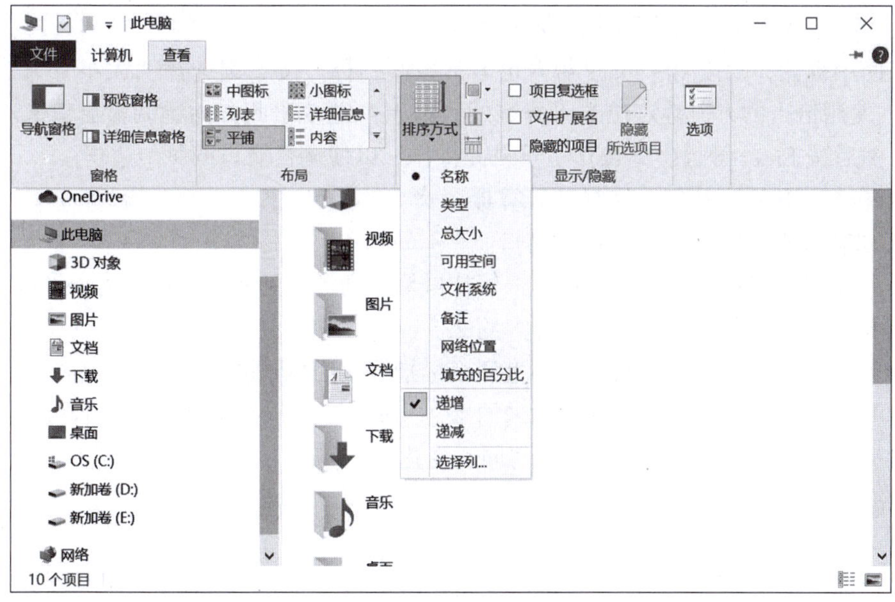

图 4-19 文档窗口菜单

【任务实现】

Windows 中窗口的基本操作如下：

1. 移动窗口

用户可以使用鼠标或键盘将窗口移动到屏幕上的任何位置。在移动窗口之前，必须将该窗口还原到最大化以外的大小，因为最大化的窗口已经占据了整个屏幕而不能再被移动。

如果使用鼠标，则将鼠标指针定位在窗口标题栏上，按下鼠标左键，拖动窗口到目标位置，然后松开鼠标左键即可。

如果使用键盘，则按 Alt+Space 组合键激活控制图标，按↓键选择“移动”命令并按 Enter 键，此时鼠标指针改变为四个箭头的形状，使用键盘的方向键可移动窗口到目标位置，然后按 Enter 键结束该操作。

（1）单击“开始”按钮，选择“Windows 附件”中的“记事本”命令。

（2）如有必要，还原“记事本”窗口。

（3）将鼠标指针定位在“记事本”窗口的标题栏上。

（4）拖动窗口至桌面的新位置。

（5）练习移动窗口至桌面的不同位置。

（6）关闭“记事本”窗口。

2. 调整窗口大小

有时需要调整窗口的大小，用户可以通过鼠标或键盘来控制窗口的大小。

如果使用鼠标，将鼠标指针定位在窗口边框的任意位置，当鼠标指针在窗口上、下边框变为↕形状，或者在窗口左、右边框变为↔形状时，可以通过拖动鼠标来调整窗口的大小。

要同时调整窗口右边框和下边框，可将鼠标指针定位于右下角的大小手柄上，当鼠标指针变为↘形状时，拖动窗口边框到合适大小即可。并非所有窗口都有大小手柄，某些窗口被设置为特定的大小，用户不能改变其大小。

如果使用键盘，则按 alt+Space 组合键激活控制图标。按↓键选择“大小”命令，并按 Enter 键。使用恰当的方向键定位到要调整的边框上，继续按此方向键调整窗口大小直到符合要求，然后按 Enter 键退出此操作。重复此操作，以便调整窗口的每个边框。

（1）单击“开始”按钮，选择“计算器”命令。

（2）如有必要，还原“计算器”窗口。

（3）移动鼠标指针至窗口的右边框，保持鼠标不动，直到鼠标指针变为↔形状。

（4）拖动边框，使之距屏幕右边界大约 2.5 cm。

（5）移动鼠标指针至窗口右下角，直到鼠标指针变为↘形状。

（6）拖动鼠标直至窗口大小约为原来的 1/2。练习重新改变窗口大小至不同尺寸。注意窗口的水平方向和垂直方向的大小是如何同时变化的。

（7）关闭“计算器”窗口。

3. 切换窗口

当用户同时打开多个窗口时，经常需要在窗口之间进行切换。但在同一时刻只能有一个窗口处于激活状态，该窗口称为活动窗口，用户可以通过鼠标或键盘在多个窗口之间进行切换，Windows 10 窗口切换让系统更加人性化。

通过任务栏中的按钮切换：如果使用鼠标，用鼠标单击任务栏上要激活的窗口的标题按钮，或者直接单击想要激活的窗口的任意位置。

按 Alt+Tab 组合键切换：按下 Alt+Tab 组合键，屏幕上将出现任务切换栏，系统当前打开的窗口都以缩略图的形式在任务切换栏中排列出来，此时按住 Alt 键不放，再反复按 Tab 键，将显示一个白色方框，并在所有图标之间轮流切换，当方框移动到需要的窗口图标上后释放 Alt 键，即可切换到该窗口。

（1）在桌面上，先后双击“此电脑”“控制面板”和“回收站”，同时打开上述 3 个窗口。

（2）按下 Alt+Tab 组合键，显示窗口切换界面。

（3）按住 Alt 键不放并反复按 Tab 键，将选择方框移动到“此电脑”窗口图标上。

（4）同时松开上述两个按键，将“此电脑”窗口切换为活动窗口。

（5）练习 Alt+Esc 组合，直接在上述打开的窗口之间进行切换。

（6）关闭打开的所有窗口。

4. 排列窗口

对于同时打开的多个窗口，Windows 10 系统中提供了三种排列的方式，分别是层叠窗口、堆叠显示窗口和并排显示窗口。排列窗口可在任务栏的空白区域右击，在弹出的快捷菜单中根据需要选择“层叠窗口”“堆叠显示窗口”或“并排显示窗口”命令。在选择了某项排列方式后，在任务栏快捷菜单中会出现相应的撤消该选项的命令。

（1）在桌面上，先后双击“此电脑”“控制面板”和“回收站”，同时打开上述 3 个窗口。

（2）在任务栏空白区域右击，在弹出的快捷菜单中选择“层叠窗口”命令排列窗口。

（3）在任务栏空白区域右击，在快捷菜单中选择“撤销层叠所有窗口”命令取消窗口排列。

（4）练习窗口的堆叠显示和并排显示窗口操作。

（5）关闭打开的所有窗口。

【知识拓展】

分屏功能

分屏是同一个电脑屏幕上显示不同的内容，让用户在工作时不局限于一个屏幕。Windows 10 是美国微软公司研发的跨平台及设备应用的操作系统，操作简单，功能强大。

（1）单击任务栏上的“任务视图”按钮或按下 Alt+Tab 组合键，屏幕上将出现操作记录时间线，系统当前和稍早前的操作记录都以缩略图的形式在时间线中排列出来。

（2）选择某一个窗口，右击，在弹出的快捷菜单中有“左侧贴靠”“右侧贴靠”和“移动到”等命令。

（3）单击“左侧贴靠”命令，完成分屏操作。

任务 4.3 文件和文件夹的管理

【任务描述】

李强同学目前是公司人力资源部的准员工，主要负责日常办公室管理，为了管理上的需要，他经常会在计算机中存放一些工作中的日常文档，同时为了方便使用，还需要对相关的文件进行新建、重命名、移动、复制、删除、搜索和设置文件属性等操作。本任务旨在通过系统地学习和实践，熟练掌握计算机中文件管理的各项技能以提升工作效率。

【学习目标】

1. 了解文件与文件夹的定义。
2. 掌握文件与文件夹的基本操作。
3. 掌握设置文件与文件夹属性。
4. 掌握文件与文件夹的搜索操作。

【知识准备】

4.3.1 文件管理的相关知识

1. 文件

文件是指被赋予名字、存储在计算机外存储器的一组相关且按某种逻辑方式组织在一起的信息的集合，可以是程序、数据、文字、图形、图像、动画和声音等。

2. 文件夹

文件夹是用于存储其他文件夹和文件的容器。文件夹中可以存放文件，也可以存放其他的文件夹，即子文件夹，子文件夹里还可以再存放文件和文件夹。计算机中的所有文件构成一个树状层次结构的文件系统。

3. 文件和文件夹的命名规则

文件名由文件主名和扩展名两部分组成，两者之间用“.”分隔。在 Windows 10 中可以使用长达 255 个字符的文件名，可以使用汉字，扩展名由 ASCII 字符组成，一般为 3~4 个字符，用于标识文件类型，如“课程表 . docx”。常见扩展名及其含义如表 4-7 所示。

表 4-7　常见扩展名及其含义

扩展名	含义	扩展名	含义
. txt	表示纯文本文件	. bmp，. jpg，. gif ，. png 和 . jpeg	表示图像文件
. doc 和 . docx	表示 Word 文档文件	. wav，. mp3 和 . mid	表示音频文件
. ppt 和 . pptx	表示 PowerPoint 文档文件	. wmv，. rm，和 . q	表示在线流媒体文件
. xls 和 . xlsx	表示 Excel 文档文件	. mp4，. avi，. wmv，和 . mkv	表示视频文件
. exe 和 . com	表示可执行程序文件	. c，. cpp，. java 和 . bas	表示源程序文件
. zip 和 . rar	表示压缩文件	. dbf . accde 和 . mdb	表示数据库文件

4. 资源管理器

资源管理器

资源管理器是 Windows 10 中重要的文件系统管理工具，是指“此电脑”窗口左侧的导航窗格，它将计算机资源分为快速访问、OneDrive、此电脑、网络 4 个类别，可以方便用户更好、更快地组织、管理及应用资源。打开资源管理器的方法是双击桌面上的“此电脑”图标或单击任务栏上的“文件资源管理器”按钮。“文件资源管理器”窗口如图 4-20 所示。

4.3.2 选择文件夹和文件

在 Windows 10 中，对文件或文件夹进行操作之前，首先要选中所要操作的文件或文件夹，被选中的文件或文件夹将高亮显示。常见的文件或文件夹选择操作如下：

文件夹和文件的基本操作

1. 选择单个文件夹或文件

直接单击文件或文件夹图标即可将其选中，被选中的文件或文件夹的周围将呈蓝色透明状显示。

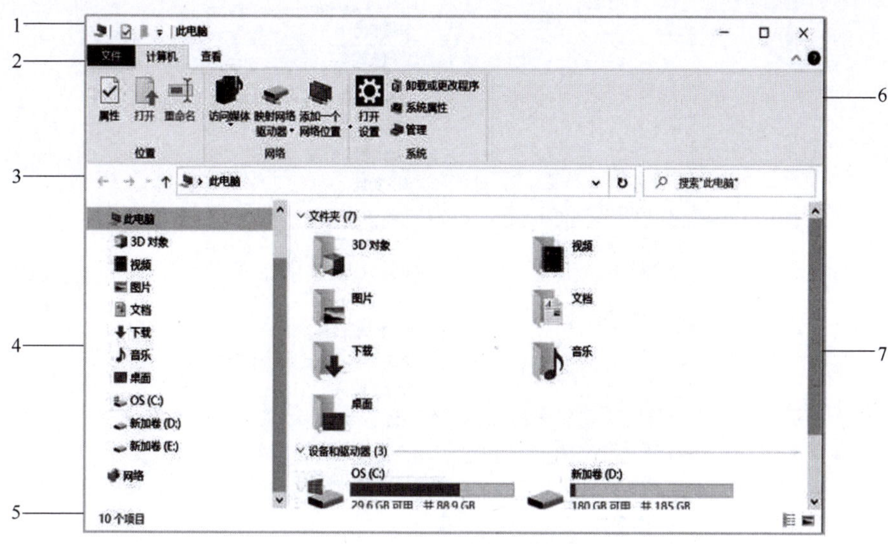

图 4-20 “文件资源管理器”窗口

1—标题栏；2—菜单栏；3—地址栏；4—导航窗格；5—状态栏；6—功能区；7—工作区

2. 选择多个文件夹或文件

1）选择一组连续排列的文件或文件夹：用鼠标选择第一个选择对象，按住 Shift 键不放，再单击最后一个选择对象，可选择两个对象中间的所有对象。

2）选择一组不连续排列的文件或文件夹：按住 Ctrl 键，然后依次单击要选定的各个文件或文件夹。

3）选择窗口中的全部文件：单击功能区的“全部选定”命令，或使用 Ctrl+A 组合键。

4）选择窗口中某一矩形区域内的文件或文件夹：在窗口中适当的空白处单击，按住鼠标并拖动，出现虚线框，则在虚线框所圈定的区域内，所有文件或文件夹都会被选中。

3. 取消选定的文件夹或文件

如果已经选定了一组文件和文件夹，要从中取消某些文件或文件夹的选定，可按住 Ctrl 键，在要取消的文件或文件夹上单击即可。如果要取消全部选定的文件或文件夹，则在窗口的空白处单击即可。

【任务实现】

计算机中文件和文件夹的基本操作如下：

新建文件夹或文件

1. 新建文件夹或文件

（1）在“文件资源管理器”左侧导航窗格中，选定要新建文件夹的位置“E 盘根目录”。

（2）在右侧工作区空白处右击，弹出快捷菜单，选择“新建”命令下的“文件夹”子命令，如图 4-21 所示；也可以选择窗口“主页”选项卡中的“新建文件夹”命令，分别输入新文件夹的名称“办公材料”和“部门资料”，按 Enter 键即完成新文件夹的创建。

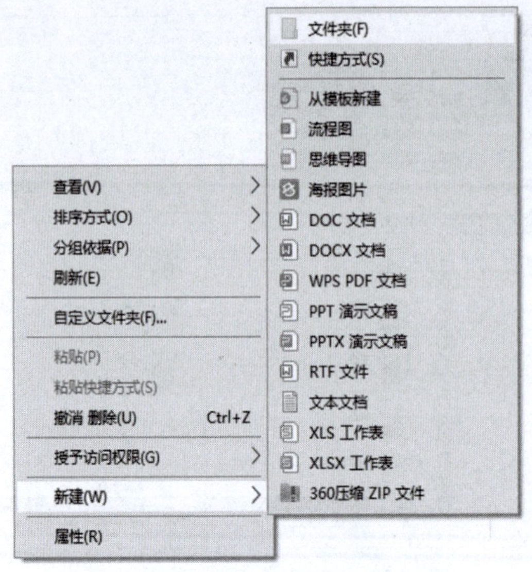

图 4-21　使用快捷菜单创建新文件夹

（3）在“办公材料”文件夹下空白处右击，在弹出的快捷菜单中选择“新建”命令，在弹出的二级菜单中，分别选中所要创建的文件类型 DOCX 文档和 XLSX 工作表，输入新文件的名称“公司简介”和“员工名单”，如图 4-22 所示。

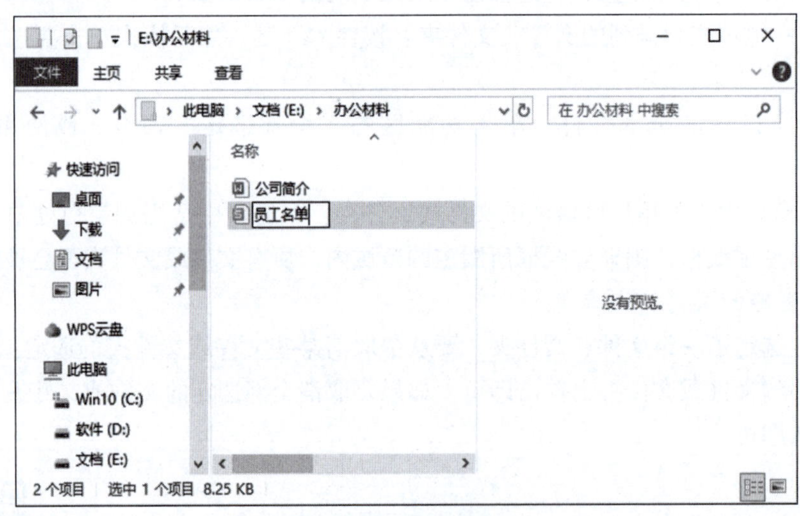

图 4-22　创建新文件

2. 复制文件夹或文件

将选定的文件或文件夹复制一份存放到其他位置（不同的文件夹或不同的磁盘驱动器），复制操作包含“复制”和“粘贴”两个操作。复制操作后，原文件或文件夹仍保留在原位置。

（1）在“E:\办公材料”文件夹下，选定要复制的文件“员工名单 . xlsx”，按 Ctrl+C 组合键（复制）。

（2）选中目标位置“E:\部门资料”，在“E:\部门资料”窗口的空白处，按 Ctrl+V 组合键（粘贴）。

3. 移动文件夹或文件

将选定的文件或文件夹移到其他位置（不同的文件夹或不同的磁盘驱动器）。移动操作后，原位置上的文件或文件夹将被删除。

（1）在“E:\办公材料”文件夹下，选定要移动的文件“公司简介.docx”，右击，在弹出的快捷菜单中选择“剪切”命令，如图 4-23 所示。

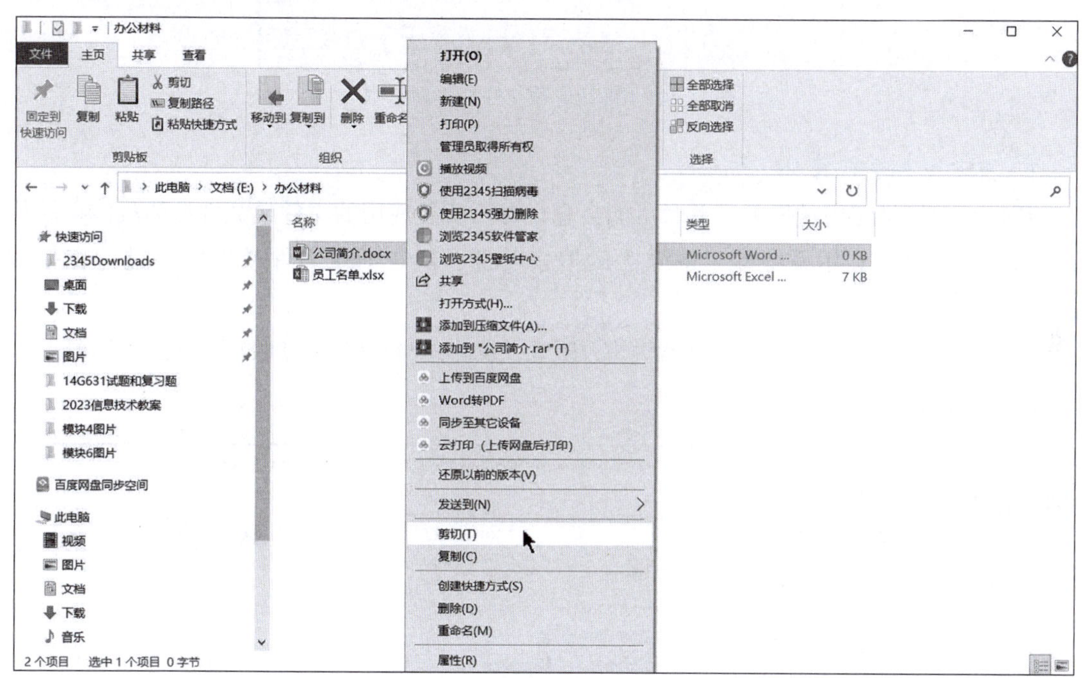

图 4-23　快捷菜单方式剪切文件

（2）选中目标位置“E:\部门资料”，在“E:\部门资料”窗口的空白处右击，在弹出的快捷菜单中选择“粘贴”命令。

4. 重命名文件夹或文件

（1）在“E:\部门资料”文件夹下，选定要重命名的文件或文件夹“公司简介.docx”。

（2）单击窗口“主页”选项卡中的“重命名”命令，或者右击选定的文件或文件夹，在弹出的快捷菜单中单击“重命名”命令，输入新的名称“公司介绍”，按 Enter 键即可。

5. 删除并还原文件夹或文件

当一些文件或文件夹不再需要时，删除它们可以释放硬盘空间，使系统能够存储新的数据或应用程序。在“E:\办公材料”文件夹下，选中要删除的文件或文件夹“员工名单.xlsx”，直接按下 Delete 键，被删除的文件或文件夹移动到“回收站”中，若误删除文件，还可以通过“还原”操作将其还原。

此外，如果要将“回收站”的文件或文件夹执行删除操作，可以右击，选择“删除”命令，或者按住 Shift+Delete 组合键，则所选定的文件或文件夹将被直接彻底删除，如

图 4-24 所示。

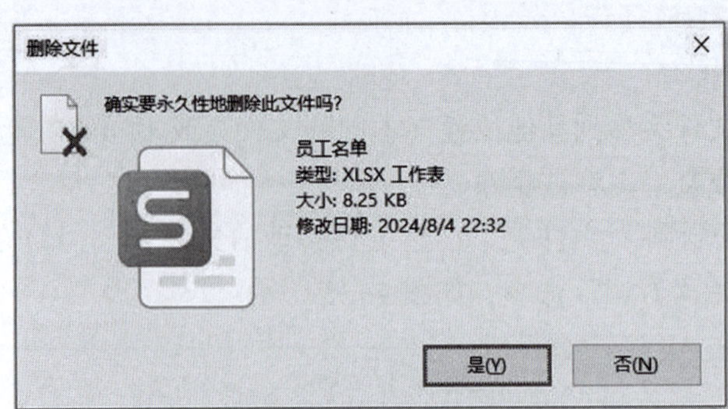

图 4-24 “确认删除文件夹”对话框

6. 搜索文件夹或文件

用户在计算机使用过程中，有时可能会忘记自己所要使用的文件或文件夹的具体存放位置，这时用户可以利用系统提供的强大的搜索功能，快速地对文件或文件夹进行查找和定位。

（1）打开“本地磁盘 E”，在搜索栏输入所要查找的文档的相关信息如“. jpg”，如图 4-25 所示。

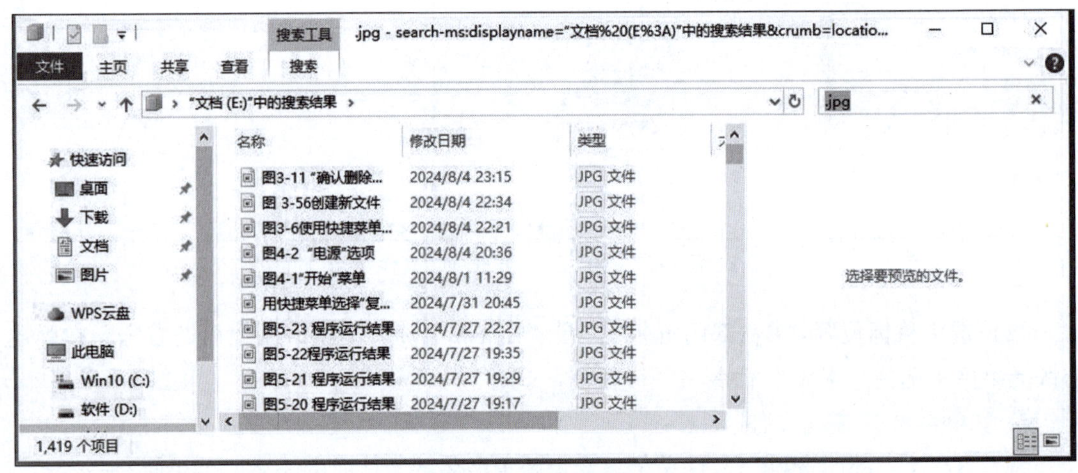

图 4-25 设置搜索项目

（2）根据需要，还可以单击“搜索”菜单功能区中的“修改日期”或“大小”等选项来缩小搜索范围。

7. 设置文件夹或文件属性

文件属性是指将文件分为不同类型的文件，以便存放和传输。文件属性包含文件的类型、大小、创建时间、修改时间等基本信息，以及文件的隐藏、只读、系统等高级属性。用户可以通过“文件夹属性”或“文件属性”对话框，查看或修改文件夹、文件的属性。

设置文件夹或文件属性

（1）在“E:\部门资料”文件夹下，选定要设置属性的文件“员工名单.xlsx”，右击，在弹出的快捷菜单中单击“属性”命令，打开该文件对应的属性对话框。

（2）在“常规”选项卡中的“属性”设置区，有只读、隐藏 2 个复选项可供选择，“只读”属性是指文件只能被读取而不能被修改或删除，可以被查看、复制。“隐藏”属性是指在文件系统中不会显示具有隐藏属性的文件名，该文件通常不能被删除、复制或更名。设置该文件的属性为“只读”，如图 4-26 所示。

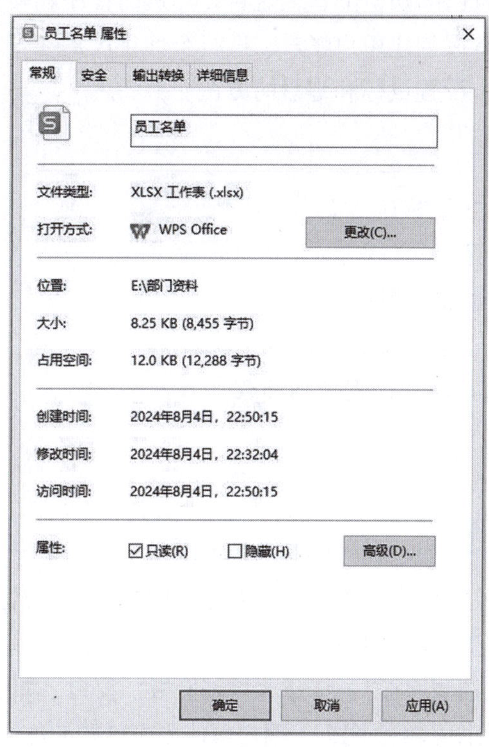

图 4-26　文件属性设置对话框

（3）单击“应用”和“确定”按钮，完成文件属性设置。

【知识拓展】

磁盘是计算机系统中的重要存储设备，也称作外部存储器，简称外存。磁盘主要包括硬盘和软盘两大类，目前由于软盘存在着存取速度慢、存储容量过小以及可靠性不高、数据易损等诸多缺点，基本被淘汰，因此现在广泛使用的磁盘设备主要是指硬盘。

硬盘的作用是长期保存计算机中的所有数据和程序，包括计算机的操作系统文件、应用程序和用户文件等，被看作是计算机系统的数据仓库。硬盘还支持系统对大量数据的快速存取操作。

硬盘在使用之前，必须进行相关的初始化操作，主要包括分区和格式化操作，分区操作是指按照实际需要，将硬盘的存储空间从逻辑上划分为一个或多个独立的逻辑空间（在 Windows 中被称为逻辑磁盘或逻辑驱动器）；格式化操作是指在划分好的逻辑磁盘上建立文件系统，并创建根目录，也就是在每个逻辑磁盘上建立实现文件管理的数据结构和最顶层的根文件夹，以便在该逻辑磁盘中进一步创建或存储其他文件夹、子文件和文件。

任务 4.4 Windows 10 系统设置

【任务描述】

李强同学在公司人力资源部利用公共计算机办公时，发现可能会存在安全风险，因此他要创建自己的账户，并在自己的账户下管理这台计算机的程序和硬件资源。本任务旨在通过系统的学习和实践，熟练掌握创建用户账户、进行个性化设置、安装和卸载应用程序、添加和删除输入法、安装硬件、设置鼠标和键盘的方法。

【学习目标】

1. 了解软、硬件安装注意事项。
2. 了解键盘和鼠标设置。
3. 掌握中文输入法的添加、删除。
4. 掌握 Windows 10 中软件、硬件的卸载。
5. 掌握 Windows 10 应用程序的安装和卸载。

【知识准备】

4.4.1 控制面板

控制面板中几乎包含了所有关于 Windows 外观和工作方式的设置，用户可以对 Windows 进行设置，使其适合用户自己的使用偏好。在“开始”菜单的右侧列表中单击“Windows 系统”，在级联菜单中选择“控制面板”，打开“控制面板”窗口，如图 4-27 所示。控制面板的查看方式有多种：类别、大图标和小图标。用户可使用窗口右上角的下拉列表切换查看方式。

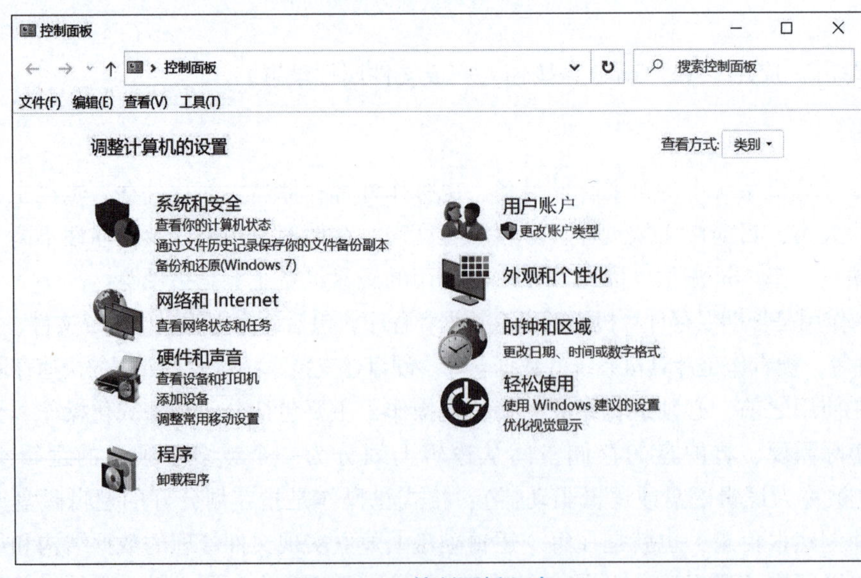

图 4-27 “控制面板”窗口

4.4.2 在 Windows 10 中安装软、硬件

1. 安装软件注意事项

用户在安装所需的软件之前，需要完成相关的准备工作，主要包括获取软件（这里指软件的安装程序）和查找软件的安装序列号等。

（1）获取软件的途径

获取软件的途径主要包括以下几种方式：

①从软件销售商处购买：用户可以从当地电脑商城的光盘软件销售商处咨询并购买。

②从软件厂商处购买：用户可以访问软件厂商的官方网站，通过在线购买的方式来获取相关软件（其中有些软件是免费的）。软件厂商一般会通过在线下载或邮寄软件安装光盘的方式向购买者提供软件。

③通过互联网下载：很多软件（免费版或试用版）在互联网上都可以找到为其提供免费下载资源的网站，用户可通过互联网访问该类网站来下载所需的软件。

④购买软件类书籍时获得赠送：某些软件类书籍在销售时会随书赠送该类软件试用版或简化版的安装光盘。

（2）查找安装序列号

软件的安装序列号又叫注册码，是安装软件时必须提供的重要信息（有一些免费软件或试用版软件，在安装时可能不需要输入安装序列号），很多软件商都将安装序列号印刷在安装光盘的包装封面上，用户可以通过阅读安装光盘的包装来获取安装序列号。

对于从网上下载的一些工具软件和免费软件，在安装之前可以查看安装程序文件夹中的名为“SN”“README”或“序列号”等名称的文本文件，该类文件提供了软件的安装序列号、软件的安装方法等信息。

2. 安装硬件注意事项

在计算机系统中，安装一个新的硬件，通常包括三个步骤：将新硬件正确地连接到计算机上；为该硬件安装适当的设备驱动程序；配置该硬件的属性和相关设置。

就硬件设备安装的简易性而言，可以将硬件设备粗略地分为两类：即插即用型和非即插即用型。其中，非即插即用型的硬件设备需要用户为其手动安装设备驱动程序和进行配置；而即插即用型的硬件设备在正确地接入计算机后，计算机系统能够自动识别该设备，并为其安装设备驱动程序和进行相关的配置，无须人工干预。

4.4.3 Windows 10 中文输入法

中文输入法根据输入所采用的硬件设备和相关技术的不同，可分为键盘输入、语音输入、扫描输入和手写输入四种类型。其中，中文键盘输入法是目前技术最成熟，使用最广泛的中文输入方法，是指用户通过计算机的标准键盘，根据一定的编码规则来输入汉字的一种方法。中文键盘输入法根据编码规则的不同，可分为以下四大类：

1. 音码

音码是以汉语拼音为基础，利用汉字的读音特性进行编码。例如，全拼和双拼输入法就是音码。音码使用较容易，无须专门学习。其缺点是单字编码重码率高（同音字多），汉字录入速度慢，此外，对于不认识或发音不准的汉字无法输入。

2. 形码

形码是利用汉字的字形特征进行编码。例如，五笔字型和郑码输入法就是形码。形码克服了音码重码率高，输入速度慢的缺点，比较适合专业人员使用。但是，形码的熟练使用需要进行专门的学习和记忆。

3. 音形码

音形码利用汉字的语音特征和汉字的字形特征进行编码。例如，智能 ABC 和自然码输入法就是音形码。音形码利用了音码和形码各自的优点，兼顾了汉字的音和形，以音为主，以形为辅。音形码减少了编码中需要记忆的部分，提高了输入效率，容易学习和掌握。

4. 序号码

序号码是利用汉字的国标码作为输入码，以 4 位数字对应一个汉字或符号。例如，区位输入法就是序号码。序号码一般很少使用，因为其编码不直观，很难记忆，其优点是无重码。

4.4.4 鼠标和键盘

1. 鼠标

鼠标是计算机最常见的输入设备之一，也是计算机显示系统纵、横坐标定位的指示器，通过鼠标可以方便、准确地移动计算机屏幕上的光标进行定位。鼠标的基本操作有：

1）指向：将鼠标指针移动到屏幕的某一对象上。

2）单击：将鼠标指针指向某一对象，然后按一下鼠标左键，通常用于选定一个项目。

3）双击：将鼠标指针指向某一对象，然后快速按两下鼠标左键，通常用于启动一个项目，如启动一个应用程序或者打开一个文件夹或文件等。

4）右击：将鼠标指针指向某一对象，然后按一下鼠标右键，通常用于调用所选定对象的快捷菜单。

5）拖动：将鼠标指针指向某一对象，单击并按住鼠标左键，将该对象移动到所需的位置，然后放开鼠标左键，用于将选定的对象移动位置。

6）移动：没有按键动作，仅移动鼠标，使鼠标指针在屏幕上随之移动。

2. 键盘

键盘是计算机最主要的输入设备之一。它广泛应用于微型计算机和各种终端设备上，计算机用户可通过键盘向计算机输入各种指令、数据，指挥计算机的工作。在 Windows 10 中，系统还为键盘定义了许多快捷键。用户利用快捷键可以完成窗口的切换、菜单操作、对话框操作以及应用程序的启动等工作。Windows 10 中一些常见的快捷键如表 4-8 所示。

表 4-8　常见的快捷键

快捷键	功能	快捷键	功能
Alt+Space	打开控制菜单	Ctrl+Esc	打开“开始”菜单
Alt+Esc	切换到上一个应用程序	Ctrl+Space	中英文输入法切换
Alt+F4	关闭当前窗口	Ctrl+ Shift	各种输入法之间切换
Shift+Space	半角/全角切换	Print Screen	系统屏幕截图，将屏幕画面存入剪切板
Ctrl+.	中英文标点切换	Ctrl+A	全选
Ctrl+Z	撤消	Ctrl+X	剪切
Ctrl+ C	复制	Ctrl+V	粘贴
Ctrl+Alt+Delete	长时间不响应结束任务	Win+R	启动运行对话框
F1	帮助	F2	重命名
F3	搜索	F4	实现相对引用与绝对引用的切换
F5	刷新	F11	将当前窗口切换到全屏模式

【任务实现】

Windows 中系统设置的基本操作如下：

1. 创建本地用户账户

（1）选择“开始”按钮，单击“设置”命令，在弹出的“设置”对话框中单击“账户”命令，在左侧列表中单击“家庭和其他用户”选项，如图 4-28 所示。

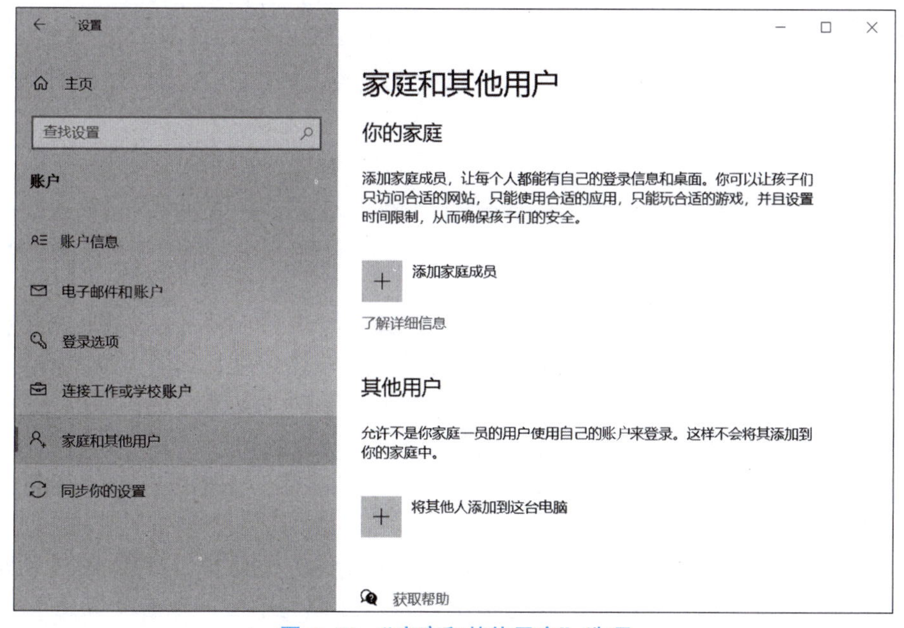

图 4-28　“家庭和其他用户”选项

（2）单击“将其他人添加到这台电脑”按钮。

（3）单击“我没有此人的登录信息”按钮，然后在下一页单击“添加一个没有 Microsoft 账户的用户”按钮。

（4）输入用户名、密码和密码提示，或选择安全问题，然后单击“下一步”按钮，完成操作。

（5）如果需要，可以把本地用户更改为管理员。选择本地用户，然后单击“更改账户类型”按钮，在“账户类型”下拉列表中，选择“管理员”选项，单击“确定”按钮，使用新管理员账户登录。

软件安装

使用控制面板删除软件

2. 安装和卸载应用程序

在系统中安装所需的软件 Adobe PhotoShop CS6（试用版）官方简体中文，采用默认的安装位置，并为其在桌面和快速启动工具栏中创建快捷方式。

（1）运行 Adobe PhotoShop CS6 官方简体中文（试用版）的安装程序，启动该软件的安装向导，首先进入初始化安装界面，初始化的过程是检查系统配置文件的过程，初始化后进入欢迎界面，如图 4-29 所示。

（2）单击“试用”按钮，进入“Adobe 软件许可协议”界面，如图 4-30 所示。

图 4-29 “欢迎”界面

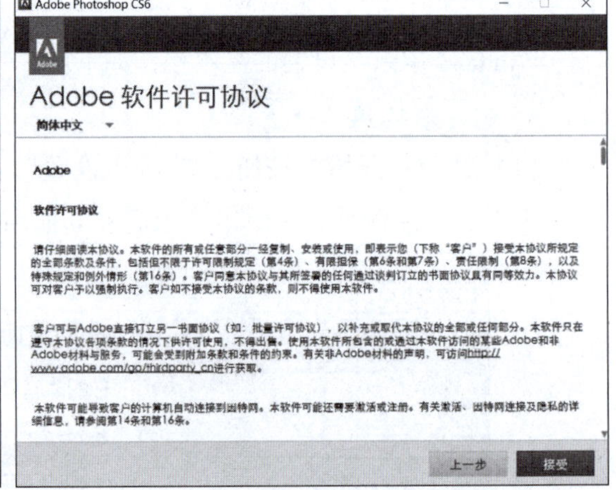

图 4-30 “Adobe 软件许可协议”界面

（3）单击“接受”按钮，表示接受该协议，进入“选项”对话框，如图 4-31 所示。

（4）单击“安装”按钮进行软件安装，系统会提示安装进度，如图 4-32 所示。

（5）安装完毕后，即可出现提示安装完成对话框，单击“关闭”按钮即可。

用户如果不需要使用该软件，可以通过控制面板进行卸载。

（1）打开“控制面板”窗口，在窗口中选择“卸载程序”图标，打开“卸载或更改程序”对话框，如图 4-33 所示。

（2）单击窗口中的“卸载”按钮，则弹出“卸载选项”对话框，如图 4-34 所示。

（3）单击“卸载”按钮，弹出卸载进度对话框，卸载完毕后，单击“关闭”按钮即可卸载此程序。

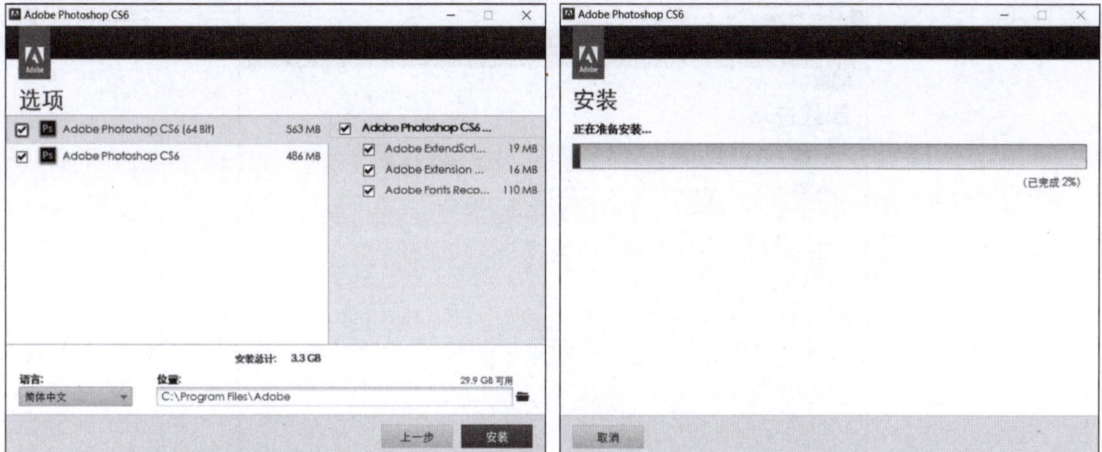

图 4-31 “选项”对话框　　图 4-32 安装进度对话框

图 4-33 “卸载或更改程序”对话框

3. 更新硬件的驱动程序

在计算机使用过程中，用户可以根据实际需要，使用“设备管理器”对已安装的硬件设备的驱动程序进行更新。

（1）右击“开始”按钮，单击“设备管理器”命令，打开“设备管理器”对话框，如图 4-35 所示。

（2）在“设备管理器”对话框中，列出了系统中安装的所有硬件设备，在设备列表中右击要更新驱动程序的设备驱动器（以键盘为例），在弹出的快捷菜单中单击“更新驱动程序”命令，如图 4-36 所示。

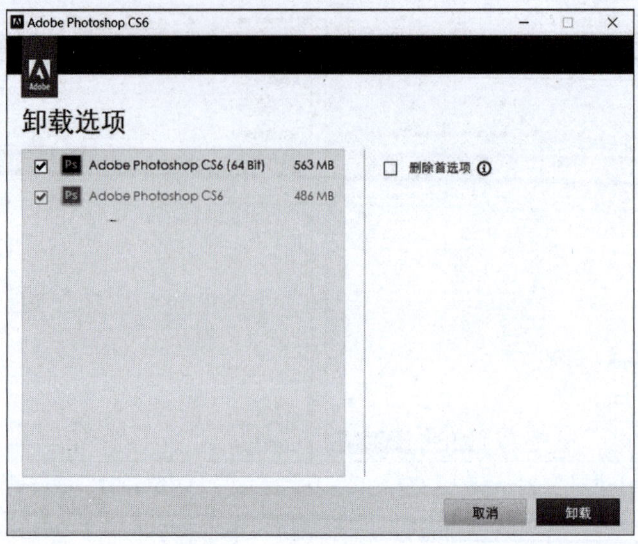

图 4-34 “卸载选项”对话框

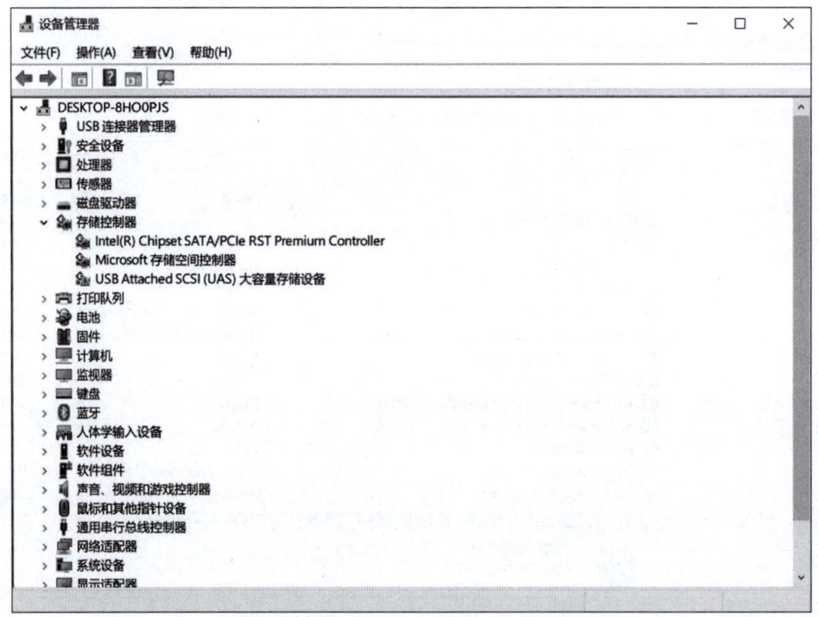

图 4-35 “设备管理器”对话框

（3）系统弹出“更新驱动程序软件”对话框，在窗口中选择“自动搜索更新的驱动程序软件”选项，更新完成。

4. 添加删除中文输入法

中文版 Windows 10 系统在安装时，已经为用户预装了微软拼音中文输入法。用户可根据需要添加 Windows 10 内置的其他输入法。

（1）右击语言栏中的输入法图标，弹出快捷菜单，如图 4-37 所示。

添加 Windows 10 内置的中文输入法

删除中文输入法

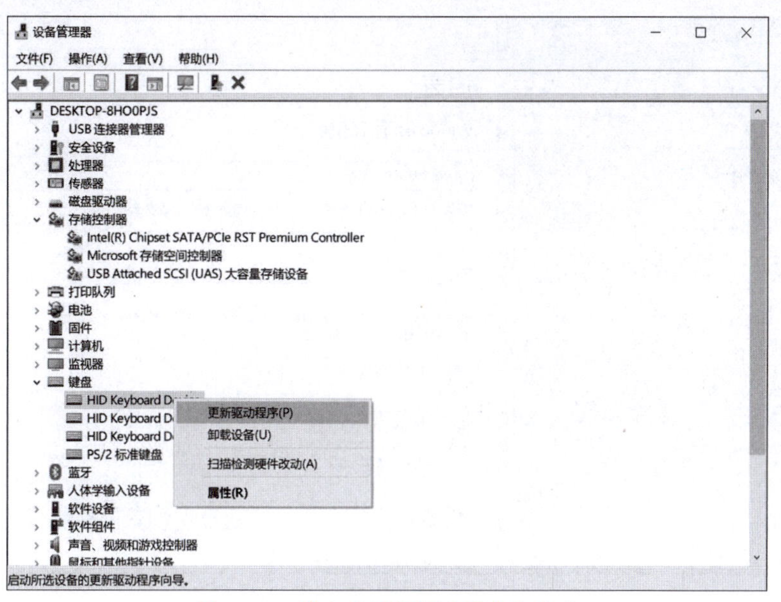

图 4-36　单击“更新驱动程序”命令

(2) 在快捷菜单中单击“设置”命令，弹出语言设置界面，可以看到右边窗口添加的语言，当前使用的是中文，如图 4-38 所示。

(3) 单击“中文（中华人民共和国)”，出现“选项”按钮，如图 4-39 所示。

(4) 单击“选项”按钮出现“语言选项”设置界面，可以对安装的语言进行一些设置，如图 4-40 所示。

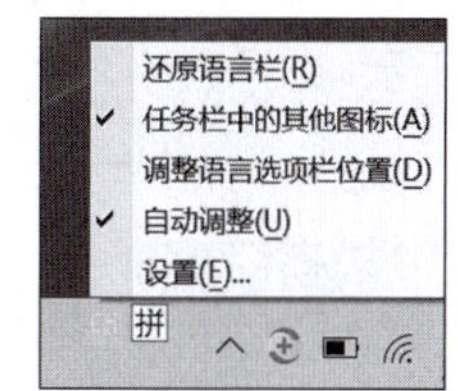

图 4-37　“语言栏”的快捷菜单

图 4-38　语言设置界面

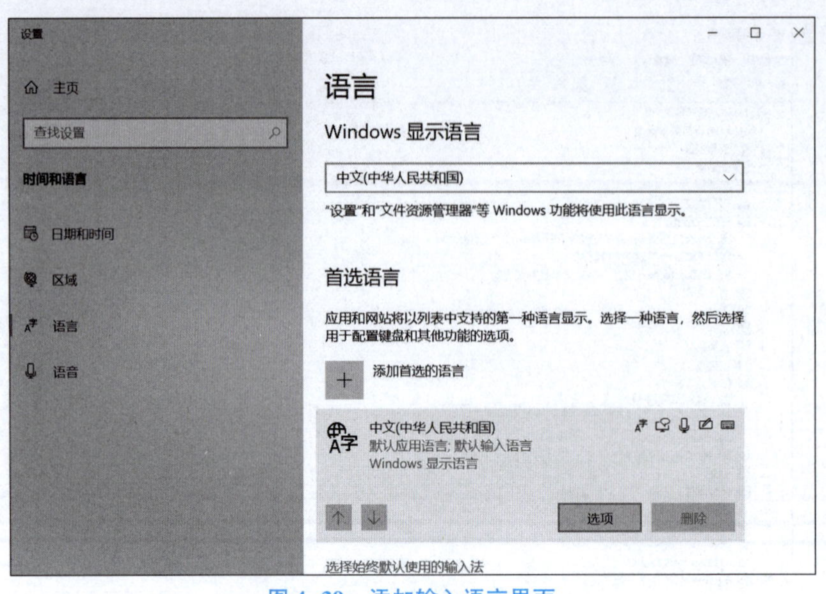

图 4-39　添加输入语言界面

(5) 在“键盘”下面，单击加号“+”可以选择要添加的输入法“中文（简体）”，如图 4-41 所示。

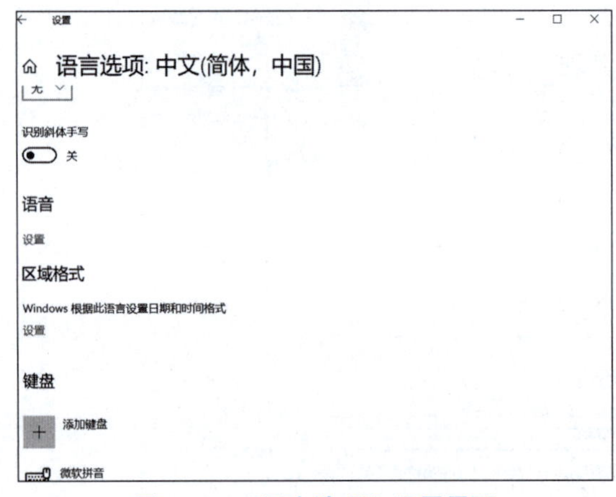

图 4-40　“语言选项”设置界面

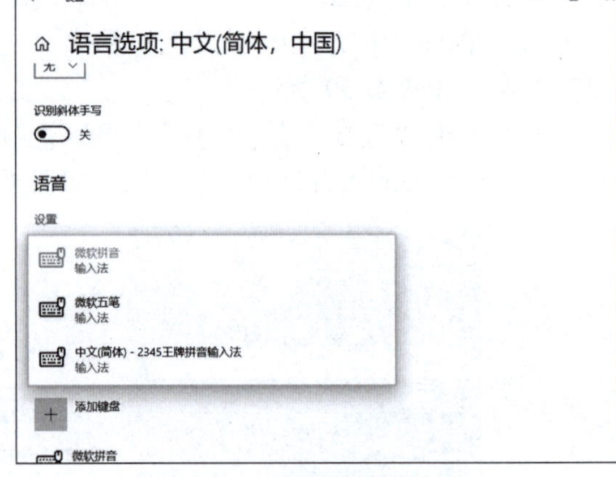

图 4-41　添加语言界面

用户也可根据需要删除不需要的中文输入法。

(1) 右击语言栏中的输入法图标，弹出快捷菜单，如图 4-37 所示。

(2) 在快捷菜单中单击“设置”命令，弹出语言设置界面，可以看到右边窗口添加的语言，当前使用的是中文。

(3) 单击“选项”按钮出现“语言选项”设置界面，在“键盘”下方，单击已安装的输入法“中文（简体）”，会出现“删除”按钮，单击该按钮即可将中文输入法从语言栏中删除，如图 4-42 所示。

5. 设置鼠标和键盘

(1) 在桌面空白处右击，在弹出的快捷菜单中单击“个性化”命令，在弹出的窗口中，找到并单击“主题”选项，单击页面右边的“鼠标光标”按钮，弹出“鼠标 属性”对话框，如图4-43所示。该对话框中主要包括“鼠标键”“指针”“指针选项”“滑轮”和“硬件”等选项卡，用户可根据需要选择相应的选项卡，对其中的设置项目进行设定。

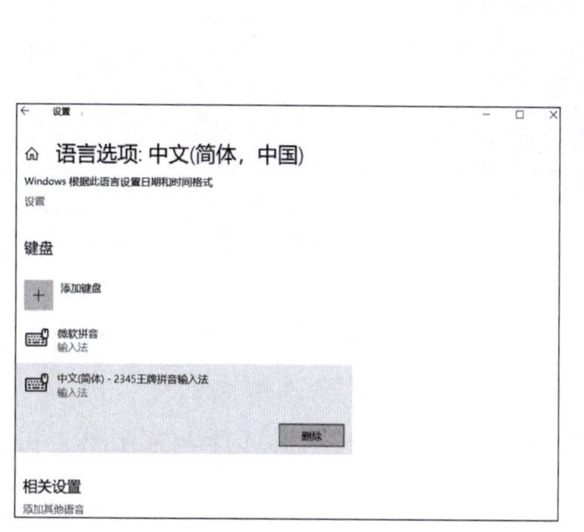

图4-42　删除输入法界面

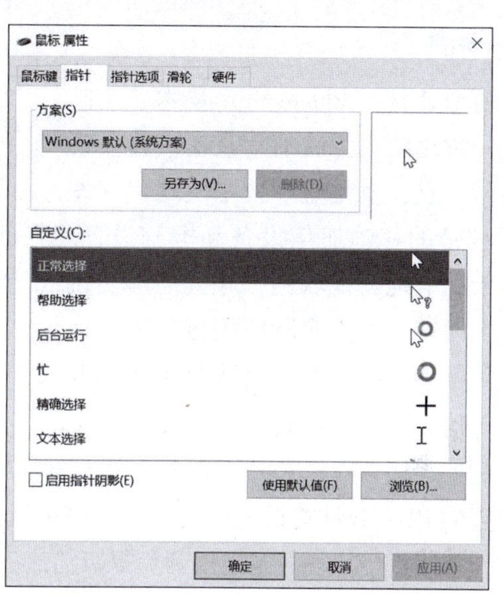

图4-43　“鼠标 属性”对话框

(2) 右击“开始”按钮，单击“设置”命令，在弹出的“设置”对话框中单击“主页”命令；单击“轻松使用”按钮，在左侧列表中选择“键盘”选项，如图4-44所示，在右侧列表“键盘”设置中就可以根据需要进行设置了。

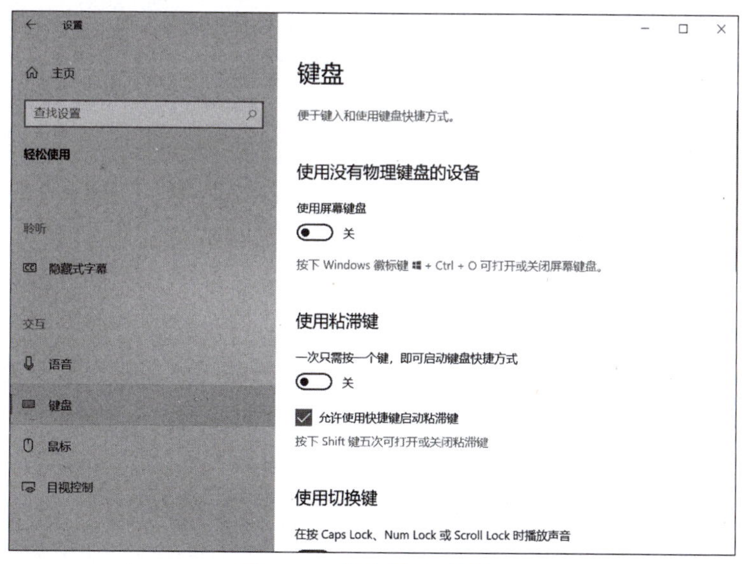

图4-44　键盘属性对话框

（3）如果需要进行高级键盘设置，可以滑动右侧面板的滚动条，找到“键入设置”选项，单击进入，在左侧列表中单击“输入”选项，滑动右侧面板的滚动条找到“高级键盘设置”，单击进入，用户可以根据需要进行设置，如图 4-45 所示。

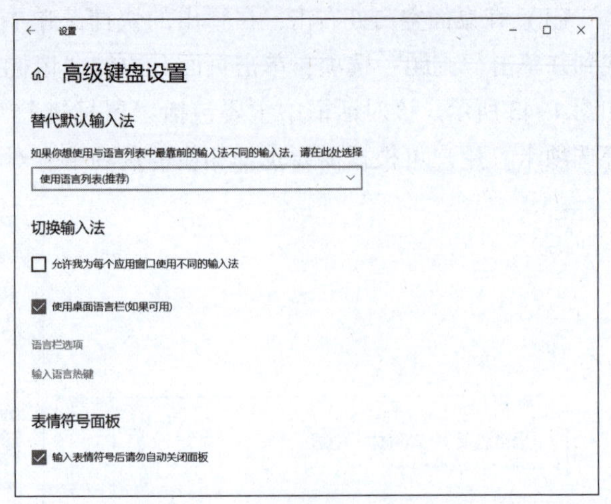

图 4-45 “高级键盘设置”对话框

【知识拓展】

所谓蓝牙（Bluetooth）技术，实际上是一种短距离无线通信技术。蓝牙说得通俗一点，就是蓝牙技术使现代一些轻易携带的移动通信设备和电脑设备，不必借助电缆就能联网，并且能够实现无线上因特网，其实际应用范围还可以拓展到各种家电产品、消费电子产品和汽车等信息家电，组成一个巨大的无线通信网络。蓝牙用于在不同的设备之间进行无线连接，例如连接计算机和外围设备，如打印机、键盘等，又或让个人数码助理（PDA）与其他附近的 PDA 或计算机进行通信。目前市面上具备蓝牙技术的手机选择非常丰富，可以连接到计算机、PDA，甚至连接到免提听筒。

小结

本模块主要介绍了 Windows 10 的核心操作，包括桌面管理、窗口菜单操作、文件/文件夹管理以及系统设置。通过任务实践，我们掌握了如何高效利用 Windows 10 界面，优化工作环境，提升文件处理效率，并学会了根据个人需求调整系统设置。这些技能为日常使用 Windows 10 提供了便捷，也为后续深入学习操作系统打下了坚实基础。

练习与思考

1. 在 Windows 中，最大化窗口的方法是（选择两项）（　　）。

A. 单击最大化按钮　　B. 双击标题栏

C. 单击还原按钮　　D. 拖曳窗口至屏幕左侧

2. 当执行 Windows 的个人计算机出现死机，没有响应，但您却有尚未存盘的数据，较适合的选择有（选择两项）（　　）。

A. 直接拔除电源

B. 重复按下“Num Lock”键或“Caps Lock”键，查看键盘上的 LED 灯，看看是否一亮一灭，以确认键盘可作用

C. 按下“Reset”键，执行热启动

D. 若键盘有作用，则尝试调出“任务管理器”，结束没有响应的程序

3. 当可能存在风险的软件试图在计算机上自行安装或运行时，Windows Defender 会发出警报，根据警报等级，可以选择的操作包括（请选择三项）（　　）。

A. 隔离　　B. 卸载　　C. 删除

D. 允许　　E. 上传

4. 请将下列程序类型与其说明对应。

系统软件	维护计算机效能，如备份与还原、防病毒软件或程序设计工具
操作系统	用来执行某些任务、处理数据和生成有用结果的程序，如选课系统
公用程序（Utility）	用于在计算机上管理计算机资源
应用软件	提供操作接口、安装执行程序的环境、文件磁盘与系统安全管理

5. Windows 7 发展到 Windows 10 的虚拟键盘有着革命性的变化，下列键盘不被 Windows 10 桌面版所接纳的是（　　）。

A. 人体工程学键盘　　B. T9 键盘

C. QWERT 键盘　　D. 手写键盘

6. 在中文 Windows 中，将日期格式设置为“yyyy-MM-dd”，则日期 2024 年 9 月 1 日显示为（　　）。

A. 2024-9-1　　B. 2024-09-01　　C. 24-09-01　　D. 24-9-1

7. 当计算机插入 U 盘时，计算机会检测磁盘是否有错误，当磁盘错误，下面不会发生的提示是（　　）。

A. 磁盘正常显示　　B. 提示磁盘待修复

C. 磁盘不显示　　D. 提示需接入高速端口

8. 任务栏使正在运行的窗口能够被快速访问，下列说法正确的是（　　）。

A. 任务栏不能被更换位置

B. 托盘项目自 Windows Vista 开始不再能被铺开

C. 正在运行的窗口不一定都在任务栏中有显示

D. 快速访问图标会主动为正在运行的窗口图标让位

模块 5

程序设计基础

【主要内容】

1. 程序和程序设计语言
2. 算法设计
3. C 语言程序设计基础

任务 5.1 程序和程序设计语言

【任务描述】

李强同学作为一名大一新生，深知当今是数字化时代，程序设计已成为连接现实世界与数字世界的桥梁，它赋予了我们创造、分析和解决问题的强大能力。无论是开发软件应用还是进行科学研究，程序设计都扮演着不可或缺的角色。因此，掌握程序设计基础对于李强来说至关重要。本任务旨在通过一系列讲解，帮助李强从零开始，逐步掌握程序设计基础知识，并熟练掌握开发环境的安装与使用，为后续深入学习打下坚实的基础。

【学习目标】

1. 了解程序设计的相关概念。
2. 了解程序设计语言的发展史。
3. 掌握程序设计语言处理系统执行过程。
4. 掌握开发环境的安装与使用。

【知识准备】

5.1.1 程序设计的相关概念

1. 程序的概念

程序是计算机可以执行的一个为解决特定问题，用某种计算机语言编写的语句（指令）序列。程序主要由数据结构和算法构成，其中指令是一系列命令或代码，而数据则是程序操作的对象。

2. 程序设计的概念

程序设计是给出解决特定问题程序的过程，是软件构造活动中的重要组成部分。程序设计往往以某种程序设计语言为工具，给出这种语言下的程序。程序设计过程应当包括分析、设计、编码、测试、排错等不同阶段。

5.1.2 程序设计语言

1. 程序设计语言的概念

程序设计语言，即编程语言，它提供了一套规则和结构，帮助程序员编写和组织代码，以便计算机能够理解和执行。一种程序设计语言一般包括关键字、运算符、变量、表达式、函数和控制结构等。

2. 程序设计语言的发展史

程序设计语言是人与计算机进行信息交流的工具。伴随着计算机技术的进步，程序设计语言的发展经历了从机器语言、汇编语言到高级语言的历程。

（1）机器语言

一种 CPU 的指令系统，也称该 CPU 的机器语言，它是特定的 CPU 可以识别的一组由 0 和 1 序列构成的指令码。不同型号的 CPU 有不同的指令系统，也就有不同的机器语言。下面是某 CPU 的指令系统中的两条指令：

10000000 01000001 01000010　A+B

10010000 01000001 01000010　A-B

用这样的指令组成指令序列，来完成某一功能，就构成了机器语言程序。这种机器语言不仅程序序列长、指令难以记忆和理解，而且程序生产效率低，只适合于少数专业人员。

（2）汇编语言

用一些“助记符”来代替“机器指令”以帮助理解和记忆。如前面的两条机器指令用助记符表示为：

ADD A，B

SUB A，B

这种用助记符描述的指令系统，称为符号语言或汇编语言。由于汇编语言已不是机器语言，所以汇编语言编写的程序机器不能直接识别、理解和执行，要经过翻译，成为机器语言程序方可执行。经翻译后得到的程序称为目标程序（object program），而翻译前的程序，称为源程序（source program）。完成翻译工作的程序，称为汇编程序。

（3）高级语言

机器语言和汇编语言都是面向机器的低级语言，只适用于少数专业人员学习，这给计算机的推广普及造成了很大障碍，于是又产生了高级语言。高级语言的语法接近于自然语言，易于理解和掌握。高级语言由于已脱离了对机器的信赖，用其编写的程序可移植性好。高级语言又分为面向过程的语言和面向对象的语言。面向对象的语言比面向过程的语言更清晰、易懂，更适宜编写大规模的程序，正在成为当代程序设计的主流。

【任务实现】

高级语言经过多年的发展，有上千种之多。其中 C 语言诞生于 1972 年，有许多其他语言所没有的特点，使 C 语言应用非常广泛。适合 C 语言开发环境很多，如 TurboC、Visual Studio、Dev C++、Xcode 等。本任务以 Dev C++为例。

1. 安装 Dev C++

（1）到 Dev C++官方网站，下载 Dev C++。双击 Dev Cpp. exe 文件，启动安装向导，选择默认语言，单击“OK”按钮，如图 5-1 所示。

安装 Dev C++

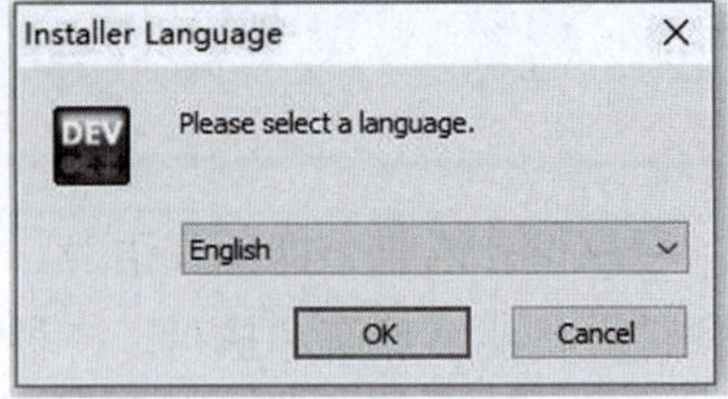

图 5-1 “选择语言”窗口

（2）阅读许可证协议，然后单击“I Agree”按钮，如图 5-2 所示。

（3）选择组件，可以根据自己的需要进行选择，但建议保持默认设置，然后单击“Next”按钮，如图 5-3 所示。

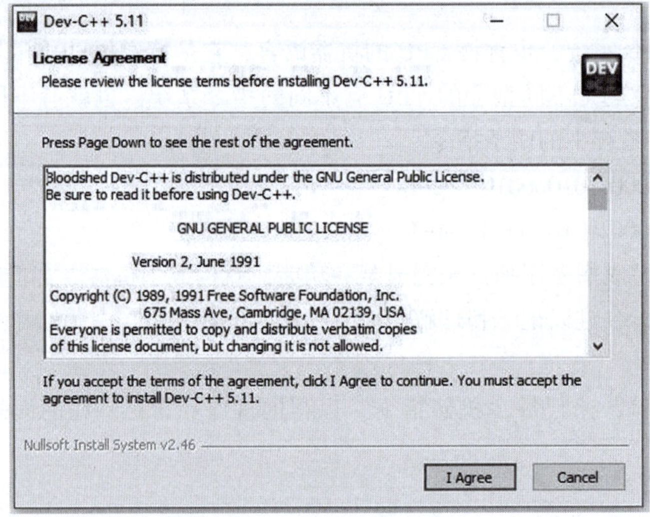

图 5-2 “许可证协议”窗口

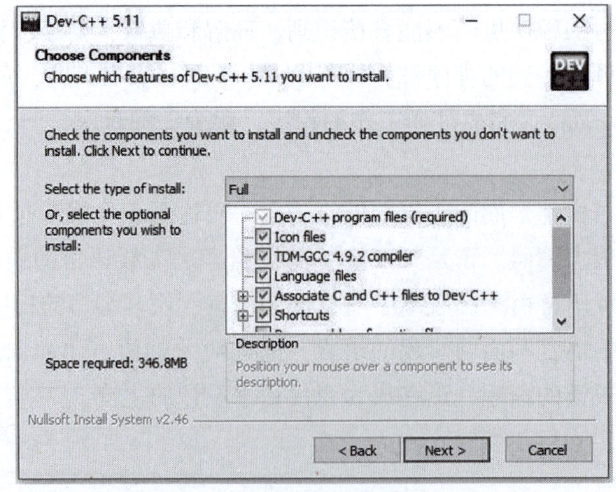

图 5-3 “选择组件”窗口

（4）选择安装目标文件夹，单击“Install”按钮，如图 5-4 所示。

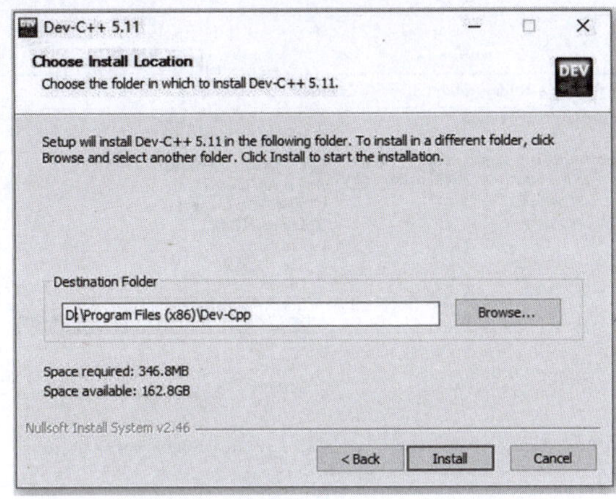

图 5-4　“选择安装位置”窗口

（5）等待安装程序完成 Dev C++的安装，如图 5-5 所示。

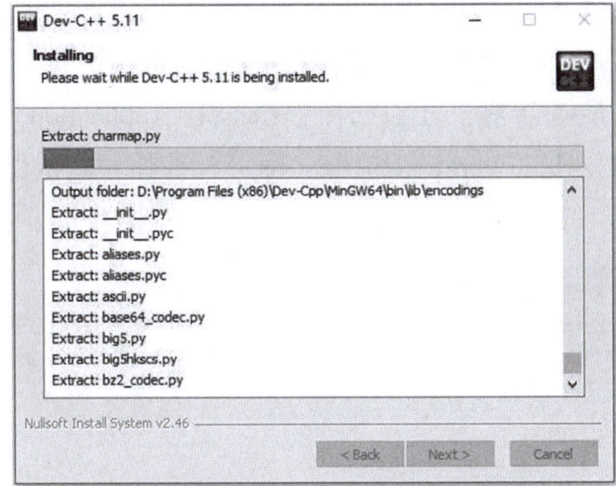

图 5-5　“正在安装”窗口

（6）安装完成后，单击“Finish”按钮退出安装向导，如图 5-6 所示。

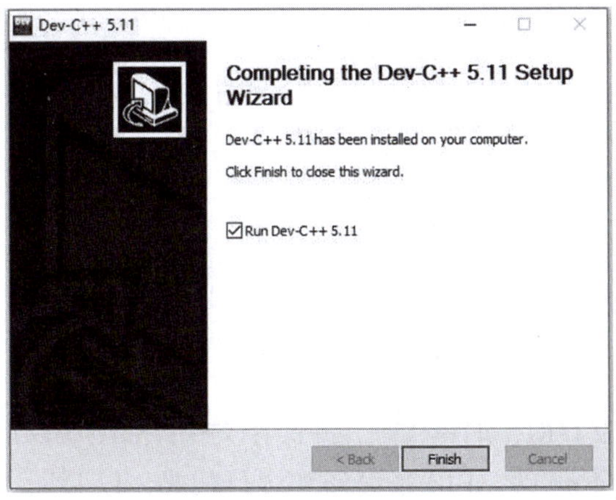

图 5-6　“安装完成”窗口

（7）双击桌面上的 Dev C++的快捷方式，第一次启动需要进行语言、字体和颜色等设置，如图 5-7 所示。

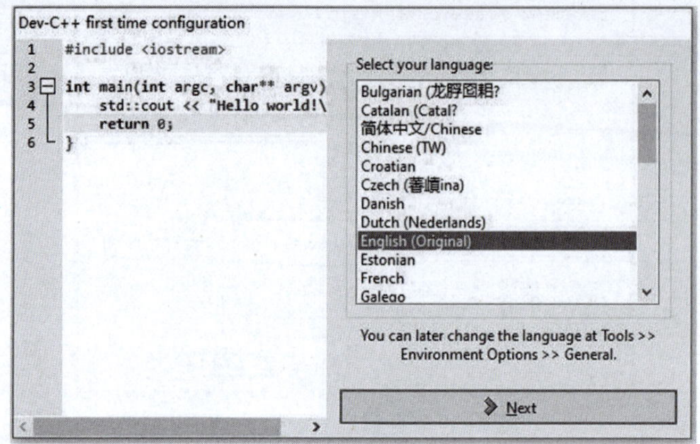

图 5-7 “参数设置”窗口

2. 创建第一个应用程序 HelloWorld

（1）配置完成后，进入 Dev C++，在菜单栏中选择“文件”→“新建”→“项目”，弹出“新项目”对话框，分别选择“Console Application”和“C 项目”，项目名称更改为“HelloWorld”，单击“确定”按钮，默认保存的路径，如图 5-8 所示。

创建第一个应用程序 HelloWorld

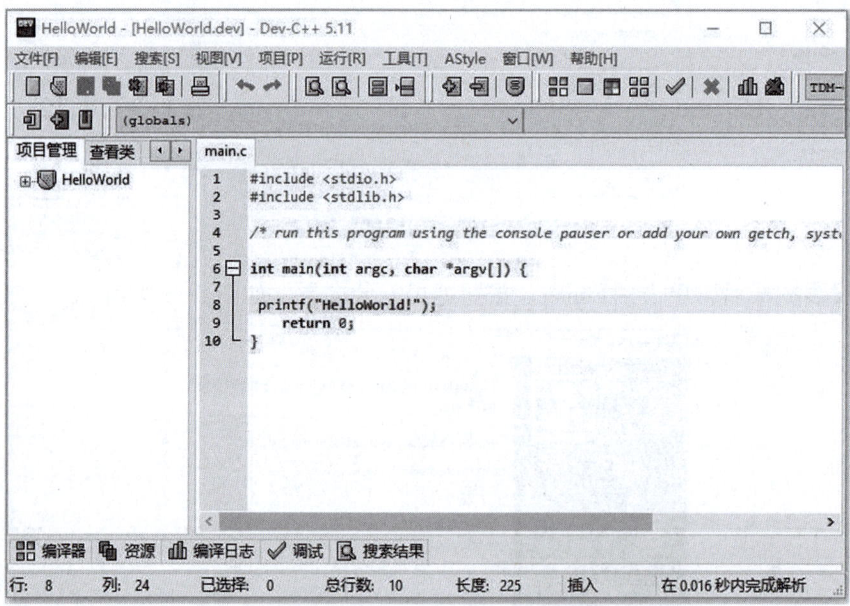

图 5-8 “新项目”窗口

（2）在 Dev C++开发界面，编写代码，并保存文件，如图 5-9 所示。

（3）使用菜单或快捷键 F9、F10 来编译和运行代码，以验证它的正确性，如图 5-10 所示。

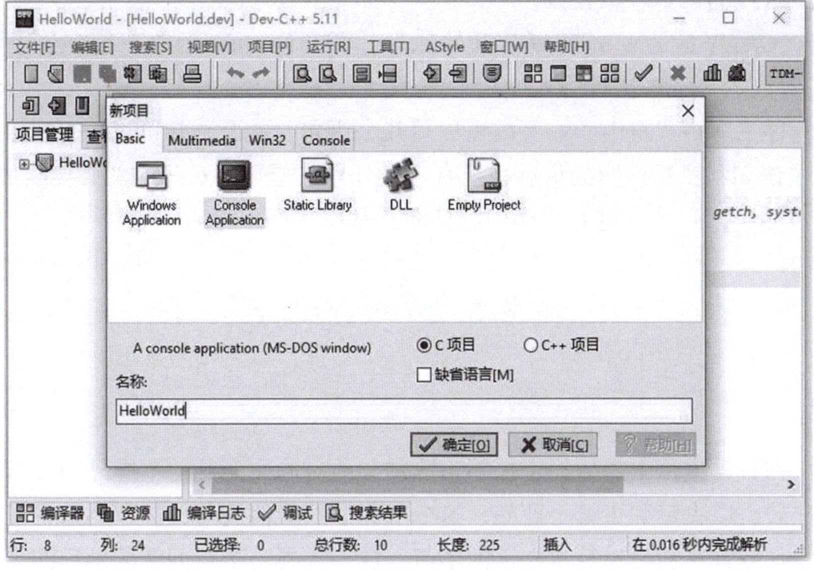

图 5-9　编写代码”窗口

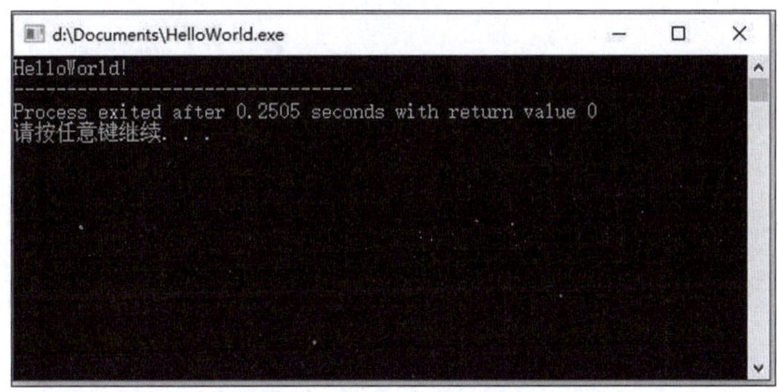

图 5-10　“运行结果”窗口

【知识拓展】

C 程序的组成根据图 5-8 代码分析，可以总结如下：

（1）C 程序是由函数构成的。一个 C 源程序至少包含一个函数（main 函数），也可以包含一个 main 函数和若干个其他函数。因此，函数是 C 程序的基本单位。

（2）一个函数由两部分组成：

①函数的声明部分。如：main 函数的声明部分为：

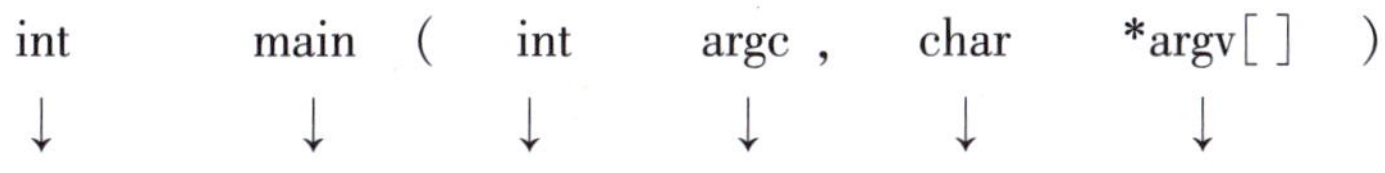

函数类型　函数名　形参类型　形参　形参类型　形参

一个函数名后面必须跟一对圆括弧，函数可以没有参数，如 main( )，但圆括号不能省略。

②函数体。即函数声明部分下面的花括弧{ }内的部分。如果一个函数内有多个花括弧，

则最外层的一对{}为函数体的范围。

（3）一个C程序总是从main函数开始执行，而不论main函数在整个程序中的位置如何，即main函数是C程序执行的入口。

（4）C程序书写格式自由，一行内可以写几个语句，一个语句可以分写在多行上。

（5）每个语句和变量声明的最后必须有一个分号。分号是C语句的必要组成部分。

（6）可以用/＊……＊/对C程序中的任何部分作注释。

任务5.2 算法设计

【任务描述】

李强同学在日常生活中需要经常去超市购物，面对同类商品的不同品牌和价格，常常需要进行价格比较，以决定购买哪个商品。这个过程虽然看似简单，但背后蕴含了排序算法的基本思想。本任务旨在通过对算法知识的学习，进一步提升李强同学的编程能力、问题解决能力和创新思维，为将来在计算机科学领域的深入学习和职业发展打下坚实的基础。

【学习目标】

1. 了解算法的概念、特征和表示方法。
2. 掌握用流程图描述算法的方法。
3. 掌握算法设计的基本方法。

算法

【知识准备】

5.2.1 算法的概念

算法是对某个问题求解步骤的一种描述。通俗地说，算法就是用计算机求解某个问题的方法，能被机械地执行的动作或指令的有穷集合。

5.2.2 算法的特征

一个算法是为解决某一特定类型的问题而制定的一个实现过程，例如，盖楼之前要先在图纸上绘出其构造图，算法就是在编写程序前先整理出的基本思路。它具有下列特征：

1. 有穷性

有穷性是指算法必须在有限个步骤之后结束，且每一步都可在有限时间内完成。

2. 确定性

确定性是指算法中的每一步骤都必须有明确的定义，不允许存在二义性。

3. 输入

输入是指算法有零个或多个输入，这些输入是在算法开始之前给出的，它们取自于某个特定的对象集合。

4. 输出

输出是指算法至少有一个输出，这些输出是同输入有着某种特定关系的量。

5. 可行性

可行性是指算法中描述的操作都是可以通过已经实现的基本运算执行有限次来实现的。

5.2.3 算法的表示

一个算法有多种表述方式，常见的有自然语言、流程图和 N-S 图。

1. 自然语言

自然语言就是人们日常使用的语言，可以是汉语或英语或其他语言。用自然语言表示通俗易懂，但文字冗长，容易出现“歧义性”。自然语言表示的含义往往不大严格，要根据上下文才能判断其正确含义。因此，除了简单的问题外，一般不建议使用自然语言描述算法。

2. 流程图

流程图是一种用图形表示算法的方法，它通过一系列的图框、线条和符号更加直观地来展示算法的执行流程和逻辑结构。常见的流程图符号如表 5-1 所示。

表 5-1　常见的流程图符号

符号名称	图形	说明
起止框		表示算法的开始或结束
输入/输出框		表示算法的输入/输出操作
处理框		表示对框内的内容进行处理操作
判断框		表示对框内的条件进行判断操作
流程线		表示算法的执行操作
连接点		表示把具有两个相同标记的内容进行连接操作

3. N-S 图

N-S 图，也被称为盒图或 Nassi-Shneiderman 图，是一种用于表示程序结构的图形化工具。这种图表与传统的流程图相似，但 N-S 图通过去掉流程线，将所有算法写在一个矩形阵内，并在框内还可以包含其他框的形式，更加清晰地展示了程序的结构和逻辑。

【任务实现】

（1）用自然语言描述“从两个数中找出最小的数”算法。

步骤 1：输入两个数 a 和 b。

步骤 2：比较 a 和 b 的大小。

步骤 3：如果 a 小于等于 b，则 a 是最小的数；否则，b 是最小的数。

步骤 4：输出最小的数。

（2）用流程图描述“从两个数中找出最小的数”算法，如图 5-11 所示。

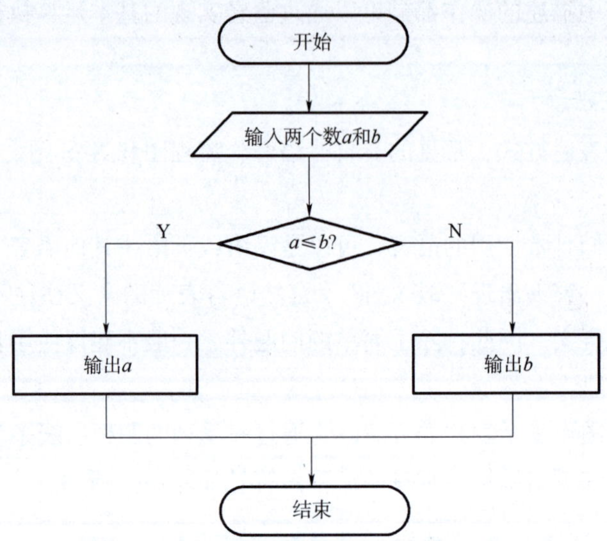

图 5-11　从两个数中找出最小的数流程图

（3）用 N-S 图描述“从两个数中找出最小的数”算法，如图 5-12 所示。

【知识拓展】

1966 年，Bohra 和 Jacopini 提出了顺序结构、选择结构和循环结构三种基本结构，用这三种基本结构作为描述一个良好算法的基本单元。

1. 顺序结构

顺序结构是程序设计中最简单的一种结构，它按照代码的顺序，从上到下依次执行，没有任何的跳转或者分支，如图 5-13 所示。

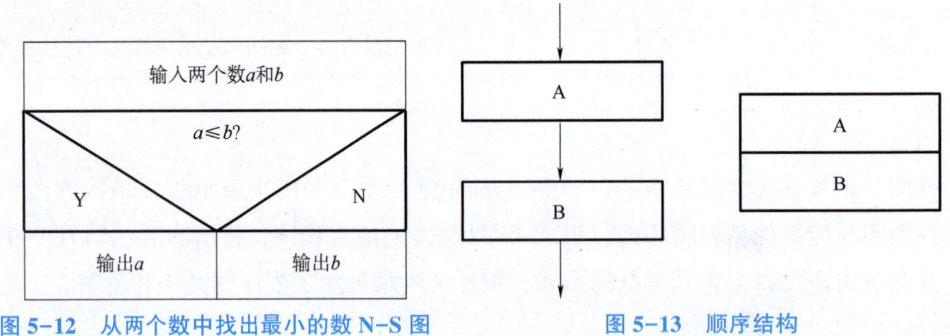

图 5-12　从两个数中找出最小的数 N-S 图　　图 5-13　顺序结构

2. 选择结构

选择结构是程序设计中用于根据给定条件判断并决定程序执行路径的一种结构。当条件 P 成立时执行程序段 A，当条件 P 不成立时执行程序段 B，如同 5-14 所示。

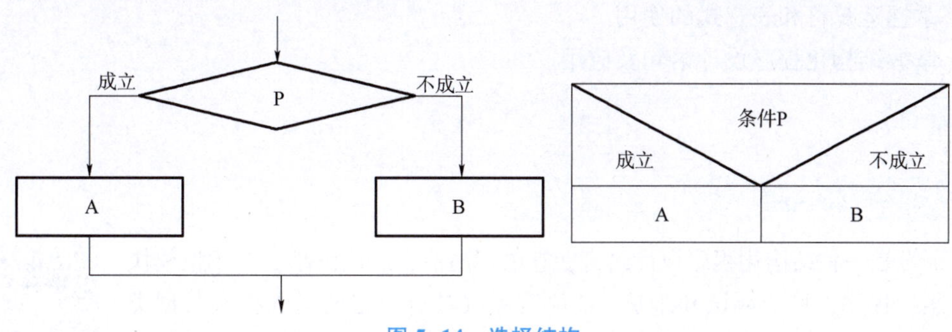

图 5-14　选择结构

3. 循环结构

循环结构是程序设计中用于重复执行一段代码直到满足特定条件为止的一种结构，分为当循环和直到循环两种。当循环是指当给定条件 P 成立时，重复执行程序段 A，直到条件 P 不成立时，退出循环，如图 5-15 所示。直到循环是指先执行程序段 A，然后判断给定条件是否成立。如果条件 P 不成立，则重复执行程序段 A；直到条件 P 成立，则退出循环，如图 5-16 所示。

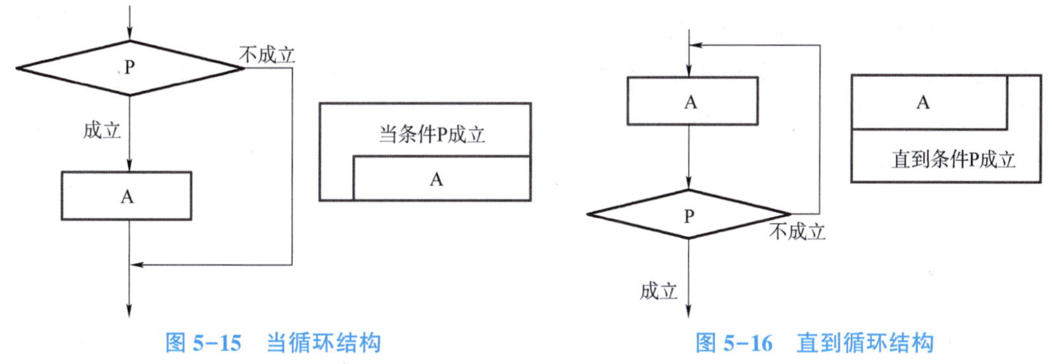

图 5-15　当循环结构　　图 5-16　直到循环结构

任务 5.3　C 语言程序设计基础

【任务描述】

李强同学平时除了学习，还是一名游戏爱好者。对李强来说，游戏不仅仅是娱乐，更是一种对技术和创新的热爱。他常常思考游戏背后的逻辑和机制，好奇那些令人着迷的游戏是如何被创造出来的？它们背后的技术原理是什么？于是，李强开始了他的编程学习之旅。本任务旨在从 C 语言基础语法开始，逐步深入到控制结构等核心知识。通过实践和案例分析，让同学们掌握 C 语言的编程技能，并能够运用所学知识解决实际问题。

【学习目标】

1. 了解 C 语言的特点。
2. 了解数据类型和常量、变量。

3. 掌握运算符和表达式的使用。
4. 掌握结构化程序设计语句及应用。

【知识准备】

5.3.1 C 语言的特点

C 语言是一种结构化程序设计语言，它语言简洁、层次清晰，便于按模块化方式组织程序，易于调试和维护。C 语言不仅具有丰富的运算符和数据类型，便于实现各类复杂的数据结构，还可以直接访问内存的物理地址，进行位（bit）一级的操作，实现对硬件的编程操作。因此，C 语言集高级语言和低级语言功能于一体，既可用于系统软件的开发，也适合于应用软件的开发。

数据类型及常量、变量

5.3.2 数据类型及常量、变量

1. 数据类型

C 语言提供了的丰富的数据类型，如图 5-17 所示。

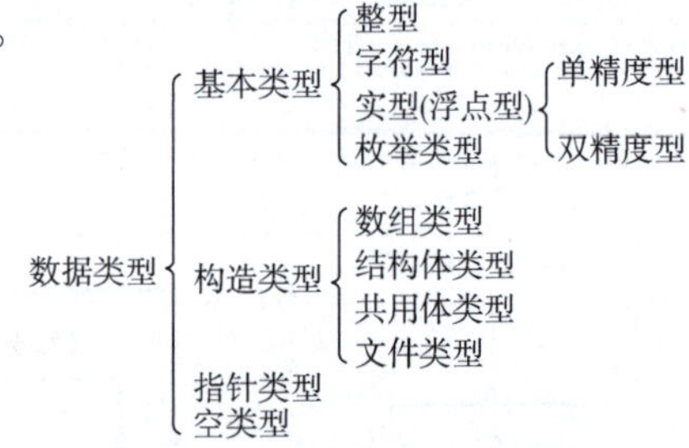

图 5-17　C 语言的数据类型

2. 标识符

C 语言规定标识符只能由字母、数字、下划线三种字符组成，且第一个字符必须为字母或下划线。

下面是合法的标识符：sum，class，day，month，student_name，_above

下面是不合法的标识符：M. Mick，＄123，#33，3A64，a<b

3. 常量

常量是指在程序运行过程中，其值不能改变的量。常量分为自然常量和符号常量，各自有不同的数据类型。

（1）自然常量

自然常量一般从其字面形式即可判别，如 55、0、-12 为整型常量，5. 8、-2. 67 为实型常量，'a'、'c' 为字符常量，其中的单引号为字符常量定界符。

（2）符号常量

一个标识符代表一个常量称为符号常量，它是用编译预处理命令#define 定义的标识符。

符号常量的应用示例：

```
#include <stdio. h>
#define PRICE 20
int main(int argc, char *argv[]) {
int num=50,total;
  total=num*PRICE;
printf("total=% d",total);    /*total=1000*/
  return 0;}
```

程序中用#define 命令定义了符号常量 PRICE，代表常量 20，此后凡在此文件中出现的 PRICE 都代表 20，可以和自然常量一样进行运算。习惯上，符号常量用大写。

4. 变量

变量是指其值可以改变的量。除关键字外，合法的标识符都可以用作变量名。C 语言规定，变量要“先定义，后使用”。习惯上，变量名用小写字母表示，以增加可读性。

变量的应用示例：

```
#include <stdio. h>
int main(int argc, char *argv[]) {
  int a=30;           /*定义整型变量 a 并赋值为 30*/
  a=a+20;
printf("a=% d",a);    /*a=50*/
  return 0;}
```

5.3.3 运算符和表达式

1. 算术运算符和算术表达式

运算符和表达式

C 语言的算术运算符包括+、−、＊、/、%、++和−−。其中++和−−是单目运算符，其他都是双目运算符。用算术运算符和圆括号将运算对象连接起来的、符合 C 语法规则的式子，称为算术表达式。其具体内容如表 5−2 所示。

表 5−2　算术运算符

运算符	名称	功能	示例	表达式值
+	加	求 a 与 b 的和	7+3	10
−	减	求 a 与 b 的差	7−3	4
＊	乘	求 a 与 b 的乘积	7＊3	21
/	除	求 a 与 b 的商	7/3	2
%	模（取余运算）	求 a 除以 b 的余数	7%3	1
++	自加	求整型变量 i，自身加 1	若 i=3，i++	3
−−	自减	求整型变量 i，自身减 1	若 i=3，−−i	2

2. 赋值运算符和赋值表达式

（1）赋值运算符

在 C 语言中，符号“=”称为赋值运算符，由赋值运算符组成的表达式称为赋值表达式。例如，表达式 y=x，其作用是将变量 x 的值赋给变量 y。需要注意的是，赋值运算符的左侧只能是变量，不能是常量或表达式。例如，x+y=z 或 19=a 都是不合法的赋值表达式。

（2）复合赋值运算符

在赋值符“=”之前加上其他二元（双目）运算符，可以构成复合赋值运算符，即+=、−=、＊=、/=、%=、<<=、>>=、&=、^=、| =。例如，x＊=y+8 等价于 x=x＊(y+8)。

3. 逗号运算符和逗号表达式

C 语言提供了一种特殊的运算符：逗号运算符，用它将两个表达式连接起来。

语法格式：表达式 1，表达式 2

执行过程：先求解表达式 1，再求解表达式 2。整个逗号表达式的值是表达式 2 的值。例如，逗号表达式“6+7，7+8”的值为 15。

4. 关系运算符和关系表达式

用来比较两个值之间的大小或相等性的符号称为关系运算符。在 C 语言中有六个关系运算符，都是双目运算符，其具体内容如表 5-3 所示。

表 5-3　关系运算符

优先级	运算符	功能	示例	值
1（高）	<	小于	5<0	0
	<=	小于或等于	34-12<=100	1
	>	大于	（a=3）>（b=5）	0
	>=	大于或等于	34+66>=50	1
2（低）	= =	等于	（a=6）= =（b=6）	1
	!=	不等于	7!=7	0

用关系运算符将两个表达式连接起来的、有意义的式子，称为关系表达式。例如，a>b!=c 等效于(a>b)!=c。

关系运算符的应用示例：

```
#include <stdio.h>
int main(int argc, char *argv[]) {
 int i=1,j=2,k=3;
  printf("% d\n", k >i+j );          /*0*/
  printf("% d\n",i==j<k );           /*1*/
  return 0;     }
```

5. 逻辑运算符和逻辑表达式

根据一个或多个条件的判断结果来执行操作或作出决策的运算符称为逻辑运算符。C 语言中提供了三种逻辑运算符，其功能及运算规则如表 5-4 所示。

表 5-4　逻辑运算符功能及运算规则

优先级	运算符	功能	运算规则
1（高）	!	非运算	真变假，假变真
2	&&	与运算	全真为真，有假为假
3（低）	||	或运算	全假为假，有真为真

由逻辑运算符和运算对象组成的表达式，称为逻辑表达式。

逻辑运算符的应用示例：

```
#include <stdio. h>
int main(int argc, char *argv[]) {
    int i=1,j=2,k=3;
    printf("% d\n",! i*! j);          /*0*/
    printf("% d\n",  i<j&&k>j);       /*1*/
return 0;}
```

在逻辑表达式的求解中，并不是所有的逻辑运算符都被执行，只是在必须执行下一个逻辑运算符才能求出表达式的解时，才执行该运算符。例如：

①a&&b&&c　只要 a 为假，就不必判别 b 和 c（此时整个表达式已确定为假）。

②a ‖ b ‖ c　　只要 a 为真（非 0），就不必判断 b 和 c。

6. 条件运算符和条件表达式

C 语言提供了一个唯一的三目运算符（？　:）就是条件运算符。运算对象有 3 个，由条件运算符和操作数构成的表达式称为条件表达式。

语法格式：表达式 1？　表达式 2 :表达式 3

执行过程：如果表达式 1 的值为真，则以表达式 2 的值作为条件表达式的值，否则以表达式 3 的值作为条件表达式的值。例如，int max=30>50？30:50；则 max=50。

7. 运算符的优先级

当一个表达式中有多种运算符时，运算的顺序根据运算符的优先级由高到低进行运算。C 语言常用运算符的优先级如表 5-5 所示。

表 5-5　C 语言常用运算符的优先级

优先级	运算符	结合性
1（高）	( )	从左到右
2	!　+　-　++　--	从右到左（+ -代表正负）
3	*　/　%	从左到右
4	+　-	从左到右
5	<　<=　>　>=	从左到右
6	==　!=	从左到右
7	&&	从左到右
8	‖	从左到右
9	=　+=　-=　*=　/=　%=	从右到左

5.3.4 数据的输入与输出语句

1. 输出语句

数据的输入与输出语句

格式：printf("格式控制字符串",输出项表)；

功能：按用户指定的格式，把指定的数据输出到屏幕上。

说明：格式控制字符串用于指定输出格式。格式控制串可由格式字符串和非格式字符串两种组成。格式字符串是以%开头的字符串，在%后面跟有各种格式字符，以说明输出数据的类型、形式、长度、小数位数等，具体说明如表 5-6 所示。

表 5-6 printf 中格式符的含义

格式字符	意义
d 或 i	以十进制形式输出带符号整数（正数不输出符号）
o	以八进制形式输出无符号整数（不输出前缀 0）
x 或 X	以十六进制无符号形式输出整数（不输出前缀 0x 或 0X）。 对于 x 用 abcdef 输出，对于 X 用 ABCDEF 输出
u	以无符号十进制形式输出整数
f	以带小数点的形式输出单、双精度实数
e 或 E	以指数形式输出单、双精度实数
g 或 G	以%f 或%e 中较短的输出宽度输出单、双精度实数
c	输出单个字符
s	输出字符串
%	输出%

2. 输入语句

格式：scanf("格式控制字符串",输入项地址表)；

功能：按用户指定的格式从键盘上把数据输入到指定的变量之中。

说明：格式控制字符串一般形式为%[*][输入数据宽度][长度]类型，其中“ * ”符用于该输入项，读入后不赋予相应的变量，即跳过该输入值。用十进制整数指定输入的宽度（即字符数）。长度格式符 l 和 h，l 表示输入长整型数据（如%ld）和双精度浮点数（如%lf）。h 表示输入短整型数据（可以省略）。具体说明如表 5-7 所示。

表 5-7 scanf 函数中的格式符含义

格式	字符意义
d	输入十进制整数
o	输入八进制整数
x	输入十六进制整数

续表

格式	字符意义
u	输入无符号十进制整数
f 或 e	输入实型数（用小数形式或指数形式）
c	输入单个字符
s	输入字符串

输入项地址表中给出各变量的地址。地址是由地址运算符“&”后跟变量名组成的，例如 &a 表示变量 a 的地址。

输入、输出语句的应用示例：由键盘输入半径，计算圆的周长。

程序代码：

```
#include <stdio. h>
#define PI 3. 14
int main(int argc, char *argv[]) {
        float r, l;
        scanf("% f",&r);
        l=2*PI*r;
        printf("l=% f\n",l);
        return 0;
}
```

程序运行结果如图 5-18 所示。

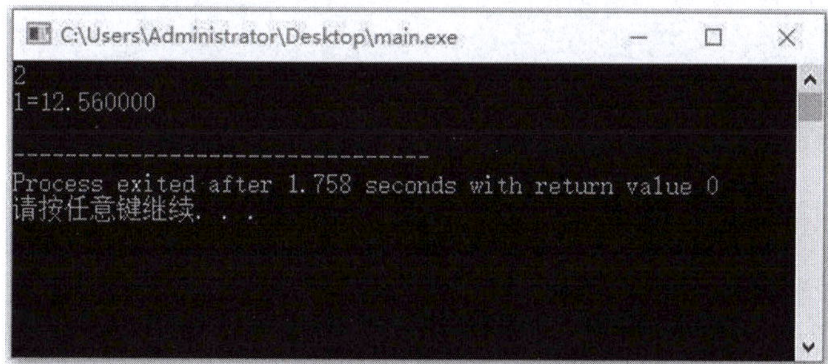

图 5-18　程序运行结果

5.3.5　条件分支语句

1. 单分支 if 语句

条件分支语句

语法格式：　if (表达式)　　语句 1 ;

执行过程：如果表达式的值为真，则执行其后的语句 1；如果表达式的值为假，则直接转到 if 语句的下一条语句。

2. 双分支 if 语句

语法格式：　if (表达式)
　　　　语句 1 ；
　　　else
　　　　　语句 2;

执行过程：如果表达式的值为真，则执行其后的语句 1；否则执行语句 2。

条件语句的应用示例：输入两个整数，输出较小的数。

程序代码：

```
#include <stdio. h>
int main(int argc, char *argv[]) {
    int x , y;
    printf("输入两个整数,两个数用空格间隔,回车结束输入:");
    scanf("% d % d",&x,&y);
    if(x<y)
      printf("% d 和% d 中较小的数是% d",x,y,x);
    else
      printf("% d 和% d 中较小的数是% d",x,y,y);
    return 0;    }
```

程序运行结果如图 5-19 所示。

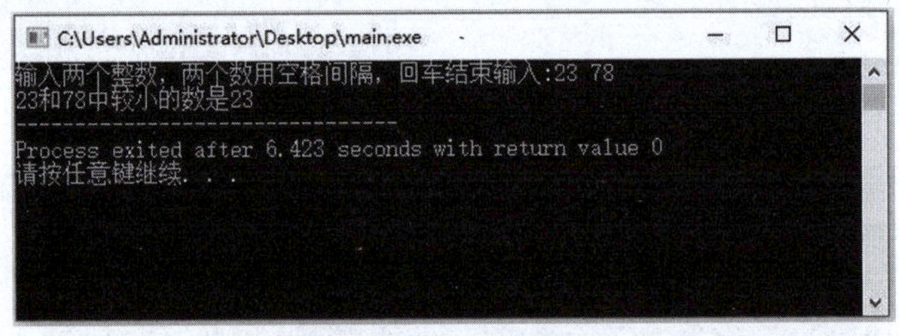

图 5-19　程序运行结果

3. 多分支 if 语句

多分支语句

语法格式：　if (表达式 1)　　语句 1 ；
　　　　else if （表达式 2）　　语句 2;
　　　　　　…
　　　　else if （表达式 m）　　语句 m;
　　　　　　else　　语句 n;

执行过程：从表达式 1 的值开始进行判断，当出现某个表达式的值为真时，则执行其对应的分支语句，然后跳出整个多分支语句，继续执行后续语句。如果所有的表达式的值都为假，则执行语句 n，然后继续执行后续语句。

4. if 语句的嵌套

if 语句的嵌套是指在一个 if 语句中嵌入另一个 if 语句，以实现更复杂的条件判断。在 C

语言中，if 语句的嵌套可以让程序更加灵活，能够根据不同的情况执行不同的操作。

5. switch 语句

在 C 语言中，if 语句的嵌套也容易造成代码复杂度的增加，降低了程序的可读性，因此需要谨慎使用，而 switch 语句提供了更为方便的多路选择功能。

语法格式：switch（表达式）

```
{ case 常量 1:    语句 1; break;
  case 常量 2:    语句 2; break;
    ……
  case 常量 n:    语句 n; break;
     [default   :    语句 n+1;]              }
```

执行过程：计算表达式的值，并逐个与其后的常量值相比较，当表达式的值与某个常量值相等时，即执行其后的语句。如果表达式的值与所有 case 后的常量值均不相等，则执行 default 后的语句。

在使用 switch 语句时应注意以下几点：

1）表达式的值可以是整型、字符型或枚举型等；

2）case 后的各常量的类型应与 switch 后的表达式的类型对应一致；

3）在 case 后的各常量值不能相同，否则会出现错误；

4）在每个 case 后面，可以没有语句，也可以有多个语句；

5）default 子句可以省略不用。

6）case 语句应与 break 语句配合使用，即在需要跳出 switch 处加 break 语句。

switch 语句的应用示例：根据输入的学生成绩，给出相应的等级。90 分以上的等级为 A，60 分以下的等级为 E，其余每 10 分为一个等级。

程序代码如下：

```
#include <stdio. h>
int main(int argc, char *argv[]) {
      int   g ;
      printf("Enter   a   mark:   ");
      scanf("% d",&g);
      switch (g/10)
       { case    10:
          case     9:   printf("A\n"); break;
          case     8:   printf("B\n"); break;
        case     7:   printf("C\n"); break;
        case     6:   printf("D\n"); break;
        default    :   printf("E\n");}
      return 0;    }
```

程序运行结果如图 5-20 所示。

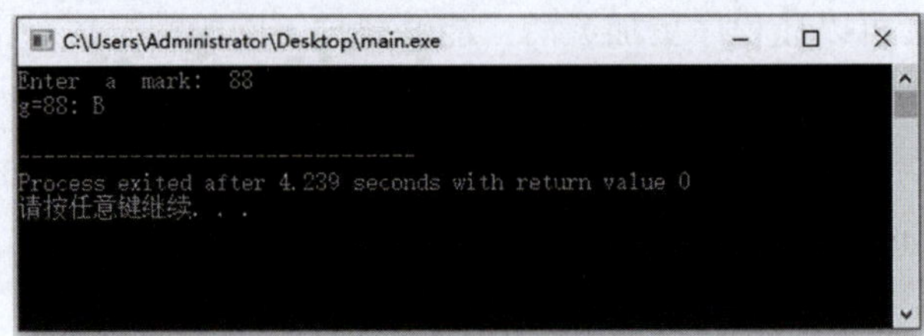

图 5-20 程序运行结果

5.3.6 循环语句

1. while 语句

语法格式：while（表达式） {
循环体语句 }

执行过程：当程序遇到 while 语句后，首先计算 while 后一对圆括号中的表达式的值，然后根据其值决定下一步执行步骤。当值为真（非 0）时，执行循环体语句；当值为假（0）时，退出 while 循环。

2. do...while 语句

语法格式： do { 循环体语句
} while（表达式）；

执行过程：

先执行 do 后面的循环体语句，再计算 while 后一对圆括号中的表达式的值。当值为真（非 0）时，转去执行循环体语句；当值为假（0）时，执行退出 do-while 循环。

while 循环和 do-while 循环，一定要有能使条件表达式的值变为 0 的操作，否则循环将会出现死循环。

while 循环和 do-while 循环的区别是：while 循环的控制出现在循环体之前，循环体的最少执行次数为 0 次；do-while 循环的控制出现在循环体之后，循环体的最少执行次数为 1 次。

3. for 语句

语法格式： for（表达式1；表达式 2；表达式 3）{
循环体语句 }

执行过程：计算表达式 1，再计算表达式 2，若其值为真（非 0），则转去执行循环体语句；若其值为假（0），则转去执行结束循环。

循环语句的应用示例 1：求 1+2+3+…+100 的值。

程序代码如下：

```
#include <stdio.h>
int main(int argc, char *argv[]) {
  int i,sum=0;
  for(i=1;i<=100;i++)
      sum=sum+i;
  printf("%d\n",sum);
   return 0;  }
```

程序运行结果如图 5-21 所示。

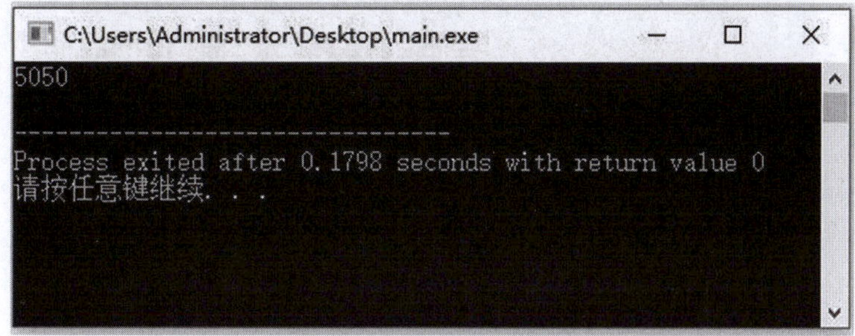

图 5-21　程序运行结果

4. 循环嵌套

循环嵌套

在一个循环体内又完整地包含了另一个循环，称为循环嵌套。前面介绍的三种类型的循环都可以相互嵌套，而且，循环的嵌套可以多层，但每一层循环在逻辑上必须完整。

5. break 语句

语法格式：break;

功能：终止最内层循环，即从包含它的最内层循环语句中退出，执行包含他的循环语句的下面一条语句。break 语句总是与 if 语句配合使用，即满足条件时便跳出循环。

6. continue 语句

语法格式：continue;

功能：结束本次循环，即跳过循环体中下面尚未执行的语句，接着进行下一次是否执行循环的判定。和 break 语句一样，continue 语句通常与 if 语句一起使用。

循环语句的应用示例 2：打印输出下面的图案

```
* * * * * *
* * * * * *
* * * * * *
```

程序代码如下：

```
#include <stdio. h>
int main(int argc, char *argv[]) {
 int i,j;
 for (i=1;i<=3;i++)
   { for(j=1;j<=6;j++)
         printf(" * ");
     printf("\n");   }
   return 0;     }
```

程序运行结果如图 5-22 所示。

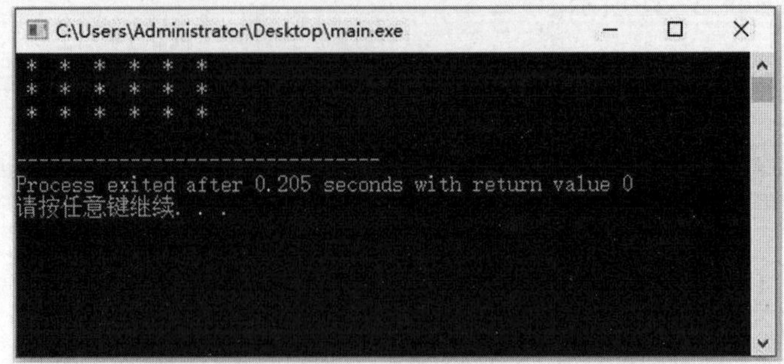

图 5-22　程序运行结果

【任务实现】

编写程序实现一个简单的猜数字游戏。

程序代码：

```
#include <stdio. h>
#include <stdlib. h>
#include <time. h>
  int main(int argc, char *argv[]) {
   srand(time(NULL)); //初始化随机数生成器,time(NULL)利用电脑时间产生随机数
int guess;
int randNum = rand() % 100+1;//rand( )%100 是为了让随机数在 0 到 100
while (1) {
printf("请输入猜测的数字:");
scanf("% d", &guess);
if (randNum == guess) { printf("恭喜你猜对了! randNum=% d\n", randNum);    break;
} else if (guess > randNum) {    printf("猜大了\n");
} else {    printf("猜小了\n");    }}
return 0;   }
```

运行结果如图 5-23 所示。

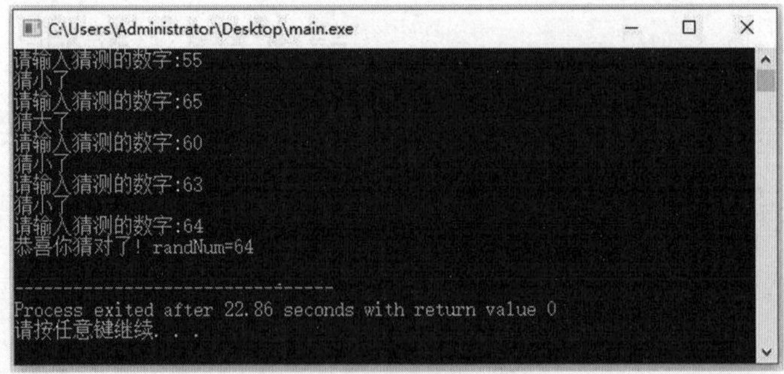

图 5-23　程序运行结果

【知识拓展】

C 语言函数是 C 语言中的一个重要概念，通过函数的使用，我们可以将程序划分为多个独立的模块，这样可以使代码更加结构化、可维护性更高，同时也能够提高程序的重复利用性和可扩展性。C 语言常用的函数如表 5-8 所示。

表 5-8　C 语言常用的函数

函数	功能
abs(a)	用于计算绝对值
sqrt(a)	用于计算平方根
pow(a,b)	用于计算幂
rand()	用于生成随机数
srand()	用于设置随机数种子
putchar()	用于输出字符
getchar()	用于取得字符
strcat(a,b)	用于字符串的连接
strcmp(a,b)	用于字符串的比较
strlen(a)	用于测量字符串长度

小结

本模块主要介绍了程序设计基础，涵盖程序与程序设计语言的概念，算法设计的逻辑思考，以及 C 语言的基础知识。我们认识到程序是解决问题的工具，而程序设计语言是实现这一工具的手段。算法作为程序设计的核心，其优化直接影响程序效率。C 语言的学习则为我们提供了实践基础，从语法到控制结构，帮助我们逐步构建编程思维。

练习与思考

1. C 语言属于（　　）。

A. 机器语言　　B. 低级语言　　C. 中级语言　　D. 高级语言

2. C 语言能够在不同的操作系统下运行，这说明 C 语言具有很好的（　　）。

A. 适应性　　B. 移植性　　C. 兼容性　　D. 操作性

3. 标准 C 语言源程序文件名的后缀是（　　）。

A. .c　　B. .cpp　　C. .obj　　D. .exe

4. 一个 C 语言程序由（　　）。

A. 一个主程序和若干子程序组成　　B. 函数组成

C. 若干过程组成　　D. 若干子程序组成

5. 以下有关 C 语言的特点，错误的描述是（　　）。

A. C 语言依赖于硬件，可移植性较差

B. C 语言既可用于编写应用程序，又可用于编写系统软件

C. C 语言兼有高级语言和低级语言的特点，执行效率高

D. C 语言是一种模块化程序设计语言

6. C 语言规定，在一个源程序中，main 函数的位置（　　）。

A. 必须在最开始　　B. 必须在系统调用的库函数后

C. 可以任意　　D. 必须在最后

7. C 语言程序的执行，总是起始于（　　）。

A. 程序中的第一条可执行语句　　B. main 函数

C. 程序中的第一个函数　　D. 包含文件中的第一个函数

8. 若 x，i，j 和 k 都是 int 型变量，则执行表达式 x = (i = 4，j = 16，k = 32) 后，x 的值为（　　）。

A. 4　　B. 16　　C. 32　　D. 52

9. 下列关于 C 源程序书写的说法正确的是（　　）。

A. 不区分大小写字母　　B. 一行只能写一个语句

C. 一个语句可分成几行书写　　D. 每行必须有行号

10. 以下叙述错误的是（　　）。

A. C 语言是一种结构化程序设计语言

B. 结构化程序由顺序、分支、循环三种基本结构组成

C. 使用三种基本结构构成的程序只能解决简单问题

D. 结构化程序设计提倡模块化的设计方法

模块 6

数字媒体

【主要内容】

1. 图片处理技术
2. 视频剪辑
3. 虚拟现实

任务 6.1 图片的基础处理

【任务描述】

新生入校，班级班长要求大家准备好电子照片备用。每人准备一份一寸蓝底证件照，一份一寸红底的证件照，一份已经排好版的 8 张一寸证件照。如果大家掌握一定的图片处理方法，那么这些就是小 CASE 了。

【学习目标】

1. 了解图片文件格式。
2. 了解 Photoshop 基本操作。
3. 掌握一寸照片换底操作。
4. 掌握一寸照片的排版操作。

【知识准备】

6.1.1 了解图片文件格式

1. 图片的格式

图片格式是计算机存储图片的格式。常见的图片格式如下：

(1) BMP

位图（BitMap，BMP）是一种与硬件设备无关的图像文件格式，使用非常广。它采用位映射存储格式，除了图像深度可选以外，不采用其他任何压缩，因此，BMP 文件所占用的空间很大。由于 BMP 文件格式是 Windows 环境中交换与图有关的数据的一种标准，因此在 Windows 环境中运行的图形图像软件都支持 BMP 图像格式。

（2）JPEG

联合照片专家组（Joint Photographic Expert Group，JPEG）也是最常见的一种图像格式，文件后缀名为.jpg或.jpeg，是最常用的图像文件格式，由一个软件开发联合会组织制定，是一种有损压缩格式，能够将图像压缩在很小的存储空间，图像中重复或不重要的资料会被丢失，因此容易造成图像数据的损伤。但是JPEG压缩技术十分先进，它用有损压缩方式去除冗余的图像数据，在获得极高的压缩率的同时能展现十分丰富生动的图像，换句话说，就是可以用最少的磁盘空间得到较好的图像品质。

（3）GIF

图形交换格式（Graphics Interchange Format，GIF）是CompuServe公司在1987年开发的图像文件格式。GIF文件的数据，是一种基于LZW算法的连续色调的有损压缩格式。其压缩率一般在50%左右，它不属于任何应用程序。几乎所有相关软件都支持它，公共领域有大量的软件在使用GIF图像文件。

GIF图像文件的数据是经过压缩的，而且是采用了可变长度等压缩算法。GIF格式的另一个特点是其在一个GIF文件中可以存多幅彩色图像，如果把存于一个文件中的多幅图像数据逐幅读出并显示到屏幕上，就可构成一种最简单的动画。

（4）PNG

便携式网络图形（Portable Network Graphics，PNG）是网上接受的最新图像文件格式。PNG能够提供长度比GIF小30%的无损压缩图像文件。由于PNG非常新，所以并不是所有的程序都可以用它来存储图像文件，但Photoshop可以处理PNG图像文件，也可以用PNG图像文件格式存储。

（5）TIFF

标签图像文件格式（Tag Image File Format，TIFF）是由Aldus和Microsoft公司为桌上出版系统研制开发的一种较为通用的图像文件格式。TIFF是现存图像文件格式中最复杂的一种，它具有扩展性、方便性、可改性，可以提供给IBM PC等环境中运行图像编辑程序。

（6）PSD

PSD（PhotoShop Document）这是Photoshop图像处理软件的专用文件格式，文件扩展名是.psd，可以支持图层、通道、蒙版和不同色彩模式的各种图像特征，是一种非压缩的原始文件保存格式。扫描仪不能直接生成该种格式的文件。PSD文件有时容量会很大，但由于可以保留所有原始信息，在图像处理中对于尚未制作完成的图像，选用PSD格式保存是最佳的选择。

（7）SVG

可缩放矢量图形（Scalable Vector Graphics，SVG）是基于XML（标准通用标记语言的子集），由万维网联盟进行开发的。它是一种开放标准的矢量图形语言，可任意放大图形显示，边缘异常清晰，文字在SVG图像中保留可编辑和可搜寻的状态，没有字体的限制，生成的文件很小，下载很快，十分适合用于设计高分辨率的Web图形页面。

2. 图片的搜索

在互联网的强大背景下，大家对于图片的需要非常容易得到解决，既可以在搜索引擎中按照自己的需要去搜索图片，也可以通过常用的图片网站去寻找合适的图片。

（1）常用的图片搜索网站

知觅网：https://www.51miz.com/

昵图网：https://www.nipic.com/

ph：https://pxhere.com/

CC0.CN：https://cc0.cn/

Foodiesfeed：https://www.foodiesfeed.com/

Unsplash：https://unsplash.com/

Pixabay：https://pixabay.com/

（2）以图搜图

在百度搜索引擎的搜索栏中选择按钮可以实现以图搜图，方便大家搜索出清晰度更高的图片或者更合适尺寸的图片。

6.1.2 Photoshop 基本操作

Adobe Photoshop，简称 PS，是由 Adobe Systems 开发和发行的图像处理软件。Photoshop 主要处理以像素构成的数字图像，用户使用其众多的编修与绘图工具，可以有效地进行图片编辑和创造工作。PS 有很多功能，在图像、图形、文字、视频、出版等各方面都有涉及。

Adobe 支持 Windows 、Android 和 macOS，Linux 操作系统用户可以通过使用 Wine 来运行 Photoshop。

2023 年 9 月，Adobe 的 Photoshop 网络服务（在线网页版本）已全面推出。

1. Photoshop 的工作环境

（1）标题栏

标题栏位于主窗口顶端，如图 6-1 所示最左边是 Photoshop 标记，右边分别是最小化、最大化/还原和关闭按钮。

（2）属性栏

属性栏又称工具选项栏。选中某个工具后，属性栏就会改变成相应工具的属性设置选项，可更改相应的选项。

（3）菜单栏

菜单栏为整个环境下所有窗口提供菜单控制，包括文件、编辑、图像、图层、选择、滤镜、视图、窗口和帮助 9 项。Photoshop 中通过两种方式执行所有命令，一是菜单，二是快捷键。

（4）图像编辑窗口

中间是图像窗口，它是 Photoshop 的主要工作区，用于显示图像文件。图像窗口带有自己的标题栏，提供了打开文件的基本信息，如文件名、缩放比例、颜色模式等，如同时打开两幅图像，可通过单击图像窗口进行切换。图像窗口切换可使用 Ctrl+Tab 组合键。

（5）工具栏

工具栏中的工具可用来选择、绘画、编辑以及查看图像。拖动工具栏中的标题栏，可移动工具栏；单击可选中工具或移动光标到该工具上，属性栏会显示该工具的属性。有些工具的右下角有一个小三角形符号，这表示在工具位置上存在一个工具组，其中包括若干个相关工具。

（6）控制面板

控制面板共有 14 个，可通过“窗口/显示”来显示面板。按 Tab 键可以自动隐藏命令面板、属性栏和工具栏，再次按 Tab 键可以显示以上组件。按 Shift+Tab 组合键，可以隐藏控制面板并保留工具栏。

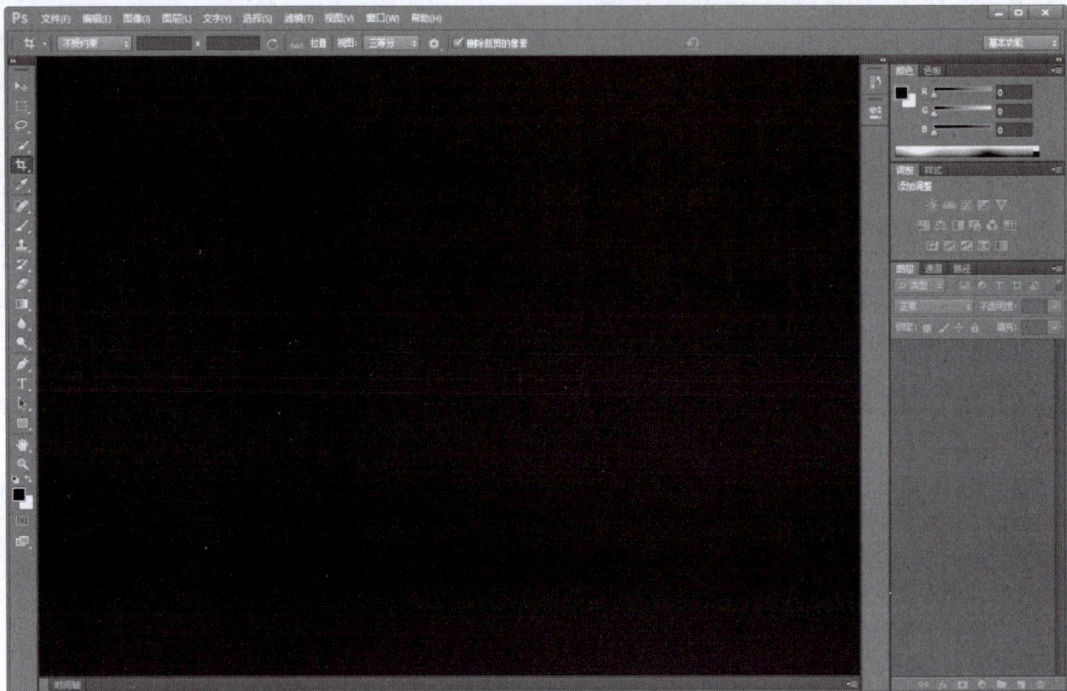

图 6-1　Photoshop 的工作环境

2. Photoshop 的基本操作

Photoshop 的工具栏（见图 6-2）常用工具如下：

（1）移动工具

移动工具是 Photoshop 软件工具栏中使用频率非常高的工具之一，主要功能是负责图层、选区等的移动、复制操作。

（2）矩形选框工具

矩形选框工具是 Photoshop 软件工具栏的工具之一，用于拉出一个矩形选框（可以是长方形也可以是正方形）。

单击在矩形选框工具右下角三角按钮，可以选择椭圆选框工具，用于拉出一个椭圆选框（包括正圆）。

（3）套索工具

套索工具是 Photoshop 软件工具栏的工具之一，用于建立一个不规则自由选区。

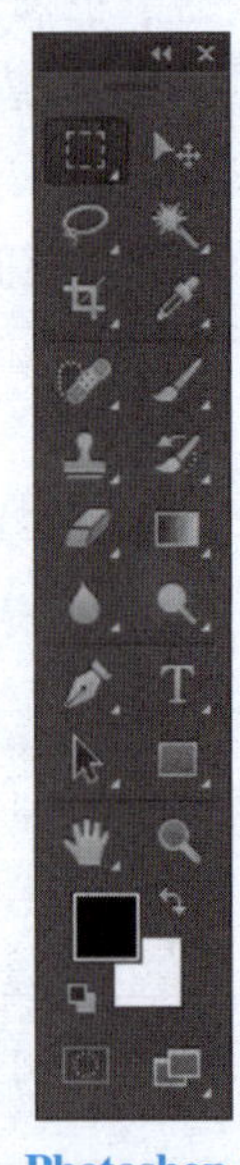

图 6-2　Photoshop 的工具栏

单击套索工具右下角三角按钮，可以选择多边形套索工具，用于建立一个任意的多边形选区，还可以选择磁性套索工具。这个工具似乎有磁力一样，无须按鼠标左键而直接移动鼠标，在工具头处会出现自动跟踪的线，这条线总是走向颜色与颜色边界处，边界越明显磁力越强，将收尾连接后可完成选择，一般用于颜色与颜色差别比较大的图像选择。

（4）魔棒工具

魔棒工具是 Photoshop 中提供的一种比较快捷的抠图工具，魔棒工具的作用是可以知道你单击的那个位置的颜色，并自动获取附近区域相同的颜色，使它们处于选择状态。

（5）前景色/背景色

Photoshop 中的前景色和背景色是两个重要的概念。

在 Photoshop 中，前景色通常用于绘画、填充和描边选区等操作。默认情况下，前景色是黑色，但可以通过颜色选择器或输入颜色代码来更改。前景色的设置可以通过单击工具栏中的前景色颜色块来访问颜色选择对话框进行更改。

背景色是图片的底色，默认情况下是白色。与前景色类似，背景色也可以通过颜色选择器进行更改。

【任务实现】

6.1.3 一寸照片换底操作

证件照的底色是蓝色，要求提交红底色的证件照，该如何快速更换证件照片底色呢？图 6-3 所示是证件照处理前后的效果。

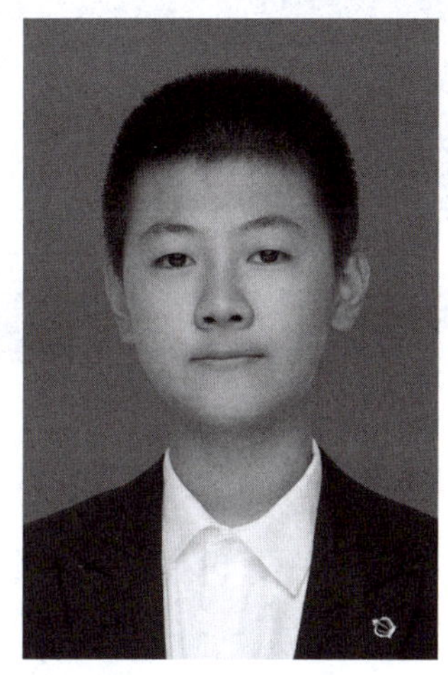

一寸照片换底

图 6-3　证件照处理前后的效果

（1）在 Photoshop 中打开“证件照换底练习素材. jpg”文件。

（2）选择“魔棒工具”，如图 6-4 所示。

（3）单击蓝底色，将蓝色区域全部选中，如图 6-5 所示。

（4）设置拾色器前景色，如图 6-6 所示，可以根据实际情况调整颜色。

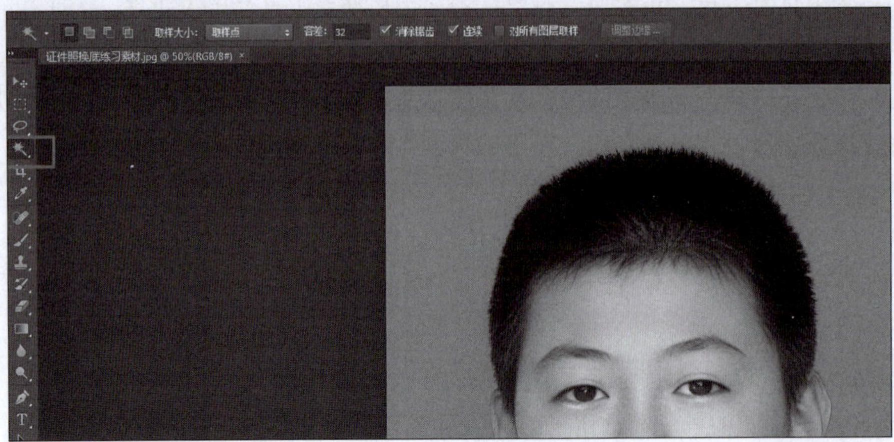

图 6-4　魔棒工具

图 6-5　选择蓝色底色

（5）按 Alt+Delete 组合键填充设置好的前景色，再按 Ctrl+D 组合键取消选区，如图 6-7 所示，得到调整后的证件照，再导出需要的图片格式即可。

6.1.4　一寸照片的排版

如何把制作好的一寸照片进行排版并打印出来呢？接下来我们学习制作过程。

一寸照片排版

（1）在 Photoshop 中打开“一寸照片排版练习素材. jpg”文件。

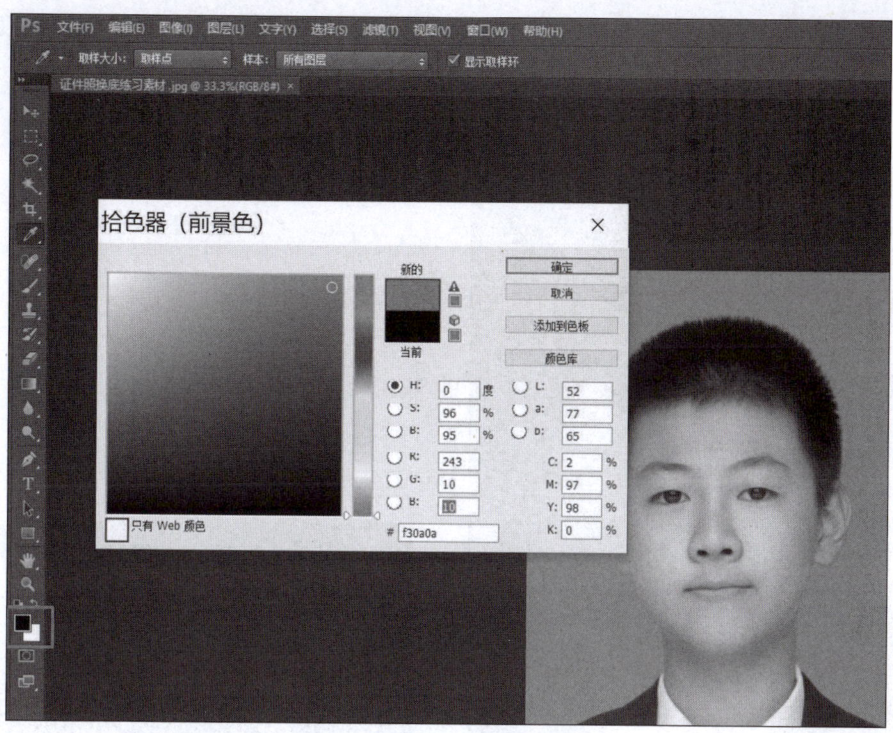

图 6-6　设置拾色器的前景色

图 6-7　修改后的效果

（2）把打开的素材设置成一寸照片的尺寸。首先在菜单栏中打开“图像”选项卡，选择“图像大小”命令，在弹出的对话框中，将文档大小设置为宽度 2.5 厘米，高度 3.5 厘米，单击“确定”按钮，如图 6-8 所示。

（3）在工作区右侧的“图层”面板中复制背景图层，如图 6-9 所示。

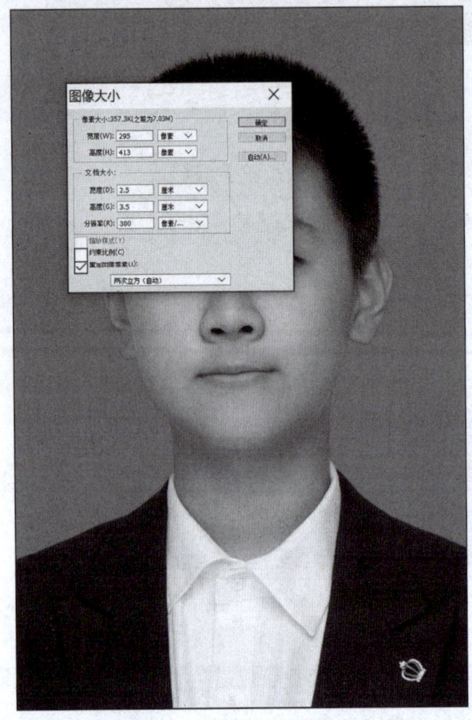

图 6-8　设置一寸照片尺寸

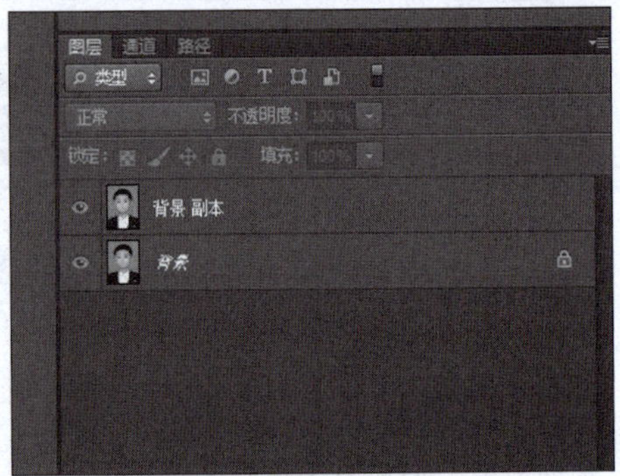

图 6-9　复制背景图层

（4）在复制的“背景副本”图层中，从“编辑”选项卡中单击“描边”命令，在弹出的对话框中设置描边的宽度为 5 像素，颜色为白色，如图 6-10 所示。

图 6-10　描边前后对比图片

（5）新建空白画布，在“文件”选项卡中，单击“新建”命令，在弹出的对话框中设置宽度为 10 厘米，高度为 7 厘米，分辨率为 300 像素。因为设置了白色描边，所以背景内容为背景色（可换其他颜色），如图 6-11 所示。

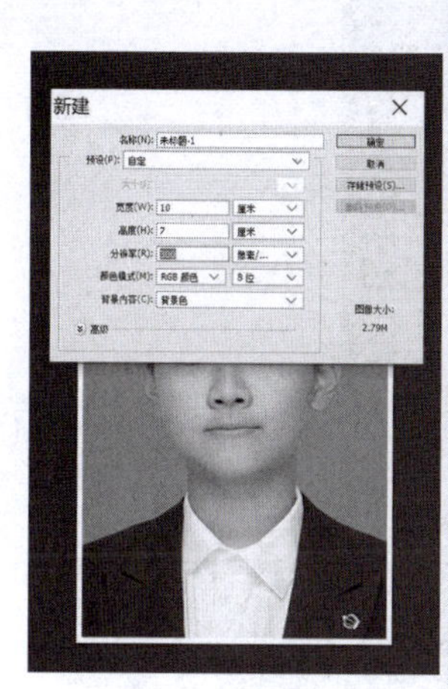

图 6-11　新建画布

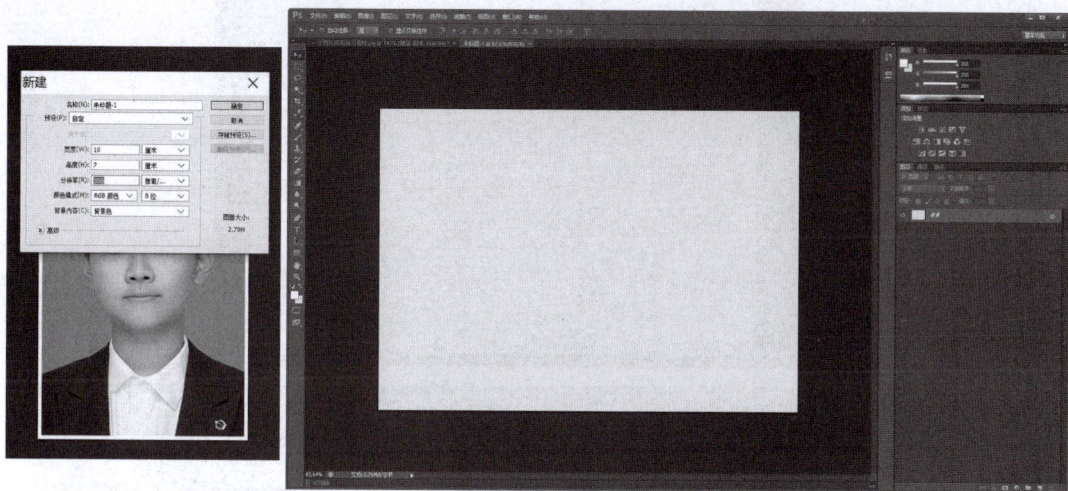

（6）定义填充图案。切换到“一寸照片排版练习素材”选项卡，在“编辑”选项卡下，单击“定义图案”命令，在弹出对话框中输入合适的名称，如图 6-12 所示。

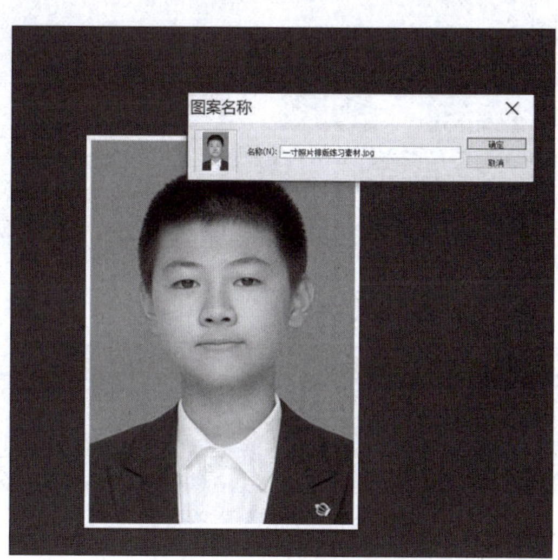

图 6-12　定义图案

（7）填充画布。选择新建画布的选项卡，并在“编辑”选项卡下，单击“填充”命令，在弹出的对话框中设置内容使用“图案”，自定图案选择刚才定义的图案，单击“确认”按钮，如图 6-13 所示。

（8）导出文件。在“文件”选项卡，选择“存储为”命令，设置我们需要的文件类型。

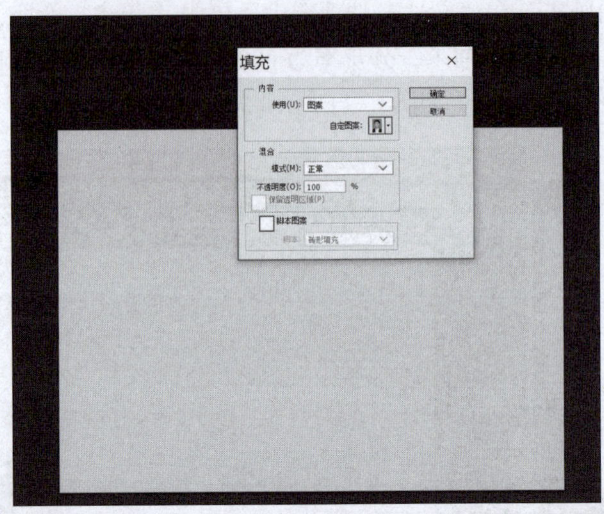

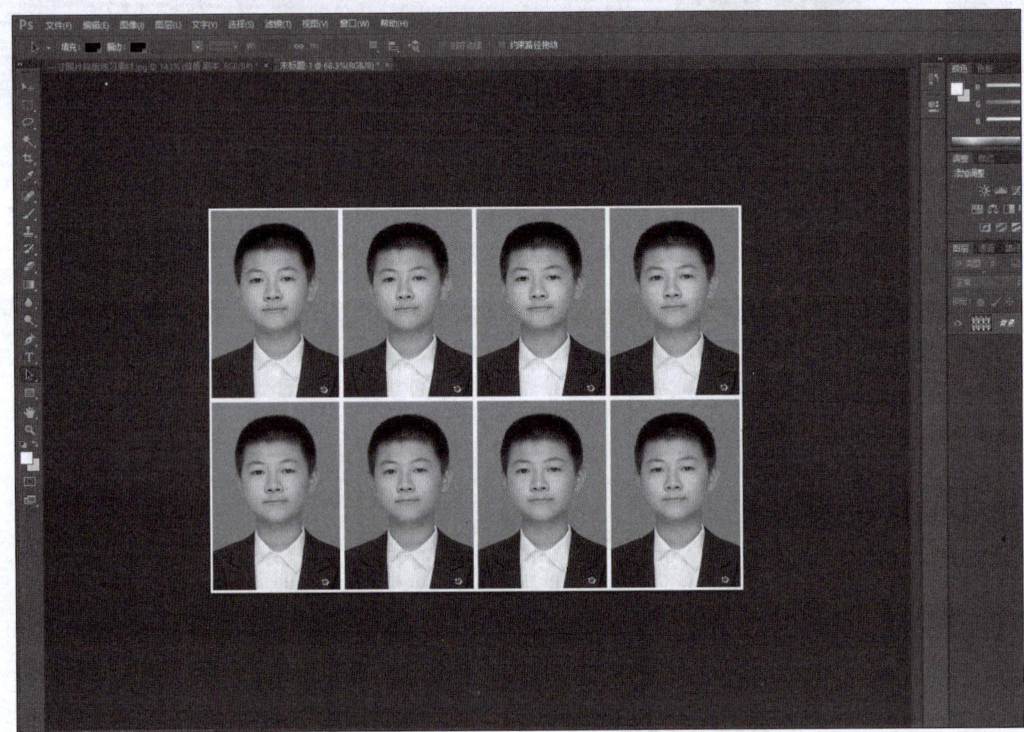

图 6-13　填充自定义图案

【知识拓展】

图像处理软件是用于处理图像信息的各种应用软件的总称。这些软件可以用于修复、合成、美化和编辑数字图片，包括照片和其他形式的图像。图像处理软件广泛应用于专业摄影、广告设计、网页设计、电影制作等多个领域。

Adobe Photoshop：是最著名的图像处理软件之一，提供了广泛的工具和功能，包括图像修复、滤镜应用、图层操作等，适合专业人士和高级用户。

GIMP：一个开源的图像处理软件，功能强大，与 Photoshop 类似，但免费且开源，适合需要免费工具的用户。

Lightroom：主要用于照片的后期处理，提供色彩调整、局部调整等功能，适合摄影师和摄影爱好者。

Picasa：由 Google 开发，提供基本的图片编辑功能，如自动调整、滤镜应用等，界面简洁易用。

美图秀秀：一款流行的图像处理软件，提供了大量的滤镜和美化工具，适合普通用户进行日常的照片编辑。

除了上述软件，还有许多其他专门的图像处理工具，如 Ulead GIF Animator（动态图片处理）、彩影（国内实用的大众型软件）等，这些软件各有特色，可以根据具体需求选择适合的工具。

任务 6.2 视频剪辑

【任务描述】

期末将近，学校组织教学成果展示，希望同学们以短视频的形式对各学科学习内容进行成果展示。大家赶快忙碌起来吧！

【学习目标】

1. 短视频剪辑基础。
2. 拍摄工具的选择。
3. 短视频中常用的拍摄技巧。
4. 剪映软件快速应用。
5. 配音及音频处理。
6. 关键帧用法。

【知识准备】

随着生活节奏的加快，人们的时间越来越碎片化。与此同时，随着生活水平的提高，人们在休闲娱乐活动中的快乐阈值也在不断提高，传统的娱乐形式无法在短时间内带给人们持续性的刺激，自媒体行业应运而生。其中，短视频运营由于具有入门门槛低、操作简单、投入产出比较高、工作时间弹性大等众多优势，因而占据了自媒体领域的半壁江山。学习视频剪辑对于个人成长和发展具有重要意义，无论是从技能提升、职业发展还是经济收益的角度来看，都是一项非常值得投资的学习内容。

【任务实现】

6.2.1 短视频剪辑基础

1. 短视频制作流程

无论是影视剪辑、好物推荐还是生活分享，短视频创作基本遵循一套统一的流程，如

图 6-14 所示。不同风格或内容的短视频会在其中某几个环节进行强化或深入，但总体不会脱离这一套流程。

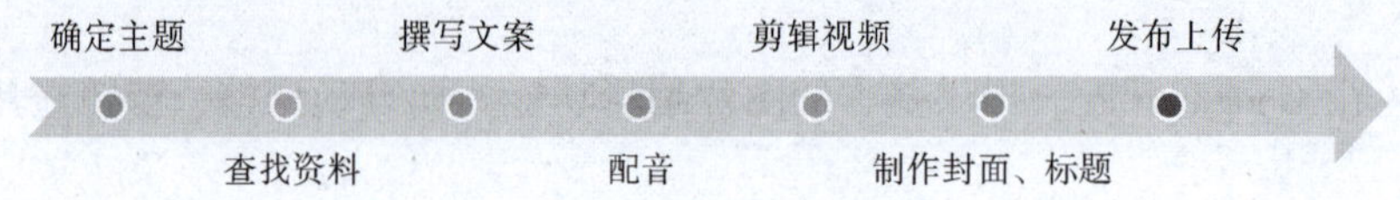

图 6-14　短视频制作流程

（1）确定主题。

每次创作之前，都要先确定短视频内容的大致方向，这样不仅可以减少查找资料的工作量，还可以防止短视频的内容偏离主题。

（2）查找资料。

查找资料是极为重要的步骤，查找资料的质量直接影响后续的文案、配音内容等的质量。

（3）撰写文案。

撰写文案主要是将自己搜集、查找的文献、资料等消化、整理后，根据自己的理解并结合短视频的创作特点进行原创。

（4）配音。

完成文案撰写工作后，下一步要进行的是配音工作，切记：配音要先于视频剪辑环节，因为文案是固定的，所以每段语音的长度也是固定的。

配音的两种途径：

1）真人配音。

2）机器配音。

（5）剪辑视频。

剪辑视频时，要根据作品的类型选择相应的剪辑方法。

（6）制作封面、标题。

封面和标题是决定短视频观看者在面对海量的视频时能否停留、观看作品的最为重要的因素。

（7）发布上传。

发布短视频时，为视频添加关键词标签，可以更好地与平台上的其他相关内容进行关联推送。

2. 如何选择短视频封面

在各种短视频平台上，除了在主页中平台推荐的视频会自动播放外，通过搜索或查看收藏列表寻找短视频展现出来的都是封面。因此，能有吸引观看者的封面是短视频获得高播放量的重要因素。

（1）预设悬念型封面。

预设悬念型封面指的是在短视频的封面上只呈现所拍摄时间的一部分，同时该事件伴有走向某种结局的趋势，如图 6-15 所示。

图 6-15　预设悬念型封面

（2）效果展示型封面。

效果展示型封面，我们可以理解为将某种事物经过加工、美化、修饰、改造后呈现的最佳效果作为该短视频的封面，如图 6-16 所示。

图 6-16　效果展示型封面

（3）猎奇型封面。

猎奇型封面，顾名思义，就是通过现实中人们难以接触或见识到的一些新鲜事物来弥补认知空白，如图 6-17 所示。

（4）高光时刻定格型封面。

高光时刻定格型封面指的是定格短视频内容中最精彩的瞬间作为视频的封面。随着祖国的日益强大，我们国家的高光时刻层出不穷，越来越多的短视频展示着祖国的发展，如图 6-18 所示。

3. 如何编写标题

一个优秀的标题可以补充封面未能传达的信息，能快速吸引观看者的注意力。提高标题

图 6-17 猎奇型封面

图 6-18 高光时刻定格型封面

的吸引能力和表达能力这两个维度，都能使观看者产生想要点开短视频观看的欲望。

（1）数字式标题。

数字式标题就是将短视频内容中重要的数据或内容以数字的形式呈现并整合进标题中，如图 6-19 所示。

（2）代入式标题。

代入式标题就是将观看者快速代入某一特定内容场景中，目的也是吸引用户关注短视频的内容，如图 6-20 所示。

（3）恐怖式标题。

恐怖式标题就是利用人们在日常生活中容易忽略的某些细节，通过强调忽视这些细节而产生的不良后果来提醒观看者进行观看的一种标题形式，如图 6-21 所示。

图 6-19　数字式标题

图 6-20　代入式标题

图 6-21　恐怖式标题

（4）神秘式标题。

神秘式标题利用人们对未知事物的好奇心，在短视频封面以文字的形式引出事物发生的前因，但是不是结果，如图 6-22 所示。

图 6-22　神秘式标题

6.2.2 拍摄工具的选择

高质量的视频作品通常需要借助一些专业器材来完成，拍摄设备往往决定了最终成片的质量如何。另外，面对多样的拍摄环境，也需要用到不同的拍摄设备。

1. 安卓手机拍摄功能介绍

（1）自带修图功能。

安卓手机的原生相机提供了方便好用的色彩调整方案，可以满足绝大多数普通手机用户的要求。安卓手机拍摄功能的优点在于自带修图功能，没有过度美颜，这就省去了后续利用剪辑软件修饰的时间，使视频拍摄的工作效率大大提升。

（2）可以模拟单反相机，打造超广角效果。

有些安卓手机搭配大底主摄像头，拍摄夜景十分清晰，此外还具有变焦功能。有些安卓手机的相机有专业模式，能模拟单反相机的参数效果。我们可以模拟单反相机的参数，再搭配超广角镜头，拍摄某些场景时效果十分出色，如图 6-23 所示。

（3）视频优化和超级防抖。

手机有许多型号的图像传感器，手机厂商尽可能将传感器成像调到最佳状态，无论是专业模式还是防抖功能，使用手机原生相机和第三方编辑软件，可以获得立像、稳定的画面和有趣的玩法。

2. 单反相机拍摄介绍

单反相机具有更高清的画质，搭配高速、大容量存储卡可以录制很长的视频，这是手机相机无法相比的。此外，单反相机有很多镜头可供使用。但是单反相机的价格高、体积大，而且拍摄视频时往往需要三脚架等设备才能更好地拍摄。另外，单反相机中有很多模式，需要提前了解一些专业拍摄技巧才能更好地使用。

单反相机可以拍摄出更为清晰的视频，关注视频参数、录音、白平衡、网格线、正确录制这五个部分，可以让视频拍摄事半功倍。

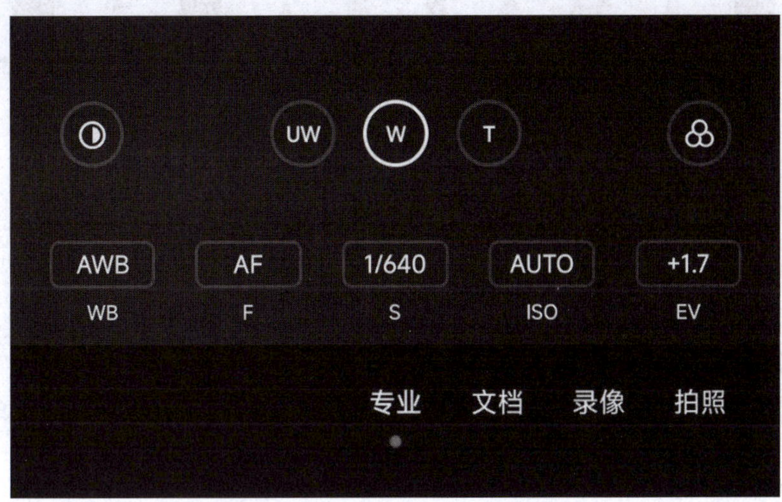

图 6-23　安卓手机的专业模式

3. 无人机航拍

无人机航拍影像具有高清晰、大比例尺、小面积、高现势性的优点，特别适合大全景效果的拍摄，且无人机航拍操作方便，遥感平台操作灵敏，不生硬，易于转场。由于无人机体积小，航拍结束后的降落地点也很好选择，在较开阔的地面均可起降，且其稳定性好、安全性好，因此越来越多的人加入了使用无人机航拍的行列。

使用无人机航拍时的注意事项：

作为航拍新手，要熟记操作教程，选择开阔的场地进行试飞，保证无人机在自己的视线范围内。

1）日常维护。

2）注意信号问题。

3）注意拍摄时长。

4）关注天气变化。

5）遵守航拍规定。

6）及时转存数据。

6.2.3 短视频中常用的拍摄技巧

1. 运镜

运镜，简单来说就是指通过自身的运动来拍摄物体动态的一种拍摄手法，是为视频注入情绪与氛围的重要手段之一。

（1）推拉与运镜。

推镜是在拍摄过程中，将镜头向被拍摄对象移动，慢慢缩短与被拍摄对象间的距离的运镜手法。拉镜则与推镜相反，是一种使镜头逐渐远离被拍摄对象，慢慢增加拍摄对象其他信息的运镜手法，如图 6-24 所示。

图 6-24　推镜与拉镜示意图

（2）移镜。

推镜与拉镜是镜头与被拍摄对象的连线上进行镜头前后方向的移动，而移镜的镜头移动方向往往与推镜与拉镜方向垂直，如图 6-25 所示。

（3）摇镜。

摇镜是在虚拟球面内以弧形轨迹旋转镜头的运镜手法。摇镜时，机位尽量保持不变，通过旋转镜头改变拍摄角度，如图 6-26 所示。

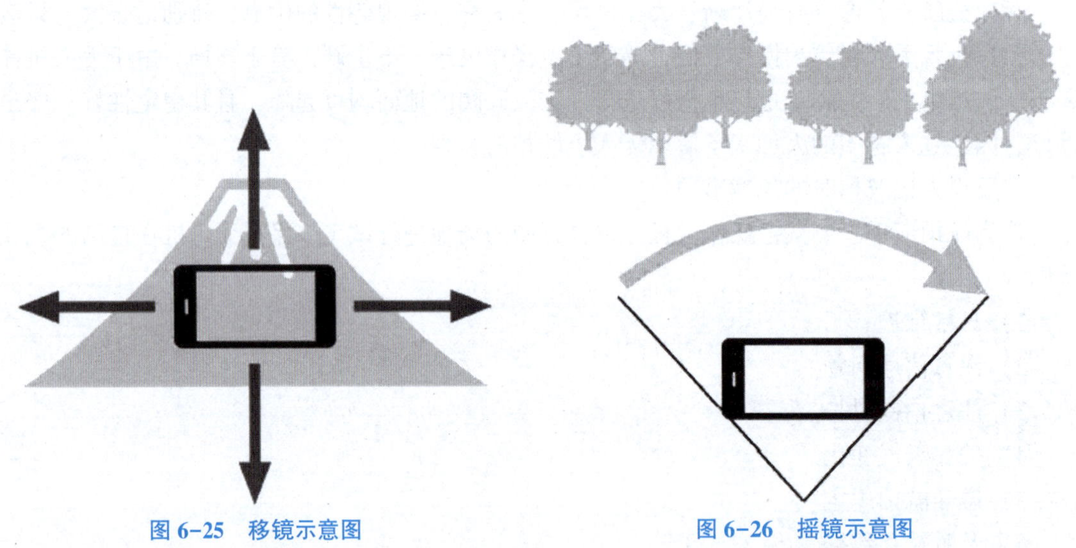

图 6-25　移镜示意图　　图 6-26　摇镜示意图

（4）转镜。

转镜与摇镜相似，都是通过转动镜头来拍摄事物，但区别在于：摇镜是以拍摄者为旋转中心，转镜则是以被拍摄对象或镜头为旋转中心，如图 6-27 所示。

（5）跟镜。

跟镜与移镜相似，是一种镜头跟随被拍摄对象同步移动的拍摄手法，如图 6-28 所示。

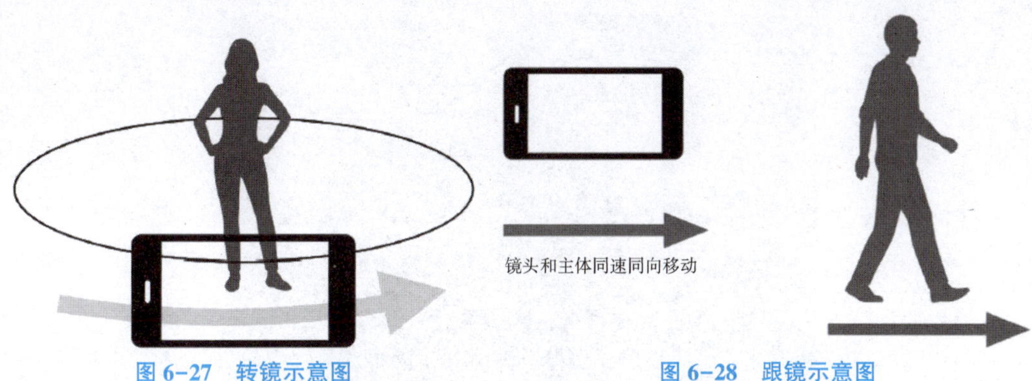

图 6-27 转镜示意图

图 6-28 跟镜示意图

2. 景别

景别是指在焦距一定的情况下，由于镜头与被拍摄对象之间的距离不同，被拍摄对象在拍摄画面中呈现、占据范围大小不同。不同的景别下拍摄的视频呈现出的视觉效果有很大的区别。常用的景别有特写、近景、中景、远景、全景等。

（1）特写。

特写是几乎将被拍摄对象充满整个画面的拍摄方法，用于强调、突出被拍摄对象，主体往往为被拍摄对象本身的物理轮廓，如图 6-29 所示。

（2）近景。

相较于特写，近景虽然弱化了拍摄主体的信息，但是能更好地渲染气氛，并能展现出更多的环境信息，包括光影、装饰布局等，如图 6-30 所示。

图 6-29 特写示例

图 6-30 近景示例

（3）中景。

中景是拍色人物时最为常用的景别，可以很好地表现出人物的神态、情绪、动作，并在一定程度上交代任务所处的时空信息，如图 6-31 所示。

图 6-31　中景示例

（4）远景。

远景常用于拍摄大体积对象。在远景中，主体被弱化，取而代之的是交代周围环境，如图 6-32 所示。

图 6-32　远景示例

（5）全景。

全景与其他景别不同，在全景中几乎没有主体存在，或者说一切目光所及之物皆为主体，如图 6-33 所示。

3. 视角

多变的拍摄视角可以使视频更具表现力，画面更丰富，还可以使观看者获得新鲜感，更愿意深入了解视频的内容。

（1）平角度。

平角度指的是镜头与被拍摄对象保持水平的角度，如图 6-34 所示。

（2）俯视角度。

俯视角度是指镜头位于被拍摄对象上方的某一角度，如图 6-35 所示。

图 6-33 全景示例

图 6-34 平角度示例

图 6-35 俯视角度示例

（3）仰视角度。

仰视角度是指镜头低于被拍摄对象的角度。仰视角度是在日常拍摄中用得最多的角度，这种拍摄角度可以使拍摄主体在画面中表现出宏伟的形态，如图 6-36 所示。

图 6-36 仰视角度示例

4. 构图

构图指的是将画面中的人物、景色、物品以一定的规则或逻辑进行排列，从而使画面产生美感的方法。

（1）横构图。

我们日常观看的电影、电视节目等传统媒体，通常以横构图为主，如图 6-37 所示。这是因为，在观看时，视线距离荧屏或屏幕有较大的距离，而横构图符合人们在视角上，水平视角范围大于竖直视角范围的特点，会使观看者产生身临其境的感觉。

（2）竖构图。

随着科技的不断发展，人们使用影像的载体的重心从大屏幕转向方便携带的手机或平板电脑。竖构图不仅仅因为拍摄出的画面适配手机等移动设备，更在于使用手机时人眼与手机屏幕的距离相较于人眼与影院屏幕、电视屏幕的距离更短，因此可以忽略视角范围所带来的构图限制，如图 6-38 所示。

图 6-37　横构图示例

图 6-38　竖构图示例

（3）中心构图。

中心构图就是将被拍摄对象置于画面中心，能很好地突出主体的最常见的构图方法，如图 6-39 所示，常用于拍摄单一主体或移动速度较慢的物体。

（4）对称构图。

对称构图可以通过水面或者镜子的反射实现。这种构图法可以同时展示多个空间，并揭示它们之间的内在联系，如图 6-40 所示。

（5）辅助线构图。

辅助线构图是指利用四条辅助线将画面分成九部分进行构图的方式。辅助线构图利用了黄金分割比这一理论，如图 6-41 所示。

（6）引导线构图。

引导线构图是利用环境中的物体所产生的线条来引导时间聚焦的构图方式，有种给人以“往这里看”的感觉，如图 6-42 所示。

图 6-39 中心构图示例

图 6-40 对称构图示例

图 6-41 辅助线构图示例

图 6-42 引导线构图示例

6.2.4 剪映软件

市面上的剪辑软件数不胜数，但是剪辑方法大同小异，只是操作方式有所不同，本部分内容以剪映为例，学习视频剪辑的基本思路与操作方法。

1. 认识主界面

打开电脑端剪映软件或打开剪映 APP，可以看到剪映初始界面，如图 6-43、图 6-44 所示。初始界面主要分为创作区和草稿区两个部分。

(1) 剪辑界面。

在初始界面单击屏幕左下角剪刀状的剪辑图标即可进入剪辑界面。

（2）剪同款界面。

剪同款是利用剪映官方或他人编辑好的模板来实现快速剪辑的手段之一，如图 6-45 所示。

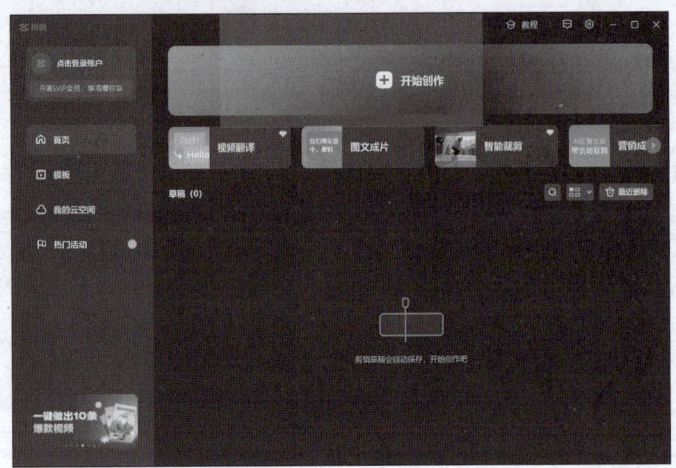

图 6-43　剪映电脑版初始界面

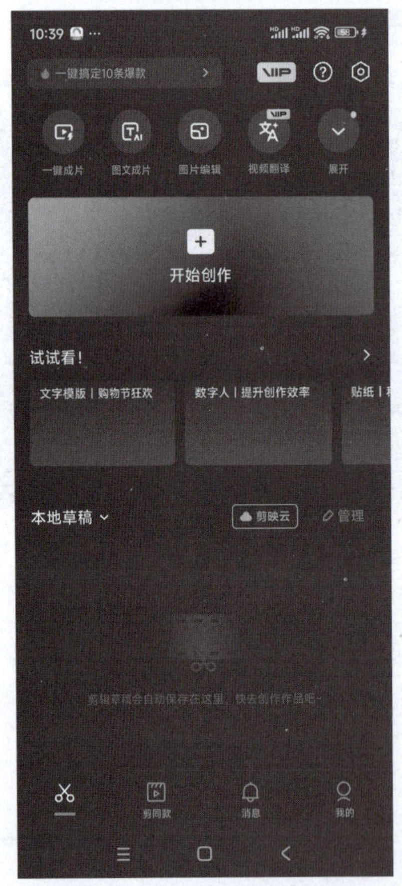

图 6-44　剪映 APP 初始界面

图 6-45　剪同款界面

2. 素材的选取及导入

在剪辑界面中单击上方的“开始创作”按钮进入素材导入界面，如图 6-46 所示，可以选择视频或照片素材。若想一次添加多个视频素材，只需要在素材选取界面单击素材左上角的“ ”标志，则该标志会变为有序号的红色标志，序号代表素材被选中的顺序。单击右下角的“添加”按钮即可完成多个素材的添加工作。

3. 认识剪辑界面

选取素材后，进入剪辑界面。界面的上半部分用于预览视频剪辑后的效果，下半部分用于对视频进行各种各样的操作，如图 6-47 所示。

图 6-46 素材导入界面

图 6-47 剪辑界面

1080P 视频质量：选择所导出的视频的分辨率和帧率。

导出 视频导出：导出剪辑完成的视频。

撤销：撤销当前操作，回到上一步操作的状态。

返回：回到上一步被撤销前的操作状态。

视频全屏显示。

播放视频：可以设置视频从何处播放。

关闭原声：关闭原视频声音，方便配音或添加背景音乐。

设置封面：设置视频导出后的封面，如不进行单独设置，默认视频第一帧为封面。

4. 剪映滤镜界面及操作介绍

滤镜主要是使图像、视频实现一些特殊效果，可以将其理解为已经预先设置过一些效果的固定参数，直接添加使用即可。

在剪映 APP 下方工具栏中，单击“滤镜”按钮，如图 6-48 所示。

在滤镜列表中，选择适合视频的滤镜，然后拖动下方的白色圆点进行调整，之后，单击右下角的“√”按钮，为视频添加滤镜后，单击右上角“导出”按钮即完成操作，如图 6-49 所示。

图 6-48　视频剪辑工具栏

图 6-49　滤镜选择界面

5. 为短视频添加音乐

单击“开始创作”按钮导入视频，视频可以是自己拍摄的，也可以用剪映提供的视频素材，如图 6-50 所示。

单击“关闭原声”。在下方工具栏单击“音频”按钮→“音乐”选项卡→“推荐音乐”选项卡，从中选择一首音乐，单击“使用”按钮。然后单击创作页面右上角的“导出”按

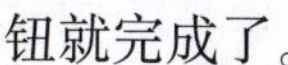

钮就完成了。

6. 关键帧用法

关键帧是指素材在运动变化中关键动作所处的那一帧，关键帧与关键帧之间的动画效果可以由软件创建添加。

打开剪映进入视频编辑界面，单击轨道视频，单击菱形图标就是添加或删除关键帧。出现加号就表示可以在时间轴处添加一个关键帧，添加关键帧后，就可以在视频轨道看到时间轴处已经出现一个关键帧符号，如图 6-51 所示，可以看到加号已经变为减号。再次单击就是把时间轴处的关键帧删除，如图 6-52 所示。

图 6-50　选择、添加音乐

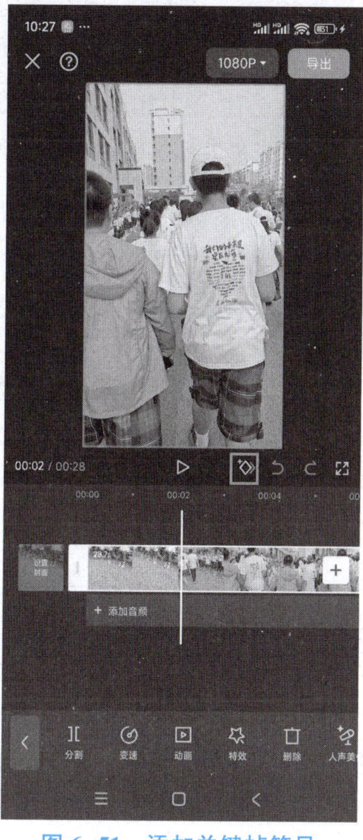

图 6-51　添加关键帧符号

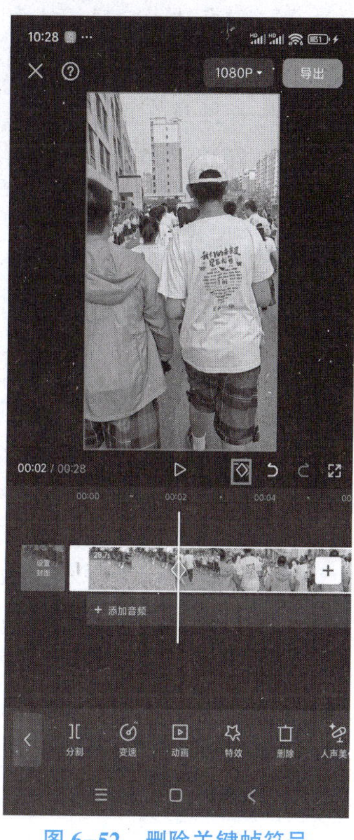

图 6-52　删除关键帧符号

任务 6.3　虚拟现实

【任务描述】

初音未来是世界上第一个使用全息投影技术举办演唱会的虚拟偶像。我们可以不用去现场，用全息膜自制一个投影仪器。

【学习目标】

1. 了解虚拟现实。
2. 制作简单的全息投影。

【知识准备】

1990 年 11 月 27 日，钱学森将虚拟现实（Virtual Reality）翻译为“灵境”，又称灵境技术或虚拟实境，是 20 世纪发展起来的一项全新的实用技术。虚拟现实技术包括计算机、电子信息、仿真技术，其基本实现方式是以计算机技术为主，利用并综合三维图形技术、多媒体技术、仿真技术、显示技术、伺服技术等多种高科技的最新发展成果，借助计算机等设备产生一个逼真的三维视觉、触觉、嗅觉等多种感官体验的虚拟世界，从而使处于虚拟世界中的人产生一种身临其境的感觉。随着社会生产力和科学技术的不断发展，各行各业对 VR 技术的需求日益旺盛。VR 技术也取得了巨大进步，并逐步成为一个新的科学技术领域。

6.3.1 虚拟现实概述

1. 虚拟现实的定义

所谓虚拟现实，顾名思义，就是虚拟和现实相互结合（采用特定技术生成一个虚拟的情境，但给人以现实的感觉）。从理论上来讲，虚拟现实技术（VR）是一种可以创建和体验虚拟世界的计算机仿真系统，它利用计算机生成一种模拟环境，使用户沉浸到该环境中。虚拟现实技术就是利用现实生活中的数据，通过计算机技术产生的电子信号，将其与各种输出设备结合使其转化为能够让人们感受到的现象，这些现象可以是现实中真真切切的物体，也可以是我们肉眼所看不到的物质，通过三维模型表现出来。因为这些现象不是我们直接所能看到的，而是通过计算机技术模拟出来的现实中的世界，故称为虚拟现实。

虚拟现实技术受到了越来越多人的认可，用户可以在虚拟现实世界体验到最真实的感受，其模拟环境的真实性与现实世界难辨真假，让人有种身临其境的感觉；同时，虚拟现实具有一切人类所拥有的感知功能，比如听觉、视觉、触觉、味觉、嗅觉等感知系统；另外，它具有超强的仿真系统，真正实现了人机交互，使人在操作过程中，可以随意操作并且得到环境最真实的反馈。正是虚拟现实技术的存在性、多感知性、交互性等特征使它受到了许多人的喜爱。

2. 虚拟实现发展历史

（1）第一阶段（1929—1962 年）有声形动态的模拟是蕴涵虚拟现实思想的阶段

1929 年，Edwin Link 设计出用于训练飞行员的模拟器；1956 年，Morton Heilig 开发出多通道仿真体验系统 Sensorama。

（2）第二阶段（1963—1972 年）虚拟现实萌芽阶段

1965 年，计算机图形学的重要奠基人 Ivan Sutherland 发表论文“Ultimate Display”（终极的显示）；1968 年，Ivan Sutherland 研制成功了带跟踪器的头盔式立体显示器（HMD）；1972 年，Nolan Bushnell 开发出第一个交互式电子游戏 Pong。

(3) 第三阶段(1973—1989 年) 虚拟现实概念的产生和理论初步形成阶段

1977 年,Dan Sandin 等研制出数据手套 Sayre Glove;1983 年美国陆军和美国国防部高级研究计划局(DARPA)实施 SIMNET 计划,开创了分布交互仿真技术的研究和应用;1984 年,NASA AMES 研究中心开发出用于火星探测的虚拟环境视觉显示器;1984 年,VPL 公司的 Jaron Lanier 首次提出"虚拟现实"的概念;1987 年,Jim Humphries 设计了双目全方位监视器(BOOM)的最早原型。

(4) 第四阶段(1990 年至今) 虚拟现实理论进一步的完善和应用阶段

1990 年,提出 VR 技术包括三维图形生成技术、多传感器交互技术和高分辨率显示技术;VPL 公司开发出第一套传感手套 Data Gloves,第一套 HMD(头盔显示器)"EyePhoncs";

1993 年 11 月,宇航员通过 VR 系统的训练,成功地完成了从航天飞机的运输舱内取出新的望远镜面板的工作,而用 VR 技术设计的波音 777 飞机是虚拟制造的典型应用实例;2022 年加拿大造船公司 Seaspan 将 3D 沉浸式虚拟现实系统(VR)引入船舶设计,使设计师可在 VR 中实时浏览他们的设计。

3. 虚拟实现的特征

(1) 沉浸性

沉浸性是虚拟现实技术最主要的特征,就是让用户成为并感受到自己是计算机系统所创造环境中的一部分,虚拟现实技术的沉浸性取决于用户的感知系统,当使用者感知到虚拟世界的刺激时,包括触觉、味觉、嗅觉、运动感知等,便会产生思维共鸣,造成心理沉浸,感觉如同进入真实世界。

(2) 交互性

交互性是指用户对模拟环境内物体的可操作程度和从环境得到反馈的自然程度,使用者进入虚拟空间,相应的技术让使用者跟环境产生相互作用,当使用者进行某种操作时,周围的环境也会作出某种反应。如使用者接触到虚拟空间中的物体,那么使用者手上应该能够感受到,若使用者对物体有所动作,物体的位置和状态也应改变。

(3) 多感知性

多感知性表示计算机技术应该拥有很多感知方式,比如听觉、触觉、嗅觉等。理想的虚拟现实技术应该具有一切人所具有的感知功能。由于相关技术,特别是传感技术的限制,目前大多数虚拟现实技术所具有的感知功能仅限于视觉、听觉、触觉、运动等几种。

(4) 构想性

构想性也称想象性,使用者在虚拟空间中,可以与周围物体进行互动,可以拓宽认知范围,创造客观世界不存在的场景或不可能发生的环境。构想可以理解为使用者进入虚拟空间,根据自己的感觉与认知能力吸收知识,发散拓宽思维,创立新的概念和环境。

(5) 自主性

自主性是指虚拟环境中,物体依据物理定律动作的程度。如当受到力的推动时,物体会向力的方向移动、翻倒,或从桌面落到地面等。

4. 虚拟实现的应用

（1）虚拟现实在影视娱乐中的应用

近年来，由于虚拟现实技术在影视业的广泛应用，以虚拟现实技术为主而建立的第一现场 9DVR 体验馆得以实现。虚拟现实技术和可穿戴设备的研发降低了体育项目的参与门槛，诸如赛车、国际象棋等运动，选手们可接入服务器“穿越”到世界各地赛场，与各国高手同台竞技。

（2）虚拟现实在教育中的应用

虚拟现实技术已经成为促进教育发展的一种新型教育手段。传统的教育只是一味地给学生灌输知识，而现在利用虚拟现实技术可以帮助学生打造生动、逼真的学习环境，使学生通过真实感受来增强记忆，相比于被动性灌输，利用虚拟现实技术来进行自主学习更容易让学生接受，这种方式更容易激发学生的学习兴趣。此外，各大院校利用虚拟现实技术还建立了与学科相关的虚拟实验室来帮助学生更好的学习。

（3）虚拟现实在设计领域的应用

虚拟现实技术在设计领域小有成就，例如室内设计，人们可以利用虚拟现实技术把室内结构、房屋外形通过虚拟技术表现出来，使之变成可以看得见的物体和环境。同时，在设计初期，设计师可以将自己的想法通过虚拟现实技术模拟出来，可以在虚拟环境中预先看到室内的实际效果，这样既节省了时间，又降低了成本。

（4）虚拟现实在医学方面的应用

医学专家们利用计算机，在虚拟空间中模拟出人体组织和器官，让学生在其中进行模拟操作，并且能让学生感受到手术刀切入人体肌肉组织、触碰到骨头的感觉，使学生能够更快地掌握手术要领。而且，主刀医生们在手术前，也可以建立一个病人身体的虚拟模型，在虚拟空间中先进行一次手术预演，这样能够大大提高手术的成功率，让更多的病人得以痊愈。

（5）虚拟现实在军事方面的应用

由于虚拟现实的立体感和真实感，在军事方面，人们将地图上的山川地貌、海洋湖泊等数据通过计算机进行编写，利用虚拟现实技术，能将原本平面的地图变成一幅三维立体的地形图，再通过全息技术将其投影出来，这更有助于进行军事演习等训练，提高我国的综合国力。

（6）虚拟现实在航空航天方面的应用

由于航空航天是一项耗资巨大，非常烦琐的工程，所以，人们利用虚拟现实技术和计算机的统计模拟，在虚拟空间中重现了现实中的航天飞机与飞行环境，使飞行员在虚拟空间中进行飞行训练和实验操作，极大地降低了实验经费和实验的危险系数。

（7）虚拟现实在工业方面的应用

虚拟现实技术已大量应用于工业领域，对汽车工业而言，虚拟现实技术既是一个最新的技术开发方法，又是一个复杂的仿真工具，它旨在建立一种人工环境，人们可以在这种环境中以一种自然的方式从事驾驶、操作和设计等实时活动。另外，虚拟现实技术也可用于汽车

设计、实验、培训等方面，例如在产品设计中借助虚拟现实技术建立的三维汽车模型，可显示汽车的悬挂、底盘、内饰直至每个焊接点，设计者可确定每个部件的质量，了解各个部件的运行性能。

（8）虚拟现实在游戏上的应用

普通的游戏无论是2D还是3D都不会产生VR游戏这般真实的体验，同时由于游戏的普适性，VR技术在游戏上的应用也是VR技术推广的重要部分，抛弃了鼠标和键盘的束缚，真正以玩家为中心。VR技术帮助玩家“真实”地实现了自己的梦想，例如使命召唤的VR版本可以让玩家体验真实的战场，实现普通人的战场梦；Steam的B. Braun Future Operating Room游戏让玩家过了把医生的瘾；还有赛车、飞行等数不胜数。

（9）虚拟现实在手机上的应用

由于手机和周遭电子设备的智能化，VR技术与手机的结合可谓是相得益彰，在桌面式虚拟现实方面，手机可以通过安装APP来模拟各种控制器达成，例如空调温度的控制、智能电视频道换台、窗帘的自动开关等，这也是最近各厂商热衷的生态家居的概念。由于所需的硬件在手机内的高度集成，虚拟现实眼镜的成本就大大降低了，真正降低了沉浸式VR的门槛，例如小米手机推出的小米VR眼镜，三星手机推出的Gear VR，暴风影音的暴风魔镜等都属于这个范畴。

【任务实现】

6.3.2 自制全息投影

1. 准备制作材料

制作全息投影

（1）准备一张A4大小的全息膜，按照给定的尺寸（梯形上边为2厘米，下边为12厘米，高为7厘米）裁剪出四份梯形全息膜，如图6-53所示。

（2）粘贴好全息膜，如图6-54所示。

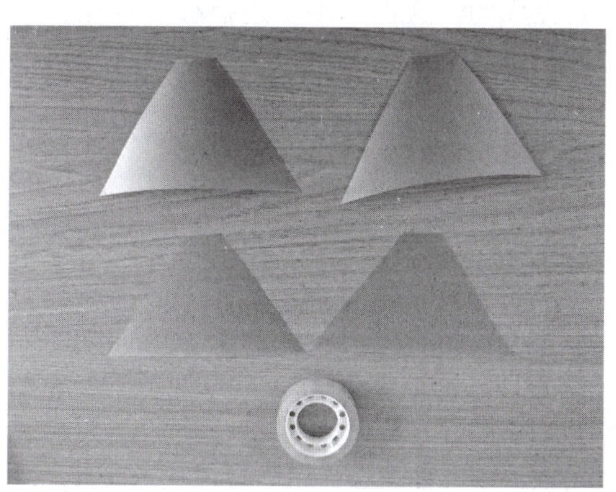

图6-53　全息膜裁剪

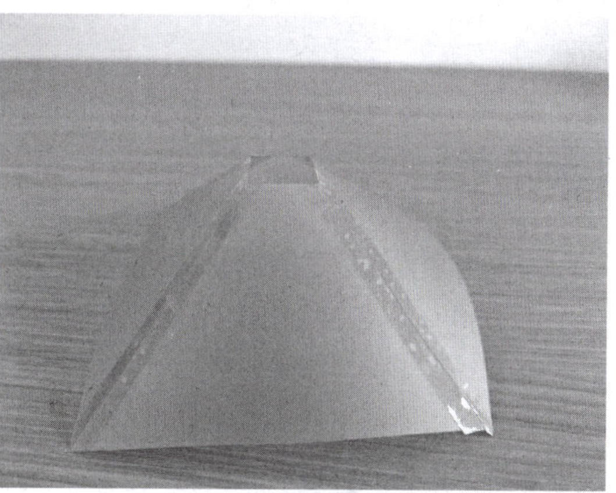

图6-54　粘贴全息膜

2. 全息视频投影

（1）准备好一段全息视频。大家可以在一些视频网站去下载自己想感受的全息视频。

（2）体验全息投影。用 Pad 或者手机播放全息视频，然后我们把自制的投影仪放在上面，为了得到更好的体验效果，可以把房间的灯光调暗。这样我们就能通过自制的全息投影仪观看自己想要看的立体画面了，如图 6-55 所示。

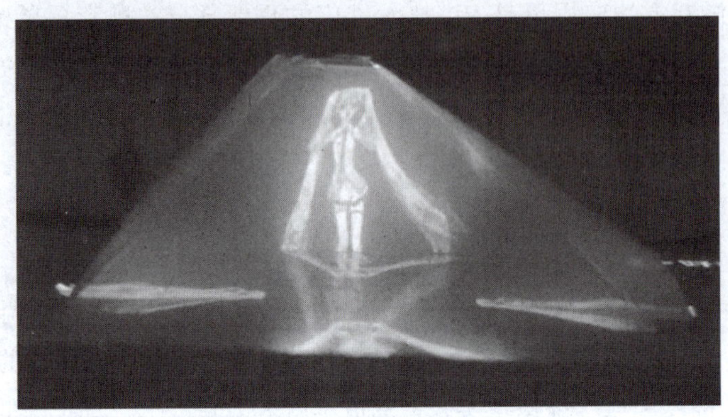

图 6-55　全息投影效果

【知识拓展】

Orion 是一款真正意义上的 AR 眼镜，用户可以不依赖手机，仅通过 Orion 来完成各种常规应用，比如利用 WhatsApp 或 Messenger 收发信息、玩 AR 游戏、语音/视讯通话等。同时，Orion 还集成了 Meta AI 助理，可以协助用户轻松完成语音、物体识别、订票、导航等一系列功能。并且凭借 Meta 的 AI 大模型能力，Orion 也能够实现实时的 AI 翻译等功能。

Orion 采用的是分体式设计，即眼镜本身主要是作为显示部件，而计算部件则是放在了一个独立的盒子当中，这样做的好处是，可以极大地减轻 AR 眼镜的重量和厚度，使其能够达到接近常规眼镜的设计，而操控则交由另外一个分离的部件——Meta 自研的肌电手环来负责。并且，数据的传输似乎是通过无线传输来完成的，这也解决了连接线干扰操控的问题。

小结

本模块主要介绍了图片的基础处理，包括图片的格式和图片的搜索；Photoshop 基本操作，包括 Photoshop 的工作环境，一寸照片换底操作和一寸照片的排版；视频剪辑，包括短视频剪辑基础，短视频制作流程，如何选择短视频封面，如何编写标题，拍摄工具的选择；短视频中常用的拍摄技巧，包括运镜、景别、视角、构图等方法；剪映软件的使用，包括认识主界面，素材的选取及导入，认识剪辑界面，剪映滤镜界面及操作，为短视频添加音乐关键帧等用法；虚拟现实和自制全息投影。

练习与思考

1. 下列哪种工具可以选择连续相似的颜色区域？(　　)

A. 矩形选择工具　　B. 椭圆选择工具

C. 魔术棒工具　　D. 磁性套索工具

2. 如何复制一个图层？(　　)

A. 单击“编辑”→“复制”命令

B. 单击“图像”→“复制”命令

C. 单击“文件”→“复制图层”命令

D. 将图层拖放到图层面板下方创建新图层的图标上 命令

3. 下面哪些选项属于规则选择工具（请选择两项）？(　　)

A. 矩形工具　　B. 椭圆形工具　　C. 魔术棒工具　　D. 套索工具

4. Photoshop 文件的扩展名是（　　）。

A. BMP　　B. GIF　　C. JPEG　　D. PSD

5. 橙色的对比色是（　　）。

A. 青色　　B. 蓝色　　C. 绿色　　D. 黄色

6. 下列文件格式中，既可以存储静态图像，又可以存储动画的是（　　）。

A. . bmp　　B. . jpg　　C. . wmf　　D. . gif

模块 7

新一代信息技术概述

【主要内容】

1. 了解云计算
2. 了解大数据
3. 了解物联网
4. 了解人工智能
5. 了解区块链

任务 7.1 了解云计算

【任务描述】

在数字化浪潮的推动下，云计算已成为现代科技不可或缺的支柱。它如同一片广阔的云端，承载着无数创新与梦想，引领着人类步入一个更加智能、高效的未来。云计算不仅是一种技术革新，更是一种全新的服务模式和商业理念，它正深刻地改变着我们对信息技术的认知和使用方式。请同学们通过对本任务的学习，找出云计算在大家身边的应用场景。

【学习目标】

1. 了解什么是云计算以及云计算的发展历史。
2. 了解云计算的基本技术。
3. 了解云计算的应用实例。

【知识准备】

7.1.1 云计算概述

云计算是一种革命性的技术，它允许个人和企业通过网络访问位于远程数据中心的计算资源。这些资源包括从应用程序和文件存储到完整的服务器和网络设施。云计算的核心在于“云”这个抽象的概念，代表了互联网上分布式计算资源的集合。用户不再需要直接拥有和管理物理硬件，而是可以通过网络，根据需求租用资源，就像购买电力一样简单。

云计算的五大特征包括：

1）按需自助服务：用户无须人工干预即可自行获取计算资源，如服务器时间和网络存储空间等，大大提升了效率。

2）广泛的网络访问：资源可以通过网络从任何地方访问，只需一个网络连接即可。

3）资源池化：云计算服务商拥有大量的资源，它们被池化以服务于多个消费者。资源根据用户需求动态分配和重新分配。

4）快速弹性：资源可以迅速和弹性地供应，迅速扩大或缩小，以适应不断变化的需求。

5）可计量的服务：云服务的使用可以被监控、控制、报告和计费，为用户提供了透明度和成本控制。

云计算与传统的本地计算或企业自有数据中心相比，具有显著的不同。在传统模式下，组织需要购买硬件，设置软件环境，并维持整个基础设施。而云计算则将这一切转移到云端，由专业的第三方管理。这样不仅减少了前期的大量投资，还降低了持续的维护和升级成本。此外，云计算提供了更高的可靠性和可用性，因为大型云服务提供商能够提供企业难以比拟的冗余和备份选项。

云计算的优势显而易见，主要包括：

1）成本效益：用户按照实际使用付费，避免了过度投资和资源闲置的问题。

2）灵活性：资源可以根据需求快速增减，为项目的快速迭代和开发提供支持。

3）可扩展性：随着业务的增长，用户可以无缝扩展其服务能力，无须担心硬件限制。

4）自动化管理：许多云服务提供自动化工具，简化了部署、管理和运维过程。

然而，云计算也面临着一系列挑战：

1）数据安全：将数据托管在外部服务器上可能引发安全担忧。

2）隐私保护：必须确保敏感信息得到妥善处理，遵守相关法律和规定。

3）合规性：不同地区和行业的法律法规可能对数据的存储和处理有特定要求。

4）供应商锁定：迁移到另一个云服务商可能会遇到技术和合同限制。

尽管存在挑战，云计算的广泛应用和持续发展表明，它的收益远大于风险。随着技术的进步和最佳实践的建立，云计算将继续为企业提供灵活、高效和创新的解决方案。

7.1.2 云计算的发展历程

云计算的发展可以追溯到 20 世纪 90 年代的网格计算和分布式计算技术。随着互联网的普及和虚拟化技术的进步，云计算逐渐从概念走向实际应用。近年来，随着大数据、人工智能等新兴技术的兴起，云计算更是迎来了前所未有的发展机遇。

1. 早期计算模式

在深入了解云计算的发展历史之前，我们先回顾一下早期的计算模式。最早期的计算模式是以大型机为中心的集中式计算，用户需要通过终端连接到主机才能进行数据处理。随着个人电脑的普及，计算模式逐渐演变为分布式计算，每个用户都在自己的电脑上完成数据处理任务。这一时期，虽然计算能力得到了极大的释放，但也带来了资源分散和利用率低下的问题。在这种背景下，科学家们开始探索新的计算模式。

2. 网格计算与分布式计算

网格计算的概念最早出现在20世纪90年代，它通过网络将分布在不同地点的计算机连接起来，共同执行大型计算任务。这种计算模式有效提升了计算资源的利用效率，但依然存在配置复杂、管理困难等问题。随后，分布式计算的理念进一步演进，不仅包括了计算任务的分发，还涵盖了存储资源和网络资源的整合使用。这一阶段，虚拟化技术和网络技术的发展为云计算的诞生奠定了坚实的基础。

3. 云计算兴起

进入21世纪，互联网技术飞速发展，数据量激增，传统的计算模式已无法满足日益增长的计算需求。2006年，Google首席执行官埃里克·施密特首次提出了“云计算”这一概念，标志着云计算时代的开启。同年，亚马逊推出了其基础设施即服务（IaaS）平台——AWS，拉开了云计算商业化的大幕。随后，微软、IBM、谷歌等科技巨头纷纷进入云计算领域，云计算市场迎来了蓬勃发展的时期。

4. 当前云计算的发展趋势

如今，云计算已经成为全球信息技术市场的重要组成部分，并保持着强劲的增长势头。根据市场研究数据显示，全球云计算市场的规模正以每年约20%的速度增长，预计在未来几年将达到万亿美元级别。随着技术的不断创新和应用需求的不断提升，云计算正呈现出多元化发展的趋势。一方面，云计算服务提供商正在积极拓展新的服务模式，如平台即服务（PaaS）、软件即服务（SaaS）和功能即服务（FaaS）；另一方面，新兴技术如人工智能、大数据、物联网等与云计算的融合应用，也在不断推动行业的创新和变革。安全性、可靠性、绿色发展成为业界关注的焦点，各大云服务提供商都在积极布局，力图在未来的市场竞争中占据有利地位。

7.1.3 云计算的服务模型

基础设施即服务（IaaS）。基础设施即服务是云计算的基础层，它提供虚拟化的计算资源，例如虚拟机、存储空间和网络。用户可以在线申请资源，进行自定义配置，并在此基础上部署和运行操作系统及应用程序。IaaS使用户能够扩展其业务而无须投资新的硬件设施，实现了成本效益和操作灵活性的大幅提升。

平台即服务（PaaS）。平台即服务位于云计算服务模型的更高层次，它在IaaS提供的基础设施上增加了一个抽象层，允许开发者在云中创建、测试和部署应用程序。PaaS通常包括开发工具、数据库管理、协作工具以及能够支持开发、部署应用程序的平台。这一服务模型极大地方便了软件开发过程，加快了产品上市的速度。

软件即服务（SaaS）。软件即服务提供了一种通过互联网访问软件应用程序的方法。用户无须安装和运行应用程序在本地，而是通过网络进行访问。SaaS应用由第三方维护和管理，实现高效更新和运维，同时减轻用户的技术支持负担。常见的SaaS应用包括客户关系管理系统（CRM）、办公套件、电子邮件服务等。

功能即服务（FaaS）。功能即服务也称无服务器计算，是一种事件驱动的编程模型。它允许开发者编写代码片段，这些代码只有在特定事件触发时才执行，并且运行在全托管的暂态环境中。FaaS 让用户更加专注于代码编写，而不是底层的服务器管理，极大地简化了应用程序的部署与维护，并可以实现自动扩展。

7.1.4 云计算技术基础

1. 虚拟化技术

云计算的核心技术之一是虚拟化，它允许在单一硬件上运行多个操作系统和应用程序。虚拟化技术通过创建一个抽象层来分隔物理硬件和软件，使得多个系统和应用程序能够独立运行，互不干扰。这种技术提高了资源的利用效率，简化了系统管理，并增强了应用的可迁移性。

2. 分布式存储

在云计算环境中，数据存储通常采用分布式存储系统，以实现数据的高可用性和可扩展性。分布式存储将数据分散存储在多个节点上，通过网络进行连接。这种存储方式提升了数据处理速度和存储容量，同时降低了数据丢失的风险。

3. 负载均衡

负载均衡是云计算中的一种技术，用于在多个计算资源之间分配工作负载。通过负载均衡，可以优化资源使用，最大化吞吐量，减少响应时间，并避免过载的情况。云服务提供商通常使用高级的负载均衡算法来确保服务的高可靠性和高性能。

4. 数据安全与隐私保护

数据安全和隐私保护是云计算技术中的重中之重。云服务提供商必须确保数据中心的物理和网络安全，并通过加密、身份验证、访问控制等技术来保护用户数据。合规性也至关重要，提供商需遵循国内外的数据保护法规，如 GDPR、ISO 标准等。

7.1.5 云计算应用实例——华为云服务

华为云服务平台是由华为公司提供的云计算服务，旨在为企业、政府和开发者提供包括计算、存储、网络、数据库、人工智能等在内的全方位云服务，如图 7-1 所示。

1. 产品与服务

计算服务：弹性云服务器（ECS）、GPU 加速云服务器（GACS）、FPGA 加速云服务器（FACS）等，满足不同计算需求。

存储服务：对象存储服务（OBS）、云硬盘（EVS）、云备份（CBR）等，提供稳定、安全的数据存储解决方案。

网络服务：虚拟私有云（VPC）、内容分发网络（CDN）、智能边缘小站（CloudPond）等，构建灵活、高效的网络环境。

数据库服务：云数据库 RDS for MySQL、云数据库 GaussDB 等，支持多种数据库类型，满足企业级应用需求。

人工智能与大数据：盘古大模型、数据治理中心（DataArts Studio）、云搜索服务（CSS）等，助力企业实现智能化转型。

物联网（IoT）：提供 IoT 平台及相关服务，支持设备连接、数据采集与分析。

安全与合规：提供全面的安全防护措施，包括 Web 应用防火墙（WAF）、SSL 证书管理服务（CCM）等，确保用户数据安全。

2. 行业解决方案

智能汽车：与合作伙伴携手，基于云计算、大数据、AI 等技术，赋能汽车产业数智升级。

快递物流：与德邦快递合作，探索人工智能在快递行业全产业链当中的应用，提升服务效率。

跨境电商：为掌众等企业提供快速部署及上线服务，降低网络时延，满足跨境业务需求。

图 7-1　华为云官网产品列表

7.1.6　云计算的未来展望

云计算，作为一种革新性的技术，已深刻改变了我们的商业和个人生活。随着技术的不断进步和需求的日益增长，云计算的未来发展呈现出多个值得关注的趋势。

边缘计算的崛起：随着物联网（IoT）设备数量的激增，数据生成的位置越来越靠近用户，这推动了边缘计算的发展。边缘计算是一种在数据产生地点进行数据处理的技术，可以减少延迟，提高处理速度。未来，云计算将与边缘计算协同工作，形成更加高效、分散的计算资源管理体系。

量子计算与云计算的融合：量子计算的发展预计将为云计算带来革命性的变化。量子计算的强大计算能力能够解决传统计算无法处理的复杂问题，这将极大地扩展云计算的应用范围，从药物发现到复杂系统模拟等领域都将受益。

人工智能和机器学习的深度集成：人工智能（AI）和机器学习（ML）技术将继续深入集成到云计算中，提高云服务的智慧化水平。通过更加精准的数据分析和预测，云服务将能

提供更加个性化、优化的服务，同时自动化管理云资源，提高效率和降低成本。

可持续性和绿色云计算：随着全球对环境问题的关注度提升，可持续性成为云计算未来发展的重要方向。绿色云计算，包括使用可再生能源、提高数据中心的能效等措施，将越来越受到重视。云服务提供商将采取更多措施以减少其服务对环境的影响。

【任务实现】

根据本任务的学习以及上网寻找关于云计算的相关知识，归纳总结云计算的优缺点，以及云计算在大家身边的应用场景。

【知识拓展】

阿里云（Alibaba Cloud），作为阿里巴巴集团的子公司，自 2009 年成立以来，已经发展成为全球领先的云计算服务提供商之一。阿里云提供包括云服务器、云数据库、云存储和 CDN 等基础云服务，以及大数据、人工智能、物联网、区块链等前沿技术的云解决方案。它支持多种编程语言和框架，如 Java、Python、Node. js 等，并提供了丰富的 API 接口供开发者使用。阿里云不仅是技术进步的象征，更是推动社会进步的重要力量。它以其独特的优势，为个人、企业乃至整个社会带来了前所未有的便利和机遇。

任务 7.2　了解大数据

【任务描述】

在信息爆炸的今天，大数据已经成为我们生活中不可或缺的一部分。它像一颗颗繁星，点缀在科技的天空中，照亮了人类前行的道路。大数据不仅仅是一种技术，更是一种思维方式，一种对未来世界的深刻理解和把握。每天，数以亿计的数据被生成，涵盖了从社交媒体互动到在线购物习惯，从传感器收集的环境数据到复杂科学实验的输出。这些数据的规模、复杂性和变化速度定义了“大数据”的概念。在本任务中，我们将介绍大数据的基本概念、其重要性以及它如何改变我们的世界。大家通过本任务的学习，举例说明我国是如何进行数据治理和隐私保护的。

【学习目标】

1. 掌握大数据的基本概念。
2. 了解大数据的历史以及现代应用。
3. 了解大数据的发展趋势。

【知识准备】

7.2.1　大数据概述

大数据通常指的是那些传统数据处理应用软件无法处理的大规模和复杂的数据集。它涉及数据的三个关键维度。

1）体积：数据量巨大，从 TB 到 PB 级别。

2）速度：数据流持续不断且需要实时或近实时处理。

3）多样性：数据类型多样，包括结构化数据、半结构化数据和非结构化数据。

7.2.2 大数据的重要性

大数据的重要性在于它能够提供深刻的见解和决策支持，这对企业和组织来说是无价的。通过分析大数据，组织可以：

1）改善决策制定：基于数据和分析的决策更客观、准确。

2）优化运营：通过数据分析可以提高效率、降低成本。

3）创新产品和服务：数据驱动的洞察可以激发新产品和服务的开发。

4）个性化客户体验：大数据分析可以帮助企业更好地了解客户需求，提供个性化服务。

7.2.3 大数据的发展历程

大数据的概念并非全新，但在过去几十年中，随着互联网和数字化的普及，数据量呈爆炸性增长。关键的历史发展包括：

1）数据库技术的发展：关系型数据库管理系统的出现。

2）互联网的兴起：数据的创造和共享变得前所未有的容易。

3）硬件的进步：存储和计算能力的提升使得处理大规模数据成为可能。

4）云计算：提供了弹性、可扩展的计算资源。

5）算法和机器学习的进步：使得从数据中提取洞察更加高效。

7.2.4 大数据在不同行业的应用

大数据已经成为推动行业创新和转型的关键因素。在本部分内容中，我们将深入探讨大数据在几个关键行业中的实际应用，并分析其带来的变革。这些行业包括金融、医疗保健、零售和电子商务、物流和供应链，以及政府和公共服务。每个行业的应用场景都展示了大数据如何助力提高效率、优化决策和增强客户体验。

1. 金融行业

在金融行业，大数据被用于风险管理、欺诈检测、客户洞察和个性化服务。金融机构通过分析交易数据、市场趋势、社交媒体情绪等，能够更好地理解市场动态，为客户提供定制化的投资建议；同时，大数据还帮助银行和保险公司预测和减少欺诈行为，提高整体业务的安全性，如图 7-2 所示。

2. 医疗保健行业

医疗保健行业利用大数据来改善患者护理、研发新药物、优化治疗方案和降低医疗成本。通过分析患者的大量医疗记录、临床试验数据和公共健康信息，医生和研究人员能够更快地诊断疾病、制订个性化治疗计划，并预测疫情暴发。此外，大数据分析还有助于医疗设备的优化和资源分配。

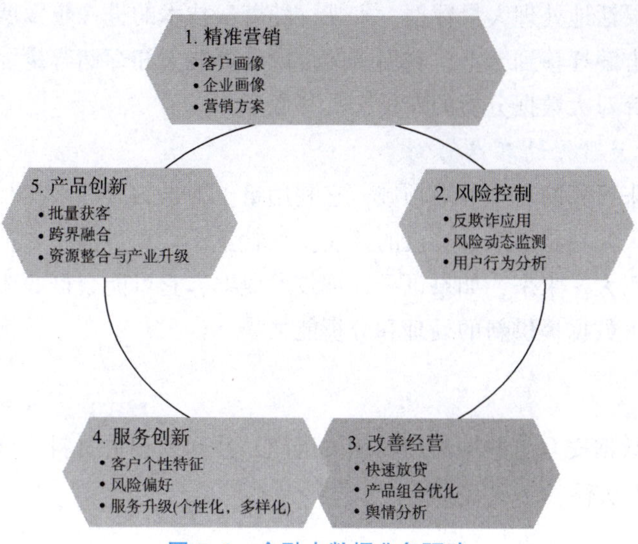

图 7-2　金融大数据业务驱动

3. 零售和电子商务

零售商和电子商务公司依赖大数据来提升客户体验、优化库存管理和驱动销售。通过分析消费者购买行为、在线点击流和社交媒体反馈，企业能够精准定位目标市场，提供个性化推荐，并预测市场趋势。此外，大数据分析还帮助企业在供应链管理中实现更高的效率和响应速度。

4. 政府和公共服务

政府部门和公共服务机构利用大数据来提高服务效率、增强政策制定的针对性和有效性。在城市管理中，大数据帮助人们规划交通系统、应对紧急情况、优化资源分配。在公共安全领域，通过分析犯罪数据和模式，执法机构能够更好地预防犯罪和快速响应。此外，大数据还用于监测环境变化、改善公共卫生服务等。

7.2.5　大数据的未来趋势

随着技术的不断进步和数据量的日益增加，大数据领域正在经历快速变化。下面我们将探讨大数据领域的一些未来趋势，包括人工智能与大数据的融合、云计算的影响、边缘计算的作用以及量子计算对大数据的潜在影响。这些趋势预示着大数据技术和应用将如何演进，为各行各业带来新的机遇和挑战。

1. 人工智能与大数据的融合

人工智能（AI）和大数据是相辅相成的领域。随着机器学习和深度学习技术的发展，AI 需要大量的数据来训练模型，而大数据提供了这些数据。未来，我们预计将看到更多的 AI 算法被开发出来，专门用于处理和分析大规模数据集。同时，AI 将能够辅助自动化数据分析过程，提高决策的速度和准确性。

2. 云计算和大数据

云计算已经成为大数据存储和分析的重要平台。云服务提供了弹性、可扩展的资源，使企业能够根据需求灵活地处理大量数据。未来，随着云技术的进一步发展，我们预计将看到更多的大数据解决方案迁移到云上，利用云的强大计算能力和存储容量。此外，云服务提供商可能会推出更多针对大数据分析的专用工具和服务。

3. 量子计算对大数据的潜在影响

量子计算是未来计算的一个前沿领域，它利用量子力学的原理来执行计算任务，理论上能够在特定问题上大幅超越传统计算机的性能。尽管量子计算目前还处于实验阶段，但它对大数据处理的潜力巨大。未来，如果量子计算技术成熟，它可能会彻底改变数据加密、模拟和优化等领域，为大数据提供新的处理和分析能力。

【任务实现】

观看专家关于数据安全与数据治理的相关讲座，并阅读相关材料，分析国内外法规例如GDPR 等，可完成本次任务。

【知识拓展】

大屏数据可视化是现在很常见的关于大数据方向的应用，大屏数据可视化指的是数据可视化在大尺寸显示屏上的应用，它不仅能展示更多数据和信息，便于多人观看和实时数据监控，还能提供更为震撼的视觉效果和更强的交互性。

大屏数据可视化有以下特点：

（1）实时性：大屏数据可以实时监测数据的变化，生成一系列动态的数据表，可以反映最新的市场动态。

（2）整合性：大屏数据可以整合来自多个不同数据源的数据，通过统一的界面展现出复杂的数据关系和业务逻辑。

（3）极大的视觉冲击力：大尺寸的显示和高质量的图形设计提供了强烈的视觉冲击力，有助于吸引观众的注意力并提升信息传递的效果。

任务 7.3 了解物联网

【任务描述】

物联网（Internet of Things，IoT）是信息科技产业的第三次革命，它通过将物理世界中的物体与互联网连接起来，实现智能化识别、定位、跟踪、监管等功能。物联网是一种基于互联网的新型网络体系结构，它将传感器、智能设备、云计算、大数据、人工智能等信息技术相结合。请大家通过本任务的学习，绘制出一个与学校生活相关的物联网场景图。

【学习目标】

1. 理解物联网的概念。
2. 掌握物联网关键技术。
3. 应用物联网技术。

【知识准备】

7.3.1 物联网概述

物联网是一个由各种计算设备、机械、数字机器、物体、动物或人组成的网络，这些实体通过唯一的标识符（uids）相互连接，能够自动传输数据并通过网络与其他设备交换数据。物联网旨在通过智能感知、识别技术、数据整合和广泛网络的连接性，实现更高效的信息流通和资源管理。

7.3.2 物联网的发展历程

物联网的概念最早在 1999 年由 Kevin Ashton 提出，但相关技术的起源可以追溯到更早的自动化和计算机网络发展。从最初的射频识别（RFID）应用到现在的智能家居和工业自动化，物联网经历了从单一应用到广泛集成的演进过程。随着无线通信技术的普及和成本的降低，物联网设备已经渗透到我们生活的方方面面。

物联网的重要性在于其能够提供实时数据分析、优化资源使用、增强用户体验和提高生产效率。在家庭中，物联网设备可以提高安全性和便利性。在工业领域，物联网可以优化供应链管理和维护流程。在城市管理中，物联网有助于实现交通流的智能控制和能源消耗的监测。此外，物联网在医疗、农业、交通等多个行业都有着广泛的应用前景。

7.3.3 物联网的关键技术

1. 传感器技术

传感器是物联网的感官系统，它们能够检测环境中的各种变化，如温度、压力、光线、声音等，并将这些信息转换为电信号。这些信号随后被传输到处理单元进行分析和决策。传感器的种类多样，包括：

温度传感器：用于监测环境温度。

湿度传感器：用于测量空气中的水分。

运动传感器：用于检测物体的运动或存在。

光传感器：用于检测光照强度。

压力传感器：用于测量气体或液体的压力。

RFID 标签也是一种特殊的传感器技术，RFID 技术是融合了无线射频技术和嵌入式技术为一体的综合技术，RFID 在自动识别、物品物流管理方面有着广阔的应用前景。

2. 嵌入式系统技术

嵌入式系统技术是综合了计算机软硬件、传感器技术、集成电路技术、电子应用技术为一体的复杂技术。经过几十年的演变，以嵌入式系统为特征的智能终端产品随处可见，小到人们身边的 MP3，大到航天航空的卫星系统。嵌入式系统正在改变着人们的生活，推动着工业生产以及国防工业的发展。

3. 用户界面和体验

物联网系统需要一个友好的用户界面（UI），以便用户能够轻松地与设备互动。用户体验（UE）设计关注于如何提高用户的满意度和易用性。

（1）交互设计

物联网设备的交互设计需要考虑设备的物理界面（如触摸屏、按钮）和数字界面（如手机应用和网页控制台）。设计应该直观且易于使用，以满足不同用户的需求。

（2）用户体验

用户体验不仅涉及交互设计，还包括设备的性能、可靠性和用户的情感反应。良好的用户体验设计可以提高用户的满意度和忠诚度。

7.3.4 物联网的应用领域

1. 智慧家居

如果把物联网用人体做一个简单比喻，传感器相当于人的眼睛、鼻子、皮肤等感官，网络就像神经系统用来传递信息，嵌入式系统则是人的大脑，在接收到信息后要进行分类处理。

物联网用途广泛，遍及智能交通、环境保护、政府工作、公共安全、平安家居、智能消防、工业监测、环境监测、路灯照明管控、景观照明管控、楼宇照明管控、广场照明管控、老人护理、个人健康、花卉栽培、水系监测、食品溯源、敌情侦查和情报搜集等多个领域。图 7-3 所示为物联网智能家居系统。

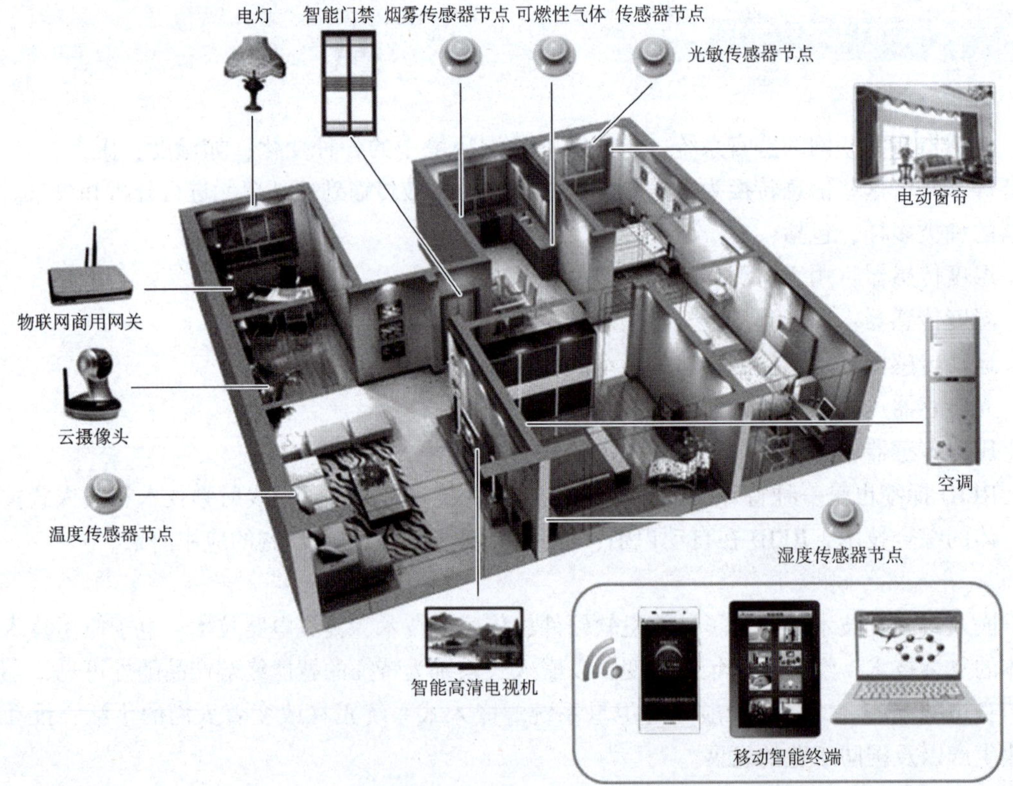

图 7-3 物联网智能家居系统

2. 智慧城市

智慧城市利用物联网技术优化城市管理和服务，如交通管理、能源使用和公共安全，如图 7-4 所示。

交通实时监控：获知哪里发生了交通事故、哪里交通拥挤、哪条路最为畅通，并以最快的速度提供给驾驶员和交通管理人员；

公共车辆管理：实现驾驶员与调度管理中心之间的双向通信，来提升商业车辆、公共汽车和出租车的运营效率；

旅行信息服务：通过多媒介多终端向外出旅行者及时提供各种交通综合信息；

车辆辅助控制：利用实时数据辅助驾驶员驾驶汽车，或替代驾驶员自动驾驶汽车。

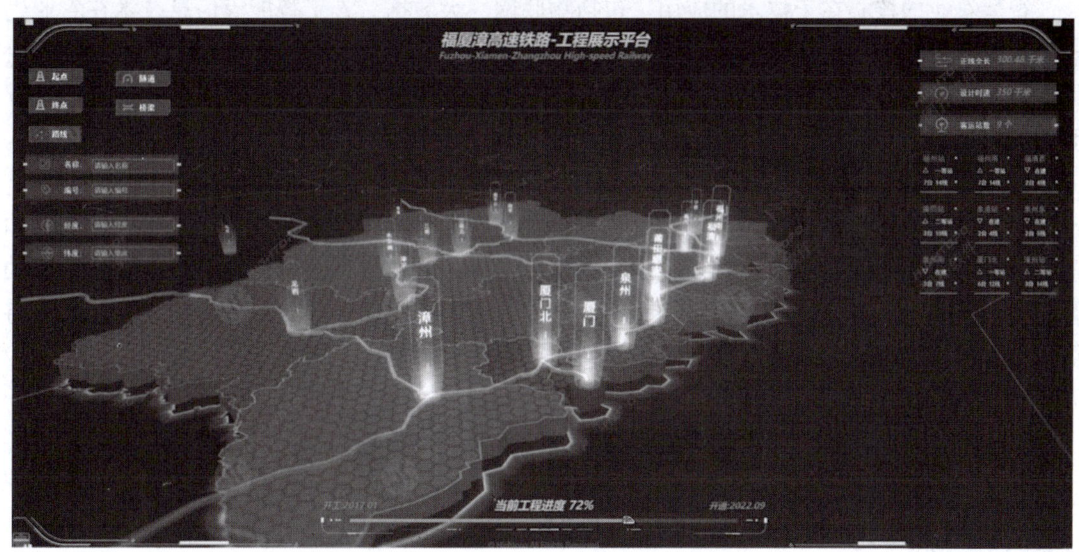

图 7-4　智慧交通

3. 智慧医疗

物联网在医疗健康领域的应用包括远程监控和健康管理。

（1）远程监控

物联网设备可以持续收集患者的健康数据，并将其发送给医生进行远程监控。例如，心率监测器可以实时传输数据，帮助医生及时发现心脏问题。

（2）健康管理

物联网技术还可以帮助患者更好地管理自己的健康。例如，智能药盒可以提醒患者按时服药，而智能手环可以监测运动量并建议健康的生活习惯。

【任务实现】

通过互联网中的经典案例，分析小型物联网场景的需求、工作原理以及技术细节，了解物联网的工作原理，从而可以实现此任务。

【知识拓展】

《种地吧》综艺今年火遍中国，节目中展现了我国智慧农业的发展已经取得了显著的进展，并且展现出了广阔的前景。智慧农业作为现代农业的重要组成部分，通过集成现代信息技术和生物技术，旨在提高农业生产效率、产品质量和资源利用效率，同时促进农业现代化和乡村振兴。

（1）政策支持。

国家高度重视智慧农业的发展，出台了一系列政策来推动这一领域的进步。例如，《数字乡村发展战略纲要》和“十四五”规划都明确提出了加快发展智慧农业的目标。2023 年中央一号文件强调加快农业农村大数据应用，推进智慧农业发展。这些政策为智慧农业的发展提供了明确的方向和支持。

（2）技术应用。

智慧农业的核心在于技术的应用，包括物联网、大数据、人工智能等信息技术在农业生产中的深度融合。通过这些技术，可以实现农业生产过程的实时监控、精准管理和智能决策，从而提高生产效率和产品质量。目前，我国在农业遥感监测、智能灌溉、精准施肥等方面已经取得了显著的技术进展。

（3）未来趋势。

随着技术的不断进步和应用场景的拓展，智慧农业将在我国农业现代化进程中发挥更加重要的作用。未来，智慧农业有望进一步推广到更多的农业生产领域，提高整体农业生产的智能化水平。同时，随着农村信息化基础设施的改善和人才队伍的建设，智慧农业的发展将更加坚实。

任务 7.4 了解人工智能

【任务描述】

人工智能是一门极富挑战性的科学，从事这项工作的人必须懂得计算机知识、心理学和哲学。人工智能是涉猎十分广泛的科学，它由不同的领域组成，如机器学习、计算机视觉等等，总的说来，人工智能研究的一个主要目标是使机器能够胜任一些通常需要人类智能才能完成的复杂工作。但不同的时代、不同的人对这种“复杂工作”的理解是不同的。请大家通过本任务的学习，列举出人工智能给我们生活带来的便利之处，并讨论人工智能的持续发展对未来会产生什么影响。

【学习目标】

1. 掌握人工智能的基本概念。
2. 了解人工智能的关键技术。
3. 关注人工智能伦理与社会影响。

【知识准备】

7.4.1 人工智能概述

人工智能（Artificial Intelligence），英文缩写为 AI。它是研究、开发用于模拟、延伸和扩展人的智能的理论、方法、技术及应用系统的一门新的技术科学。人工智能是计算机科学的一个分支，它企图了解智能的实质，并生产出一种新的能与人类智能相似的方式做出反应的智能机器，该领域的研究包括机器人、语言识别、图像识别、自然语言处理和专家系统等。人工智能从诞生以来，理论和技术日益成熟，应用领域也不断扩大，可以设想，未来人工智能带来的科技产品，将会是人类智慧的“容器”。

人工智能是对人的意识、思维的信息过程的模拟。人工智能不是人的智能，但能像人那样思考，也可能超过人的智能。

7.4.2 人工智能的发展历程

1. 起步发展期：1943 年—20 世纪 60 年代

在人工智能（AI）的早期发展阶段，科学家们开始探索如何让机器模拟人类的智能行为。这一时期的重要里程碑包括：

1943 年：Warren McCulloch 和 Walter Pitts 提出了神经网络的概念，这是现代神经网络理论的基石。

1950 年：Alan Turing 提出图灵测试，用于判断机器是否能展现出与人类相似的智能。

1956 年：在达特茅斯会议上，人工智能这一概念被正式提出，标志着 AI 作为一门学科的诞生。

1957 年：Frank Rosenblatt 发明了感知机，这是一种简单的机器学习模型，能够进行基本的图像识别。

1960 年代初：AI 研究取得了一系列成果，如机器定理证明和跳棋程序。

2. 反思发展期：20 世纪 60 年代—70 年代初

在这一时期，由于早期突破性进展带来的期望过高，人们开始尝试更具挑战性的任务，但遭遇了失败和目标落空的问题。例如，机器翻译的尝试并不成功，导致对 AI 的投资和兴趣降温。

3. 应用发展期：20 世纪 70 年代初—80 年代中

专家系统的出现标志着 AI 从理论研究走向实际应用。这些系统能够模拟人类专家解决特定领域的问题，在医疗、化学等领域取得了成功。

4. 低迷发展期：20 世纪 80 年代中—90 年代中

随着专家系统的局限性暴露出来，如应用领域狭窄、缺乏常识性知识等问题，AI 研究进入了另一个低谷期。

5. 稳步发展期：20 世纪 90 年代中—2010 年

网络技术的发展促进了 AI 研究的复苏。1997 年，IBM 的深蓝超级计算机战胜了国际象棋世界冠军卡斯帕罗夫，成为这一时期的标志性事件。

6. 蓬勃发展期：2011 年至今

大数据、云计算、互联网、物联网等信息技术的发展推动了 AI 技术的飞速发展。深度学习、图像分类、语音识别、无人驾驶等技术取得了重大突破，AI 迎来了爆发式增长的新高潮。

从早期的神经网络概念到现代的深度学习革命，人工智能的发展历程充满了探索和变革。通过对这段历程的回顾，我们可以看到 AI 技术是如何逐渐融入人类生活，并不断推动科技和社会的进步。

7.4.3 人工智能的应用实例

1. 阿尔法 GO（AlphaGo）

阿尔法 GO（AlphaGo）是一款围棋人工智能程序，由谷歌（Google）旗下 DeepMind 公司的戴密斯·哈萨比斯、大卫·席尔瓦、黄士杰与他们的团队开发。其主要工作原理是“深度学习”。2016 年 3 月，该程序与围棋世界冠军、职业九段选手李世石进行人机大战，并以 4∶1 的总比分获胜，如图 7-5 所示。2016 年年末 2017 年年初，该程序在中国棋类网站上以“大师”（Master）为注册账号与中日韩数十位围棋高手进行快棋对决，连续 60 局无一败绩。不少职业围棋手认为，阿尔法围棋的棋力已经达到甚至超过围棋职业九段水平，在世界职业围棋排名中，其等级分曾经超过排名人类第一的棋手柯洁。2017 年 1 月，谷歌 Deep Mind 公司 CEO 哈萨比斯在德国慕尼黑 DLD（数字、生活、设计）创新大会上宣布推出真正 2.0 版本的阿尔法围棋（AlphaGo）。其特点是摈弃了人类棋谱，只靠深度学习的方式成长起来挑战围棋的极限。

图 7-5　阿尔法 GO 团队与韩国棋手李世石对弈

2. 华为无人汽车

华为问界 M9 是我国研发的一款集人工智能、豪华、科技与舒适于一体的智慧汽车。华为问界 M9 不仅在设计上展现了华为“极致、纯净、简约”的美学原则，更在人工智能方面体现了我国的技术实力。图 7-6 所示为华为问界 M9 汽车。

华为问界 M9 汽车实现无人驾驶技术主要依托于其高阶智能驾驶辅助系统 ADS 2.0，以及与该系统配套的硬件和软件平台。华为的 ADS 2.0 系统是一套以视觉+算法为特征的无图

图 7-6　华为问界汽车

智能驾驶辅助系统，理论上能达到 L3 水平。它通过减少硬件数量至 27 个，包括 11 个摄像头、12 个超声波雷达、3 个毫米波雷达和 1 个激光雷达，实现了对周围环境的全方位感知。同时，车载计算平台 MDC610 搭载自研昇腾系列芯片，算力达到 200TOPS@ INT8，支持 L2+ 到 L5 平滑演进。

【任务实现】

分析人工智能案例中技术实现方式与实际应用效果，组织课堂讨论或在线交流活动，分享学习心得和疑问，促进知识的深化理解。

【知识拓展】

人工智能伦理与社会影响是一个复杂而重要的议题，随着人工智能技术的飞速发展，其带来的伦理和社会问题日益凸显。

（1）人工智能的伦理问题。

人工智能技术通常需要大量的数据来进行训练和学习，这涉及数据隐私和个人信息保护的问题。人们担心个人数据的滥用、泄露和不当使用，以及相关的隐私权问题。人工智能技术的发展可能会改变人与机器之间的关系，对社会结构、文化习惯和人际关系产生深远影响。人们担心人工智能技术可能会削弱人类的智能和创造力，以及人类与人类之间的交流和合作。

（2）人工智能的社会影响。

人工智能技术给经济社会发展带来巨大福利，但也可能带来难以预知的各种风险和复杂挑战。例如，人工智能技术发展的不确定性、技术应用的数据依赖性以及算法可解释性可能导致技术失控、隐私失密、公平失衡等问题。人工智能技术的广泛应用可能会改变传统产业和职业的结构，导致一些工作岗位的消失和新的就业需求的出现。这可能会引发就业和劳动力市场的调整和不平等现象。

阿西莫夫的《我，机器人》一书，在 1950 年末由格诺姆出版社出版。此书把“机器人学三大法则”放在了最突出、最醒目的地位，而三大法则之间的互相约束，为后世的人工智能创作有一定的指导意义。第一定律：机器人不得伤害人类个体，或者目睹人类个体将遭受危险而袖手不管。第二定律：机器人必须服从人给予它的命令，当该命令与第一定律冲突时例外。第三定律：机器人在不违反第一、第二定律的情况下要尽可能保护自己的生存。

任务 7.5 了解区块链

【任务描述】

区块链是一种分布式数据库技术，它以块的形式存储数据，并使用密码学方法保证数据的安全性和完整性。每个块包含一定数量的交易信息，并通过加密链接到前一个块，形成一个不断增长的链条。区块链的核心思想是建立一个去中心化、不可篡改的分布式账本，使数据的传输和存储变得更加安全、高效和可靠。大家通过本任务的学习，总结出区块链各个时期的发展趋势有何不同。

【学习目标】

1. 掌握区块链的基本概念。
2. 了解区块链的应用领域。
3. 关注区块链的社会影响和伦理问题。

【知识准备】

7.5.1 区块链概述

区块链（Blockchain）是一种去中心化、不可篡改、安全可信的分布式账本技术，结合了分布式存储、点对点传输、共识机制和密码学等技术。区块链最初作为比特币的底层技术而广为人知，用于记录交易和信息，确保数据的安全和透明性。它的名称来源于其数据结构，即由一系列按照时间顺序连接的“区块” （每个区块包含多笔交易信息）组成的“链”。区块链的核心特点包括去中心化、透明、安全和可编程性，使其在金融、供应链、医疗和不动产等多个领域得到广泛应用。

7.5.2 区块链的发展历程

区块链技术作为一种革命性的分布式账本技术，其发展历程充满了创新和变革。从最初的比特币到智能合约平台以太坊，再到各种去中心化应用（DApps），区块链技术已经取得了显著的发展。以下是区块链发展的详细历程。

1. 区块链的起源

早期探索：区块链的概念最早可以追溯到 1969 年，当时互联网正处于萌芽阶段，而区块链技术的雏形也在这一时间段开始形成。

比特币的诞生：2008 年 11 月 1 日，中本聪发表了《比特币：一种点对点式的电子现金系统》的论文，提出了基于区块链技术的去中心化电子交易体系。2009 年 1 月 3 日，中本聪建立了第一个序号为 0 的“创世区块”，标志着比特币和区块链的诞生。

早期发展：在比特币推出后，区块链技术逐渐引起了科技界、企业界和政府的重视。近年来，区块链技术在全球范围内得到了广泛关注和应用。

2. 区块链 1.0

加密货币的兴起：区块链 1.0 时代主要聚焦于加密货币的发展，以比特币为代表。这一时代的区块链技术注重高安全性、匿名性和点对点交易。

基础组件：区块链 1.0 的技术包括区块链核心、钱包软件、采矿设备和采矿软件等组件，这些组件共同支持了加密货币的运行。

3. 区块链 2.0

智能合约的出现：区块链 2.0 时代以以太坊为代表，引入了智能合约的概念。智能合约使区块链能够支持更广泛的应用，如去中心化金融（DeFi）、去中心化自治组织（DAO）和不可替代代币（NFT）。

平台建设：以太坊平台为开发者提供了开源和无须许可的方式来部署智能合约，进一步推动了区块链技术的创新和应用。

4. 区块链 3.0

可扩展性和互操作性：区块链 3.0 时代注重提高可扩展性，同时允许不同区块链之间的交互。这一时代的区块链技术开始应用于供应链、网络安全、投票、医疗保健等领域，以提高可追溯性、效率和安全性。

企业应用：区块链 3.0 被视为企业和机构的区块链，旨在降低 gas 费用并增强安全功能，从而更好地支持企业应用。

5. 区块链 4.0

主流应用：区块链 4.0 旨在使区块链技术完全成为主流，广泛应用于商业环境中。这一时代的区块链技术将更加注重用户体验，提升速度和易用性。区块链 4.0 使企业能够将其部分或全部业务转移到安全的、自我记录的去中心化应用程序上，从而享受区块链技术的好处。

7.5.3 区块链的应用领域

1. 金融服务

区块链技术最初是为金融服务设计的，利用区块链可以进行跨境支付，降低交易成本和时间。同时，区块链在智能合约、证券交易、保险和贷款服务中的应用，以及它提高操作效率和降低成本的优势，使传统金融业发生了改变。

2. 供应链管理

通过区块链技术，所有参与方都能实时查看货物的运输状态，从而减少延误和误解。同时，区块链在提高产品质量控制、防止假冒伪劣产品和降低欺诈风险方面具有很大的潜力。

3. 健康医疗

区块链在医疗领域的应用，包括医疗记录管理、药品追溯和临床试验。区块链的去中心化和不可篡改的特性使其成为存储敏感医疗信息的理想选择。同时，区块链技术可确保药品供应链的完整性，帮助简化临床试验过程和数据共享。

4. 政府服务

区块链可以提高政府服务透明度和效率。例如，区块链可以帮助政府建立更安全、更透明的投票系统，减少选举舞弊。同时，区块链可应用于土地注册、公共服务记录和身份验证，并且可以辅助打击腐败和提高公共资源的使用效率。

7.5.4 区块链的挑战和未来趋势

1. 跨链技术的发展

随着多种不同的区块链网络的出现，跨链技术的需求日益增长。跨链技术允许不同的区块链网络相互通信和交换数据，从而增强不同网络之间的互操作性。这为创建更复杂的区块链应用和服务打开了大门，例如，可以在一个区块链上进行借贷，在另一个区块链上进行支付。为了实现这一目标，开发者们正在研究跨链桥接、跨链智能合约等技术。

2. 量子计算的威胁与抗性

量子计算的发展对区块链的安全构成潜在威胁。量子计算机拥有传统计算机无法比拟的计算能力，可能会破解目前用于保护区块链数据的加密算法。为了应对这个威胁，量子抗性区块链的研究正在进行中。这些研究包括开发新的加密算法和共识机制，以确保在量子计算成为主流时，区块链仍然安全。

【任务实现】

根据本任务的学习以及上网寻找关于区块链不同时期的发展的相关知识，归纳总结出不同时期的发展方向。

【知识拓展】

区块链技术在教育领域的应用正逐渐展现出其独特的价值和潜力。

（1）学历证书与学分验证。

区块链技术可以用于存储和验证学生的学历证书和学分信息。通过区块链技术，学校可以为每个学生颁发一个数字证书，并将其存储在区块链上。这样，任何人都可以通过区块链验证该证书的真实性和有效性，从而减少了欺诈行为的发生。例如，美国麻省理工学院媒体实验室和 Learning Machine 软件公司合作开发的 Blockcerts 开放标准，就允许个人、教育机构、政府免费使用，以在比特币区块链上发布和验证证书。

（2）教育资源的版权保护。

区块链技术可以用于保护教育资源的版权。通过区块链技术，创作者可以将其作品的版权信息存储在区块链上，从而防止侵权行为的发生。这有助于激励更多的创作者参与到教育资源的创作中来，同时也为教育资源的传播和使用提供了更加安全和可靠的环境。

小结

本模块主要介绍了云计算基本概念、服务模型、部署方式、关键技术以及未来展望；大数据技术概述、大数据技术的重要性、大数据技术的发展历程、大数据技术在不同行业的应用及其未来展望；物联网概述、物联网的发展历程、物联网的关键技术以及物联网的应用领域；人工智能概述、人工智能的发展历程以及人工智能的应用实例；区块链技术概述、区块链技术的发展历程、应用领域及其未来发展与挑战。

练习与思考

1. 下列不属于网络电话拨打软件是（　　）。

A. QQ　　B. Skype　　C. Outlook　　D. 微信

2. 下列不属于云存储优点的是（请选择两项）（　　）。

A. 只要能连接互联网，用户可以在任何地点读取所存储的文件

B. 文件的存储完全免费

C. 存储的数据不会受到黑客和病毒的威胁

D. 便于和其他用户分享所存储的文件

E. 即使本地电脑损坏，也不影响所存储数据的安全

3. 将下列应用案例与适用的技术进行配对。

移动互联　　滴滴打车

大数据　　消费者行为分析

云计算　　移动办公平台

物联网　　智能交通

4. 需要保密的办公室门禁可以采用如下技术，其中不属于生物识别的是（选择两项）（　　）。

A. 指纹识别　　B. 密码　　C. 巩膜识别

D. 门禁卡　　E. 面孔识别

5. 请将下列云计算概念与其简称进行对应。

基础设施即服务　　SaaS

平台即服务　　PaaS

软件即服务　　Iaas

6. 将相关术语与其含义进行匹配。

虚拟现实　　CIO

信息主管　　VR

增强现实　　AI

人工智能　　AR

模块 8

信息素养与社会责任

【主要内容】

1. 了解电子邮件礼仪
2. 了解在线互动中的行为规范
3. 合法合规使用计算机
4. 了解数字生活

任务 8.1 了解电子邮件礼仪

【任务描述】

当前，在数字社会背景下，如何成为一个合格的数字公民？一名合格的数字公民意味着能够安全、负责任地使用信息技术。在网络信息交流中，应如何保持邮件礼仪，在线互动中如何避免恶意的一些行为，在信息传递与共享变得越来越容易的同时如何更好地保护知识产权，这些情况都使我们应该更加重视与完善数字公民教育。学习完本任务后，大家使用 Outlook 发送给老师一个符合电子邮件礼仪的课程总结。

【学习目标】

1. 掌握电子邮件的优势。
2. 了解电子邮件礼仪。

【知识准备】

8.1.1 电子邮件与普通邮件的差异与优势

在线通信的拼写规范及礼节是成为合格数字公民的基础，需要我们在了解网络通信礼仪，掌握网络通信标准的前提下完成在线通信。

电子邮件的本质和邮政邮件是一样的。用户需要提供收件人的姓名和地址。使用 E-mail 的优点如表 8-1 所示。

就一台计算机与另一台计算机的信息沟通而言，虽然电子邮件是最流行的通信手段，但还是可以使用其他各种设备来进行沟通，如手机短信服务或即时信息等。

表 8-1 使用 E-mail 的优点

名称	含义
速率高	可以对一个或多个目标发送邮件，从而减少电话联系所花费的时间
文件线索	打印邮件的通信记录。电子邮件程序还允许用户通过创建文件夹来储存信息
分享信息	每一个电子邮件程序都可以根据需要添加附件档案，而可发送附件的大小有一定限制
与他人协同作业	可以发送一封邮件给某一个收件人，而与此同时，将其副本发送给其他人，或者再将该邮件转发给其他人
容易获取	发送或接收邮件可以从现场或远程地点获得
节约成本	节约了长途电话费、运输费用或物理访问的成本

即时信息服务就像与一个或更多的人交流一样。流行的即时通信程序，如 MSN、Yahoo 和腾讯 QQ 等，可以用于图形化显示的手持设备和手机上，实现了用户之间进行实时交谈的可能。文本信息一般是指发送只有文字显示在接收器上的信息，具有短信功能的手机就可以完成收发操作。而无论是输入文字还是接收邮件，都受到同一时刻信息通信对象只能是一个的限制。

8.1.2 拼写规范

在线通信时，应注意拼写错误和错别字，应使用拼写检查。这是对别人的尊重，也是自己的态度的体现。例如，当我们使用 E-mail 进行公文发送或日常交流时，我们需要注意如果是英文 E-mail，最好把拼写检查功能打开；如果是中文 E-mail，注意拼音输入法给你的同音错别字。在邮件发送前，务必自己仔细阅读一遍，检查行文是否通顺，拼写是否有错误。

8.1.3 全部大写与标准大写的区别

相比首字母大写，全部大写有时起到突出强调的作用，防止更改。特别是重要的文件一类。再有就是特殊名称需大写。不要过多使用大写字母对信息进行提示。合理的提示是必要的，但过多的提示则会让人抓不住重点，影响阅读速度。

8.1.4 职场与私人通信的区别

现如今，可能已经找不到没有电子邮箱的网民了。特别是职业人士，还拥有使用公司域名的邮箱。职业人士利用公司邮箱发送邮件与私人信件有着很大区别，存在着职场邮件礼仪方面的新问题。

据统计，如今互联网每天传送的电子邮件已达数百亿封，但有一半是垃圾邮件或不必要的。在商务交往中要尊重一个人，首先就要懂得替他人节省时间，电子邮件礼仪的一个重要方面就是节省他人时间，只把有价值的信息提供给需要的人。

写 E-mail 就能看出其人为人处世的态度。你作为发信人写每封 E-mail 的时候，要想到收信人会怎样看这封 E-mail，时刻站在对方立场考虑，将心比心。同时勿对别人的回答过度期望，当然更不应对别人的回答不屑一顾。

8.1.5 电子邮件与网络礼节

1. 关于主题

主题是接收者了解邮件的第一信息，因此要提纲挈领，使用有意义的主题行，这样可以让收件人迅速了解邮件内容并判断其重要性。

一定不要有空白标题，这是最失礼的。标题要简短，不宜冗长，不要让 Outlook 用省略号才能显示完你的标题。标题要能真实反映文章的内容和重要性，切忌使用含义不清的标题，如“王先生收”等。一封信尽可能只针对一个主题，不在一封信内谈及多件事情，以便于日后整理。

可适当使用大写字母或特殊字符（如“!”等）来突出标题，引起收件人注意，但应适度，特别是不要随便就用“紧急”之类的字眼。回复对方邮件时，可以根据回复内容需要更改标题。

2. 关于称呼与问候

恰当地称呼收件者，拿捏尺度。邮件的开头要称呼收件人。这既显得礼貌，也明确提醒某收件人，此邮件是面向他的，要求其给出必要的回应；在多个收件人的情况下可以称呼大家（英文邮件可以使用“ALL”）。如果对方有职务，应按职务尊称对方，如“×经理”；如果不清楚职务，则应按通常的“×先生”“×小姐”称呼，但要把性别先搞清楚。不熟悉的人不宜直接称呼英文名，对级别高于自己的人也不宜称呼英文名。称呼全名也是不礼貌的，不要对谁都用个“Dear×××”，显得很熟络。在 E-mail 开头和结尾最好要有问候语。最简单的英文开头写“Hi”，中文写“你好”；英文结尾常见的写“Best Regards”，中文写“祝您顺利”之类的也就可以了。俗话说得好，“礼多人不怪”，礼貌一些，总是好的，即便邮件中有些地方不妥，对方也能平静地看待。

3. E-mail 正文要简明扼要，行文通顺

E-mail 正文应简明扼要地说清楚事情；如果具体内容确实很多，正文应只作摘要介绍，然后单独写个文件作为附件进行详细描述。正文行文应通顺，多用简单词汇和短句，准确清晰的表达，不要出现让人晦涩难懂的语句。最好不要让人家拉滚动条才能看完你的邮件。根据收件人与自己的熟络程度、等级关系，邮件是对内还是对外性质的不同，选择恰当的语气进行论述，以免引起对方不适。电子邮件可轻易地转给他人，因此对别人意见的评论必须谨慎而客观。不要动不动使用:）之类的笑脸字符，在商务信函里面这样显得比较轻佻。

4. 附件

如果邮件带有附件，应在正文里面提示收件人查看附件，附件文件应按有意义的名字命名。正文中应对附件内容做简要说明，特别是带有多个附件时。附件数目不宜超过 4 个，数目较多时应打包压缩成一个文件。如果附件是特殊格式的文件，应在正文中说明打开方式，以免影响使用。如果附件过大（不宜超过 2 MB），应分割成几个小文件分别发送。

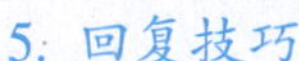

5. 回复技巧

收到他人的重要电子邮件后，即刻回复对方，这是对他人的尊重，理想的回复时间是 2 小时内，特别是对一些紧急重要的邮件。对每一份邮件都立即处理是很占用时间的，对于一些优先级低的邮件可集中在某一特定时间处理，但一般不要超过 24 小时。如果事情复杂，你无法及时确切回复，那至少应该及时地回复“收到了，我们正在处理，一旦有结果就会及时回复”，不要让对方苦苦等待。如果你正在出差或休假，应该设定自动回复功能，提示发件人，以免影响工作。当回件答复问题的时候，最好把相关的问题抄到回件中，然后附上答案。不要用简单的词回复，那样太生硬了，应该进行必要的阐述，让对方一次性理解，避免再反复交流，浪费资源。

6. 主动控制邮件的来往

为避免无谓的回复，浪费资源，可在文中指定部分收件人给出回复，或在文末添上以下语句：“全部办妥”“无须行动”“仅供参考，无须回复”等内容。只给需要信息的人发送邮件，不要占用他人的资源。

7. 转发邮件要突出信息

在你转发消息之前，首先确保所有收件人需要此消息。除此之外，转发敏感或者机密信息要小心谨慎，不要把内部消息转发给外部人员或者未经授权的接收人。如果有需要还应对转发邮件的内容进行修改和整理，以突出信息。不要将回复了几十层的邮件发给他人，让人摸不着头脑。

【任务实现】

使用 Outlook 发送符合规则的邮件，并总结本任务涉及的内容。

【知识拓展】

Outlook 的使用方式主要包括邮件管理、日历和任务管理、联系人管理以及高级功能设置等。以下是这些使用方式的具体介绍。

邮件分类和管理：Outlook 允许用户创建规则来自动管理邮箱，例如可以设置所有来自特定发件人的邮件自动移动到指定文件夹。同时，快速步骤功能让用户可以通过单一操作完成多个步骤，如将邮件移动到指定文件夹并标记为已读。

邮件搜索：Outlook 提供高级搜索选项，用户可以搜索特定时间段的邮件或包含附件的邮件等。使用搜索运算符如“from:sender@ example. com”可以帮助用户快速找到特定发件人的所有邮件。

日历功能：Outlook 允许在创建会议邀请时直接添加会议室，还可以与同事共享日历，方便团队协作。

任务管理：在 Outlook 中，用户可以创建和管理任务，设置任务的开始和截止时间，甚至分配任务给团队成员。

联系人分组：用户可以创建联系人组，方便向同一组人发送邮件，提高工作效率。

社交媒体整合：Outlook 支持连接社交媒体账户，如 LinkedIn 或 Twitter，可以直接在 Outlook 中查看联系人的社交媒体更新。

任务 8.2 了解在线互动中的行为规范

【任务描述】

目前利用网络恶意中伤、肆意编造谣言，进行人身攻击、恐吓等违法行为屡见不鲜。网上谣言的危害是多方面的，这些恶意中伤或谣言违反了新闻真实性的原则，使事情真假难辨，甚至黑白颠倒，不仅会给网民造成巨大的思想混乱，而且会给个别组织或个人的名誉造成严重不良影响。对于这些行径，除了强烈谴责之外，我们可以采取相应的法律措施维护自身权益。请举例说明我国颁布的至少三条关于网络行为规范的法律法规。

【学习目标】

1. 了解网络诽谤与网络论战。
2. 掌握如何正确地在线互动。

【知识准备】

8.2.1 网络诽谤与中伤

现在可以说是一个网络的时代，不论是谁，只要有计算机、手机连通到网上就可以发布消息。网络赋予人们更多的言论自由的空间。发布消息不再是电视台、报纸、广播电台的专利。当然，网络在给人们带来便利的同时，也面临许多问题，最主要的是诽谤与中伤。诽谤和中伤就是指有些人制造不真实的公开声明以损害别人的人格和声誉。实际上我们每天都看到各种各样吵架的博客、评论等，这些都是诽谤和中伤的表现形式。受到诽谤和中伤的人可以控告诽谤或中伤者，不管这些侮辱性的陈述是口头的还是书面的，同样要承担法律责任。在聊天室或者邮件中，人们很容易坠入言论自由的陷阱，伦理上讲，在任何环境下，诽谤和中伤都是错误的。

消除诽谤与中伤，需要每个参与者自觉维护这个平台，但是这几乎是不可能的，就好像是一个集贸市场，什么人都有，不可能做到所有人都遵守这个秩序。网络使用者可以按照有关条文来保护自己。有关网络诽谤的问题各个国家都有，虽然当受害者身心受到伤害时，会付诸法律和程序来索赔，但是网络有匿名性，很多时候会费很多周折。尽管登录时没有采用真实的姓名和地址，但是仍然可以从 IP 地址知道该中伤或诽谤的言论是从哪里发出来的。所以说，对待诽谤和中伤的方法和对待流言蜚语的方法一样，就是不传播，听而不闻，不作任何反应。如果造成严重影响的，可以付诸法律。

8.2.2 网络论战

网络论战是指网络使用者之间的争执，属于虚拟社群内的冲突。这个词来自 *The Hacker's Dictionary*，形容愤怒或无理的文字在对此主题有兴趣的社群成员中传递，目的在于推翻或者触怒其他成员的观点，以此追求个人认同，或彰显自我优越。由于匿名而缺乏真实线索，加上文化差异以及新手不遵守网络规范，网络论战的确比真实生活的论战来得频繁。

网络论战对于社群影响：网络论战对于社群的影响分为社群认同的影响和议题内容的影响。在社群认同的部分，大多数认为网络论战会导致无意义的谩骂，破坏社群成员的社群认同，但也有相关研究指出，论战也有利于社群意识的加强。网络论战在个人层次的影响可能会加强或者降低虚拟社群成员的向心力。

管理员的态度是否会影响成员或者内容：对于冲突的处理方式，若站长或者版主经常采用压制的手段解决，无协调或是透过公平投票的过程，往往导致社群成员的向心力降低，该议题的内容也无提升的可能。但若是管理员能秉持中立性，适当依照版规来纠正论战观点，或是惩罚谩骂的网友，则有助于论战的进行以及内容的提升。

网络论战对于虚拟社群的议题以及内容带来什么影响：有学者认为，论战会使讨论失去焦点，偏离当初的主题。所以，论战对于议题内容而言，可能会产生不良的影响。但若是论战本身可以通过管理者的修正，以及专业者和高度信誉者的参与，使论战脱离人身攻击以及议题发散的结果，将有助于论战，对于内容层次的提升有正面的影响。

8.2.3　在线互动中的适当行为

网络世界包罗万千，有黑白分明，也有鱼龙混杂；网络的发展惠及每个人，也影响大众的生活交流方式。网络，它为我们创造了自由交流的空间，它是我们生活的一部分。但是长期以来，我们也不难发现，网络并不是一个温馨家园，造谣生事的，人身攻击的，污言秽语的，这些不文明的行为，伤害了我们，也在误导着我们。下列这些行为是我们在线互动中的适当行为。

1）主题或标题明确，不要让别人猜测信息内容。

2）使用恰当的语言，如果你现在可能有些情绪化，那么不要发信息，等过后再审查一下信息。

3）信息不能全用大写字母，否则等于喊叫或尖叫。

4）信息简明，人们将更乐于阅读。

5）给对方留下好印象。信息的用词和内容代表着你，所以发送前要检查你的用词。

6）有选择性地将有关信息资料放进邮箱或网站。因为网上的信息是公开的，谁都可以看到。

7）只有得到发送者的同意，才可以转发收到的信息。

8）永远记得你不是匿名的，你在邮箱或网站所写的东西都可以追踪到你。

9）如果引用别人的作品，要确保引用格式正确。

10）考虑别人的状况　如果你因为看到或读到网上的一些内容而不安，那么请原谅对方的拼写错误和愚蠢。如果你认为它违法了法律，那么举报它。

11）遵守知识产权法。不要未经允许使用别人的图片、内容等。

12）在获得允许的情况下，适当地使用分配名单。

13）不要发送垃圾邮件。

14）不要发送连锁信。如果收到，通知网络管理员。

15）不要回应人身攻击。

【任务实现】

上网或图书馆查找相关法律法规文书，并进行总结。

【任务拓展】

1.《中华人民共和国网络安全法》

《中华人民共和国网络安全法》是我国第一部全面规范网络空间安全管理的基础性法律，自 2017 年 6 月 1 日起正式实施。该法规定了网络运营者的责任、个人信息保护、重要数据的保护以及网络信息安全等多个方面，旨在保障网络安全，维护国家安全和社会公共利益，保护公民、法人和其他组织的合法权益。

2.《互联网新闻信息服务管理规定》

《互联网新闻信息服务管理规定》最初于 2005 年 9 月 25 日实施，后经多次修订，最新版本自 2024 年 6 月 1 日起正式施行。该规定对互联网新闻信息服务提供者的义务和责任进行了明确，包括内容管理、用户信息保护、违法行为处理等方面，旨在规范互联网新闻信息服务活动，促进互联网新闻信息服务健康有序发展。

3.《公安机关互联网安全监督检查规定》

《公安机关互联网安全监督检查规定》由公安部发布，自 2024 年 11 月 1 日起施行。该规定明确了公安机关在互联网安全监督检查中的职责和权限，规定了对互联网服务提供者和联网使用单位的监督检查要求，以及对违反网络安全法律法规行为的处罚措施，旨在加强互联网安全管理，防范和打击网络违法犯罪活动。

任务 8.3 合规合法使用计算机

【任务描述】

某大学一名博士生因为通过学校的一个免费代理服务器，从某期刊网站大批量地下载电子期刊论文，而被出版商封禁了学校代理服务器所属的 IP 段。据该大学的有关负责人介绍，数据库由该大学购买，每年要支付数十万元，但是学校和数据库供应商之间有明确协议，只能用于科研用途，凡是大批量地下载一律视为侵犯知识产权，对方有权利暂时停止数据库资料的提供，直到情况明确为止。据有关专家介绍，数字文献在网上，只要是合法的用户都可以用。但是同时大量下载论文材料就会被视为不是用于自己的科研，而有侵犯知识产权的嫌疑，数据库提供方有权中止使用方的使用权利。因特网的发展对于在传统媒体环境下建立起来的著作权法产生了前所未有的冲击，著作权法的修订远远落后于因特网的飞速发展，网上信息资源的利用成了一场“没有规则的游戏”。但是，网络空间绝不是非法使用版权作品的“天堂”。请大家举例说明还有哪些不合法使用计算机的案例？

【学习目标】

1. 了解知识产权与侵权行为。

2. 了解互联网审查制度。

【知识准备】

学习并理解与计算机使用相关的国家法律法规，如《中华人民共和国网络安全法》《中华人民共和国个人信息保护法》，了解计算机网络道德规范，明确网络行为的合法性和合规性。合规合法使用计算机的任务不仅包括掌握相关法律法规和网络安全知识，还需要关注软件的合法使用、数据的保护、网络行为的规范以及知识产权的尊重等方面。通过实践操作和持续学习提升，我们可以更好地利用计算机为我们的生活和工作带来便利和效益。

8.3.1 知识产权

知识产权是指公民或法人等主体依据法律的规定，对其从事智力创作或创新活动所产生的知识产品享有的专有权利，又称“智力成果权”“无形财产权”，主要包括发明专利、商标以及工业品外观设计等方面组成的工业产权和自然科学、社会科学以及文学、音乐、戏剧、绘画、雕塑、摄影等方面的作品的版权（著作权）两部分。知识产权是基于人们对自己的智力活动创造的成果和经营管理活动中的经验、知识依法享有的权利。它是一种私权，本质上是特定主体依法专有的无形财产权，其客体是人类在科学、技术、文化等知识形态领域所创造的精神产品。保护知识产权的目的，是为了鼓励人们从事发明创造，并公开发明创造的成果，从而推动整个社会的知识传播与科技进步。

知识产权包含领域如下：

1）传统领域（线下）：商标权、专利权、著作权等。

2）互联网领域的地址资源（线上）：英文域名、中文域名、通用网址、无线网址等。

网络知识产权就是由数字网络发展引起的或与其相关的各种知识产权。网络知识产权除了上面所介绍的传统知识产权的内涵外，又包括数据库、计算机软件、多媒体、网络域名、数字化作品以及电子版权等。因此网络环境下的知识产权的概念的外延已经扩大了很多。我们在网络上经常接触的电子邮件，在电子布告栏和新闻论坛上看到的信件，网上新闻资料库，资料传输站上的电脑软件、照片、图片、音乐、动画等，都可能作为作品受到著作权的保护。

8.3.2 侵权方式

网络资源相对于传统的文字资源有着自己独有的特征。一是数字化、网络化，这是网络信息资源的基本特征。二是信息量大，种类繁多，每天的 IE 浏览量堪称天文数字。三是信息更新周期短，网络信息节省了印刷、运输等环节，数据可以及时上传。四是资源庞大，开放性强，信息资源不受地域限制，任何联网的计算机都可以上传和下载信息。五是组织分散，没有统一的管理机制和机构。

网络信息资源的这些特征决定了网络知识产权具有与传统知识产权完全不同的特点，如知识产权具有专有性，而网络知识产权的保护则是公开、公共的信息；知识产权具有地域性，而网络知识产权则是无国界的。

网络知识产权的侵权行为方式按照传统的知识产权的分类方式，可以分为以下 4 种。

1. 网上侵犯著作权主要方式

根据我《中华人民共和国著作权法》第四十六条、第四十七条的规定，凡未经著作权人许可，有不符合法律规定的条件，擅自利用受著作权法保护的作品的行为，即为侵犯著作权的行为。网络著作权内容侵权一般可分为三类：一是对其他网页内容完全复制；二是虽对其他网页的内容稍加修改，但仍然严重损害被抄袭网站的良好形象；三是侵权人通过技术手段偷取其他网站的数据，非法做一个和其他网站一样的网站，严重侵犯其他网站的权益。

2. 网上侵犯商标权主要方式

随着信息技术的发展，网络销售也成为贸易的手段之一，在网络交易中，我们了解网络商品的唯一途径就是浏览网页、点击图片，而网络的宣传通常难以辨别真假，对于明知是假冒注册商标的商品仍然进行销售，或者利用注册商标用于商品、商品的包装、广告宣传或者展览自身产品，即以偷梁换柱的行为来增加自己的营业收入，这是网上侵犯商标权的典型表现。网购行为的广泛性，使得网店经营者越来越多，从电器到家具，从服装到配饰，应有尽有，而一些网店经营者更是公然在网络中低价销售假冒注册商标的商品，有的销售行为甚至触犯刑法，构成犯罪。

3. 网上侵犯专利权主要方式

互联网上侵犯专利权主要有下列 4 种表现行为：未经许可，在其制造或者销售的产品、产品的包装上标注他人专利号的；未经许可，在广告或者其他宣传材料中使用他人的专利号，使人将所涉及的技术误认为是他人专利技术的；未经许可，在合同中使用他人的专利号，使人将合同涉及的技术误认为是他人专利技术的；伪造或者变造他人的专利证书、专利文件或者专利申请文件的。

4. 盗版

盗版是指在未经版权所有人同意或授权的情况下，对其拥有著作权的作品、出版物等进行复制、再分发的行为。在绝大多数国家和地区，此行为被定义为侵犯知识产权的违法行为，甚至构成犯罪，会受到所在国家的处罚。盗版出版物通常包括盗版书籍、盗版软件、盗版音像作品以及盗版网络知识产品。其中当前比较流行的基于 P2P 分享的正式或非正式的、匿名或非匿名的软件共享行为都属于盗版。

8.3.3 知识共享与合理使用

开放和共享是因特网的生命。因特网的这一特征使网络作品有别于传统作品。对网络作品的作者而言，其作品一旦上传，传播范围将很难确定，同时网上作品确实也应该会被更多的网络使用者阅读。如果将网络作品的保护与传统作品的保护一视同仁，不仅在技术上难以操作，更有可能遏制中国网络业的发展，这就需要在网上作品的保护和社会公共利益之间重新寻求平衡点，因此适当扩大网络作品的合理使用范围显得十分必要。

所谓知识共享，根据中国著作权法第二十二条，是指可不经著作权人许可而使用已发表的作品，无须付费，但应指明作者姓名、作品出处，并不得侵犯著作权人享有的其他权利。合理使用是版权法中唯一维护版权使用者权利的机制。网络作品的合理使用应包括现行《中华人民共和国著作权法》第二十二条的规定以及针对网络作品的特性所增加的特别规定，例如个人浏览时在硬盘或 RAM 中的复制；用脱线浏览器下载；下载后为阅读的打印；网站定期制作备份；远距离图书馆网络服务；服务器间传输所产生的复制；网络咖啡厅浏览等。这里特别值得一提的是发表于电子布告栏（BBS）上的作品，将作品上传于 BBS 的目的一般是作者希望其作品更广泛地被传播，因此他人自行将 BBS 上的作品粘贴于其他 BBS 上的行为应认定为合理使用。当然，如果将作品删改或更换署名后再放到 BBS 就属于侵权了。

网络作品合理使用范围的扩大并不意味着网络作品是公有财产。在这里，必须区分“合理使用”与“自由使用”的界线。判断合理使用的关键是作品使用目的，即是为商业营利还是个人欣赏研究。在《电脑商情报》侵权一案中，该报纸刊载网上作品的商业目的是显而易见的，当然不属于合理使用。同理，网络使用者免费阅读和下载网站上享有著作权的作品属于合理使用，但下载后自行复制并出售复制品就是侵权行为了。

【任务实现】

通过上网搜索相关案例，即可完成此任务。

【知识拓展】

中国知识产权保护网是一个由商务部主办，专注于提供国内外知识产权相关信息和服务的官方网站。以下是对该网站的具体介绍。

（1）网站功能与服务。

该网站设有多个栏目，如国内外新闻、海外维权平台、国内知识产权保护指南、咨询服务、法律法规库等。这些内容不仅涵盖了知识产权的基本知识，还包括了最新的政策动态和法律变动，为公众和企业提供了全面的指导和帮助。

用户可以通过访问国别环境指南来了解不同国家在知识产权方面的法律规定和实际操作流程。这一部分尤其对于计划“走出去”的企业具有重要参考价值。

（2）政策支持与发展。

网站还特别强调了国家对于知识产权保护的重视，引用了习近平总书记关于加强知识产权保护的重要讲话和指示精神。这显示了国家层面对知识产权保护工作的高度重视及其在国家发展战略中的重要位置。

通过不断更新的政策和法规信息，网站帮助用户及时掌握知识产权领域的最新动态，这对于遵守法律规定、维护自身权益具有重要意义。

（3）国际合作与展望。

在全球化日益加深的今天，中国知识产权保护网也承担着促进国际交流与合作的角色。通过发布与国际知识产权相关的信息，网站助力中国企业更好地理解和应对国际规则。网站的存在和功能展现了中国在全球知识产权保护领域愿意与国际社会共同进步的开放态度，这对于构建一个公平、合理的国际知识产权体系至关重要。

任务 8.4 了解数字生活

【任务描述】

数字生活是指人们通过数字化技术和工具来改善和优化日常生活的方式。随着互联网、物联网、人工智能等技术的不断发展，数字生活已经深入我们生活的方方面面。从智能家居、在线教育、远程办公到电子商务、社交媒体等，数字生活为我们带来了极大的便利和效率提升。请大家在大学生 MOOC 中找到一门与本任务相关的课程自学，并完成课程对应的习题。

【学习目标】

了解主要社交媒体、学习软件与网站。

【知识准备】

8.4.1 微信

微信（WeChat）是腾讯公司于 2011 年 1 月 21 日推出的一个为智能终端提供即时通信服务的免费应用程序，由张小龙所带领的腾讯广州研发中心产品团队打造，如图 8-1 所示。微信支持跨通信运营商、跨操作系统平台通过网络快速发送免费（需消耗少量网络流量）语音短信、视频、图片、文字和资金往来。截止到 2021 年年底，月活跃用户为 13.19 亿，用户覆盖 200 多个国家、超过 20 种语言。此外，2023 年微信带动就业机会超过 5000 万个，微信生态对青年就业具有显著的推动作用。。

图 8-1 微信官网图片

8.4.2　抖音

抖音是一款由字节跳动孵化的音乐创意短视频社交软件，自 2016 年 9 月上线以来，已经成为全球范围内广受欢迎的社交媒体应用之一，如图 8-2 所示。抖音不仅在国内市场取得了巨大成功，还通过推出国际版 TikTok，在全球范围内获得了广泛的用户群体。抖音允许用户录制或上传视频、照片等内容形成自己的作品，并通过算法推荐模型将内容推送给浏览用户。用户可以为视频添加特效、背景音乐、发起话题，并进行评论、点赞、转发等操作。随着用户规模的扩大，抖音整合了实时直播、电商购物等功能，形成了自己的商业闭环。例如，用户可以进入抖音达人的个人店铺进行购物，抖音也推出了内容营销工具“DOU+”功能。

抖音不仅是一个娱乐平台，还积极参与社会责任活动。例如，抖音在疫情期间推出了多项抗疫措施，并参与文旅、公益等活动。此外，抖音还通过推出反沉迷系统、青少年保护措施等，积极承担社会责任，保护未成年人的健康成长。

图 8-2　字节跳动与抖音

8.4.3　随身课堂——大学生 MOOC

所谓 MOOC，顾名思义，“M”代表 Massive（大规模），与传统课程只有几十个或几百个学生不同，一门 MOOC 课程动辄上万人，最多达 16 万人；第二个字母“O”代表 Open（开放），以兴趣导向，凡是想学习的，都可以进来学，不分国籍，只需一个邮箱，就可注册参与；第三个字母“O”代表 Online（在线），学习在网上完成，无须交通，不受时空限制；第四个字母“C”代表 Course，就是课程的意思，如图 8-3 所示。

图 8-3　中国大学 MOOC 网

具体特征为：

1）工具资源多元化：MOOC 课程整合多种社交网络工具和多种形式的数字化资源，形成多元化的学习工具和丰富的课程资源。

2）课程易于使用：突破传统课程时间、空间的限制，依托互联网世界，各地的学习者在家即可学到国内外著名高校课程。

3）课程受众面广：突破传统课程人数限制，能够满足大规模课程学习者学习。

4）课程参与自主性：MOOC 课程具有较高的入学率，同时也具有较高的辍学率，这就需要学习者具有较强的自主学习能力才能按时完成课程学习内容。

然而，数字生活也带来了一些挑战和问题，如信息安全、隐私保护、数字鸿沟等。因此，我们需要在享受数字生活带来的便利的同时，关注其可能带来的风险和问题，并采取相应的措施加以应对。总的来说，数字生活是一个充满机遇和挑战的领域，需要我们不断探索和创新。

【任务实现】

在手机或者电脑端下载大学生 MOOC 软件，注册登录后，搜索相关关键词，进入课堂并学习，在班级群上传学习截图，即可完成本任务。

【知识拓展】

哔哩哔哩（简称 B 站）是一个集视频分享、社区互动和文化娱乐于一体的综合性平台。哔哩哔哩成立于 2009 年 6 月 26 日，由上海宽娱数码科技有限公司提供服务。它最初以 ACG（动画、漫画、游戏）内容为主，后逐渐发展为涵盖 7 000 多个兴趣圈层的多元文化社区。自创立以来，哔哩哔哩经历了多次重要的里程碑事件。例如，2018 年 3 月 28 日在美国纳斯达克上市，2021 年 3 月 29 日在香港二次上市。这些事件标志着哔哩哔哩在资本市场的成功和业务的扩展。

哔哩哔哩（B 站）已成为年轻人学习的重要平台，提供丰富多样的学习资源。B 站拥有大量与学习相关的视频内容，涵盖外语学习、大学课程、专业技能培训等多个领域。例如，有针对英语学习的《6 个月从零学会英语》和《考研英语词汇 5 500 词视频讲解》，以及日语学习的《标日初级精讲》等。这些资源不仅数量庞大，而且质量高，很多都来源于国内外知名学府如北大、清华、耶鲁等。随着技术的发展和用户需求的变化，B 站持续在教育领域进行创新。例如，推出专门的“学习区”，集中展示优质的学习内容，方便用户查找和使用。同时，B 站也在探索付费课程等新的商业模式，以提供更多元化的教育资源。

小结

本模块主要介绍了什么是电子邮件礼仪、电子邮件内容的拼写规范以及互联网礼节；了解了什么是在线互动中的适当行为、网络论战以及网络诽谤与中伤；了解如何合规合法使用计算机，了解知识产权以及侵权方式，学会知识共享、合理使用；了解数字生活以及常见的沟通、学习软件。

练习与思考

1. 以下行为没有侵犯别人知识产权的是（　　）。

A. 将别人创作的内容拿来用于商业行为而不付报酬

B. 在网上下载盗版软件、影片等免费使用

C. 将别人的作品稍加修饰当做自己的

D. 和著作权人协商一致，免费使用对方的作品

2. 下列行为中哪项一般不涉及网络环境下的知识产权保护？（　　）

A. 域名抢注　　B. 信息网络传播行为

C. 技术规避　　D. 浏览网页

3. 著作保护的技术措施有以下哪一项？（　　）

A. 反复制设备　　B. 电子水印

C. 数字签名或数字指纹技术　　D. 电子版权管理系统

4. 正当使用网络信息资源是（　　）。

A. 得到查看信息权限的许可　　B. 使用部分的版权信息评价或注解

C. 只要获得许可可以完全使用信息　　D. A 和 B

5. 什么是抄袭？（　　）

A. 使用别人的原著并为此获奖　　B. 修改重述别人的原著并为此获奖

C. 引用别人的原著　　D. A 和 B

6. 以下不属于网络诽谤的是（　　）。

A. 利用信息手段，捏造虚假事实

B. 通过网络传播损害他人名誉的行为

C. 通过网络传播恐怖图片

D. 在聊天室里发布侮辱他人人格的虚假事实

7. 以下不属于网络不明文现象的是（　　）。

A. 论坛、聊天室侮辱、谩骂　　B. 传播谣言、散布虚假信息制作

C. 网络色情聊天　　D. 通过网络发布违法乱纪的真相

8. 以下哪项不是电子邮件礼仪？（　　）

A. 标题简单明了，突出重点

B. 不着急的事情，不需要及时回复电子邮件

C. 可适当使用大写字母或特殊字符来突出标题，引起收件人的注意

D. 避免邮件中的错别字是对别人的尊重也是自己认真态度的体现

9. 以下哪项不是回复电子邮件的技巧？（　　）

A. 任何邮件都不要急于回复

B. 进行针对性回复

C. 如果收发双方就同一问题的交流回复超过 3 次，就说明此问题不适宜用邮件

D. 对于一些邮件可以集中在某个特定的时间处理，但一般不要超过 24 小时

10. 下列说法不属于网络中伤危害的是哪一项？（　　）

A. 侵犯他人言论自由　　B. 扰乱网络公共秩序

C. 歪曲事实　　D. 损害他人荣誉

习题答案

模块1

1. D　2. A　3. D

模块2

1. C　2. C　3. C　4. D　5. D　6. C　7. B　8. D　9. C　10. B

11. A　12. C　13. D　14. D　15. B　16. D　17. A　18. A　19. C　20. C

21. C　22. A　23. A　24. C　25. A　26. ACD　27. ADE　28. ACE　29. ACE

30.

低	将最明显的垃圾邮件移动到“垃圾邮件”文件夹
高	能捕捉绝大多数垃圾邮件，但也可能捕捉一些常规邮件
仅安全列表	只能接收到来自“安全发件人”列表或“安全收件人”列表中的人员或域的邮件
不自动筛选	除了来自被阻止的发件人的邮件，其他邮件都不会被移动到“垃圾邮件”文件夹

模块3

1. A　2. B　3. B　4. A　5. A　6. A　7. A　8. B　9. B　10. C

11. B　12. D　13. A　14. D　15. C　16. A　17. C　18. A　19. B　20. C

21. D　22. B　23. C　24. A　25. C　26. B　27. C　28. B　29. C　30. D

31. C　32. B　33. D　34. C　35. A　36. C　37. A　38. D　39. BC　40. CD

41. AC　42. DE　43. AB　44. BC　45. AB　46. AD　47. AD　48. BC　49. DE

50. BE

51. BD　52. AD　53. BD

模块4

1. AB　2. BD　3. ACD

4.

系统软件	用于在计算机上管理计算机资源
操作系统	提供操作接口、安装执行程序的环境、文件磁盘与系统安全管理
公用程序（Utility）	维护计算机效能，如备份与还原、防病毒软件或程序设计工具
应用软件	用来执行某些任务、处理数据和生成有用结果的程序，如选课系统

5. B　6. B　7. D　8. C

模块 5

1. D　2. B　3. A　4. B　5. A

6. C　7. B　8. C　9. C　10. C

模块 6

1. C　2. D　3. AB　4. D　5. B　6. D

模块 7

1. C　2. BC

3.

移动互联	滴滴打车
大数据	消费者行为分析
云计算	移动办公平台
物联网	智能交通

4. BD

5.

基础设施即服务	Iaas
平台即服务	PaaS
软件即服务	SaaS

6.

虚拟现实	VR
信息主管	CIO
增强现实	AR
人工智能	AI

模块 8

1. D　2. D　3. A　4. D　5. D　6. C　7. D　8. B　9. A　10. A

参 考 文 献

[1] 郑志刚，刘丽. 信息技术基础教程（上）[M]. 北京：北京理工大学出版社，2020.

[2] 梁玉英，林显宁. 大学计算机基础 [M]. 北京：清华大学出版社，2024.

[3] 陈如琪，王学伟，于丽芳，等. 大学计算机基础 [M]. 北京：清华大学出版社，2024.

[4] 赵锋. 大学计算机基础与计算思维（第 2 版）[M]. 北京：人民邮电出版社，2024.

[5] 吴梨梨. 信息技术基础（Windows 10 + Office 2016）[M]. 北京：北京理工大学出版社，2022.